DIARIO DE LABORATORIO

Últimos títulos publicados en esta colección:

Deborah García Bello

DIARIO DE LABORATORIO

La química que ilumina lo asombroso
de una vida corriente

PAIDÓS Contextos

1.ª edición, mayo de 2026

© Deborah García Bello, 2026
© de todas las ediciones en castellano,
Editorial Planeta, S. A., 2026
Paidós es un sello editorial de Editorial Planeta, S. A.
Avda. Diagonal, 662-664
08034 Barcelona, España
www.paidos.com
www.planetadelibros.com

ISBN: 978-84-493-4541-8
Fotocomposición: Realización Planeta
Depósito legal: B. 25.075-2026

Impreso en España – *Printed in Spain*

Para Aguibosa,
porque este libro es
gracias a ti

Era uno de esos días en que está a punto de nevar y el aire está cargado de electricidad. Casi puedes oírla, ¿verdad? Y esa bolsa está bailando conmigo, como un niño pidiéndome jugar, durante quince minutos. Es el día en que descubrí que existe vida bajo las cosas y una fuerza increíblemente benévola que me hacía comprender que no hay razón para tener miedo jamás. El vídeo es una triste excusa, lo sé, pero me ayuda a recordarlo; necesito recordar a veces que hay tantísima belleza en el mundo que siento que no lo aguanto.

American Beauty (Sam Mendes, 1999)

1

Cinco y... ¡acción! Suena la fanfarria. Los focos barren el escenario e iluminan a ráfagas hasta los bastidores. Estoy en la entrada al plató, que tiene una cortina hecha con cintas de plástico de policloruro de vinilo. Huele a flotador. El olor de un día de playa ahora es también el olor de la televisión. La regidora me hace un gesto con la mano para indicarme que debo entrar. Pongo los brazos en jarra, estiro el cuello, inspiro con fuerza, echo los hombros hacia atrás y doy un paso al frente. Aparto las cintas con un gesto limpio, mil veces ensayado para no despeinarme. Llevo el pelo semirrecogido con un tupé fijado con laca y sujeto por decenas de horquillas. Entro al plató con andares decididos. Llevo un cancán que ahueca la falda del vestido y hace que se bambolee al caminar. Parezco una muñeca. Me gusta parecerlo. Soy la muñeca que habla de química en televisión. Busco mi marca en el suelo, una cruz hecha con cinta aislante negra. La piso y me paro ahí mismo. Los zapatos tienen más de diez centímetros de tacón, son de charol de imitación y la punta me oprime los dedos porque calzan media talla menos de la que deberían. Levanto la mirada y sonrío a un público inexistente. Mientras, busco la cámara a la que tengo que dirigirme para mirarte a los ojos.

—Los átomos son invisibles —digo con una sonrisa—, invisibles en el sentido de que no los vemos igual que vemos las cosas corrientes. Son tan pequeños que solo se hacen visibles cuando se unen entre sí, cuando conforman mi piel —me toco el brazo al decirlo—, el agua, el suelo que pisamos —doy un pisotón—, el aire, que no vemos, pero sentimos cómo sus átomos nos golpean la cara al moverse —hago el gesto de abanicarme.

»El concepto de átomo tiene más de dos mil años —digo mirando ahora a la cámara 5, que ha encendido el piloto rojo—. La palabra *átomo* tiene dos partes: *a*, que significa 'sin', y *tomo*, que significa 'sección'; de ahí los *tomos* de una enciclopedia, por ejemplo. Así que la palabra *átomo* significa 'sin secciones' o, lo que es lo mismo, 'indivisible'. El átomo se definió como la unidad más pequeña en la que se puede dividir la materia sin que esta pierda su identidad. En la naturaleza, la mayoría de los átomos no acostumbran a estar solos, sino que se agrupan entre sí formando pequeños agregados, como las moléculas, o agregados más grandes, como los sólidos cristalinos.

»Si queremos ver cada uno de esos átomos por separado, nuestros ojos no alcanzan; ningún sistema óptico, por muchos aumentos que tenga, consigue ofrecer una imagen nítida de cómo son. Sin embargo, son invisibles a los ojos, no a nuestro ingenio. Hemos propuesto modelos, representaciones, fundamentados en medidas indirectas. Hemos hecho que los átomos choquen entre sí y con radiación de todo tipo para averiguar cómo son y cómo se colocan unos con respecto a otros: con luz visible, infrarroja, ultravioleta... A esto lo llamamos *espectroscopía*. —Una animación de un rayo impactando contra un átomo comienza a reproducirse en la pantalla grande del plató—. La espectroscopía no nos permite *ver* los átomos, pero sí saber qué átomos hay en cualquier cosa y cómo están dispuestos. También hemos creado microscopios que no utilizan lentes, sino puntas de grosor atómico que, al deslizarse sobre otros átomos, son capaces de dibujar su contorno.

»No sé si todo esto encaja con la expectativa de *ver átomos*, aunque, al menos, hemos llegado a obtener una imagen tan satisfactoria como la fotografía de un paisaje durante un día de niebla. Hay partes que se ven, otras que se intuyen y otras que la experiencia, los datos y el conocimiento reconstruyen y reconocen. Así que los átomos que están aquí flotando a mi alrededor, los que forman las moléculas de oxígeno que tú y yo estamos respirando o las moléculas de perfume que sobrevuelan mi piel, son invisibles. Sin embargo, hemos ideado otras formas de *ver*.

»En el programa de hoy vamos a *ver átomos*.

2

No sé a qué hora nos íbamos de la playa de Areas Gordas, aunque sí recuerdo que la superficie de la arena se empezaba a enfriar y recuperaba la temperatura de la mañana, que la luz perdía calidez y se volvía azulada como el mar. Como el mar marino. Recuerdo que la marea subía, que la gente apelotonaba las toallas en las rocas del fondo, que las presas que los niños habíamos levantado con arena comenzaban a disolverse. La marea no siempre sube a la misma hora, así que se trata del recuerdo de un día que se ha impuesto sobre el recuerdo de los demás y hace que todos los domingos de aquellos veranos sean iguales.

Mi madre recogía nuestras cosas en una gran bolsa de deporte, excepto los juguetes que mi hermano y yo guardábamos en una mochila roja de neumáticos Continental. La pala azul, la grande, la de excavar, sobresalía de la mochila. Aquel domingo se rompió. Cavamos tan hondo que la resistencia de la arena, gruesa como grava, partió el mango de la pala. Mi madre me mandó tirarla en el contenedor que había al lado del coche. Me dio pena dejarla allí, rota y sola, a ciento treinta kilómetros de casa. Lo recuerdo como la primera vez que abandonar un objeto me produjo melancolía. Para mí, la materia de la que está hecha la melancolía es el polipropileno azul de aquella pala. Dejarla ahí tirada me arrugaba la garganta hasta sentir ganas de llorar. O tal vez lloraba por el final de aquel domingo que eran todos los domingos. Cuando mi padre arrancó el coche, volví la cabeza para mirar por la luna trasera el contenedor. La pala azul se alejaba de mí. Y, con ella, un pedazo de infancia.

El interior del coche estaba caliente tras haber pasado todo el día al sol. Abrimos las ventanillas para que entrase el aire refrescante del mar. Saqué la mano para notarlo, más intenso cuanto más rápido iba el coche. El aire adopta la forma de la mano, la envuelve como un guante. Ahuequé los dedos para notar el aire como una pelota en mi mano. El aire no se ve, parece que no es nada; sin embargo, se siente golpeando y enfriando la piel. El aire está hecho de algo invisible del que solo se pueden ver sus efectos. Así que el aire se ve, pero de forma indirecta cuando se mueve, cuando el aire es viento. Las partículas invisibles que forman el aire, tan livianas que no se notan, adquieren corporeidad al moverse. El viento es la forma más intuitiva de entender el átomo. Sacar la mano por la ventanilla sirve para experimentar que el aire es un fluido formado por átomos y que el coche es como un submarino que se mueve a través de él.

3

¡Te huele el aliento a fruta!, le dije a Emilio para hacerlo reír. Esta mañana fue la primera vez que comió un trozo de plátano con sus propias manos. Cuando estábamos tirados sobre la colchoneta de juegos, Emilio rodó hasta mí para pegar su cuerpo al mío. Me agarró la cara con sus manitas y me dio un beso en la nariz. Los besos de Emilio consisten en abrir la boca y frotar los labios moviendo la cabeza de un lado a otro. Su boca me huele dulce; siempre le digo que su respiración sabe a pastel. Pero aquella mañana olía a plátano, y un poco al zumo de naranja y al pan con el que le preparo la papilla del desayuno. Hay átomos de esos alimentos mezclados con el aire que sale de sus pulmones. Yo los inspiro, y esos átomos dulces entran dentro de mí.

<h1 style="text-align:center">4</h1>

No suelo echarme la siesta. Si me tumbo en el sofá después de comer es para pensar, mirar por la ventana, contemplar los cuadros o ver la televisión. Sigo diciendo que no soy de siestas; sin embargo, cuando me tumbo sobre Manu en el sofá, cuando apoyo mi cabeza en su pecho e inhalo su respiración, me concentro tanto en ese sabor tan dulce y familiar que me relajo hasta dormirme. Llevo trece años respirando la respiración de Manu, así que llevo más de una década diciendo que no soy de siestas a pesar de serlo. Manu y yo también nos quedamos dormidos por la noche frente a frente, inhalándonos. Es como si fuésemos gastando el oxígeno del aire hasta ahogarnos. Esto es algo casi cierto, puesto que cada vez que exhalamos aire dejamos salir solo el 16 % del oxígeno inhalado. Por tanto, el aire que respiramos uno del otro va menguando su cantidad de oxígeno.

Es bonito saber que hay moléculas de oxígeno entrando en mis pulmones que antes han estado en los pulmones de otra persona. Como el oxígeno es una molécula bastante estable, puede permanecer en la atmósfera entre cinco y diez años antes de reaccionar químicamente con nada, sin que se haya combinado con un metal para oxidarlo o sin que haya sido absorbido por otro ser vivo. Puede, incluso, que alguna de las moléculas de oxígeno que estoy inhalando ahora mismo haya formado parte de atmósferas pasadas y que esos dos átomos que constituyen la molécula de oxígeno hayan vuelto a unirse, regenerados una y otra vez por la fotosíntesis que hacen las plantas. O tal vez han dado la vuelta al mundo viajando a través de la atmósfera, mezclados con el resto de los gases, y han regresado al punto de partida seis meses después, o incluso dos años después, que es lo que tarda una molécula de gas en mezclarse globalmente.

Cada vez que inhalamos aire tomamos unas 10^{22} moléculas (esto es, un uno seguido de veintidós ceros). De ellas, cerca del 21 % es oxígeno. El resto, el 79 % es nitrógeno, que entra igual que sale de los pulmones. El sabor del aire que espiramos, tan característico de cada persona, no está en el oxígeno ni en el nitrógeno, que ni huelen, ni saben, ni tienen color. El sabor del aire exhalado lo proporcionan otras moléculas que casi ni están, que son inmensurables, que no llegan ni a niveles traza. Sin embargo, los receptores de nuestra nariz son más sensibles que cualquier técnica de detección del laboratorio. Las moléculas que dan sabor a las atmósferas que envuelven a cada persona se quedan instaladas en la memoria olfativa para toda la vida. Las moléculas del aliento de Manu, que me calman hasta adormecerme, envían señales químicas a mi cerebro con un sedoso aroma a quererse.

5

Hay tanta belleza en lo incipiente,
tanto aire en las vocales.
Aire.
El aire que nos confinó en la permanencia de lo ya respirado,
el aire de alcanzar
el vórtice de tu brisa
en este viento mío.

6

¿Os habéis fijado en el color? ¿En qué? ¿Qué dices? Que si os habéis fijado en el color. ¡Hoy está todo tan saturado! Hoy es uno de esos días previos a una tormenta. El cielo está encapotado y la luz es tan blanca que todo se ve con extrema nitidez: las texturas, los colores, el poro del hormigón. ¿Sabéis a qué me refiero? Se quedan mirándome como si estuviese loca. Y me pregunto si alguno de ellos se habría fijado alguna vez en cómo cambian los colores. Cada día son diferentes. A veces me preguntan por qué voy andando al trabajo; y yo les digo que me gusta pasear, que es uno de los momentos más agradables del día. ¿Por dónde vas? Casi siempre por el mismo camino, a no ser que vaya a clase de inglés: entonces, vuelvo por otro distinto, por aquello de vincular recorridos a situaciones. ¿No es aburrido pasar cada día por el mismo sitio? No es pasar, es pasear. Y tampoco es el mismo sitio. Cada día la calle es diferente, aunque te cruces con las mismas personas, con los mismos edificios, con los mismos adoquines. La luz es diferente cada día, y más en esta ciudad. O me parece que tiene más matices porque la conozco más. Como cuando ves una cara muy de cerca durante mucho tiempo. Pues a las calles les pasa lo mismo. Si te fijas, eres capaz de ver cómo cambia cualquier cosa, cómo era, cómo es y cómo va siendo. Por su gesto, no sé si entienden lo que les he dicho o si tiene más que ver con el hecho de que estén en grupo. Es decir, la gente no se emociona colectivamente; solo se emociona de forma individual.

Escribo mucho en esos trayectos al trabajo. Yo escribo siempre: mientras desayuno, mientras hablo con la gente, mientras leo, mientras veo una película...; pero, sobre todo, escribo mientras paseo. Escribo en mi cabeza. Repito versos mientras voy inventando los siguientes, y hago de la repetición una figura de estilo que solo suena bien en mi cabeza, como una anáfora que por escrito quedaría cursi y pretenciosa, aunque tal vez funcionaría en un recital.

Escribo sobre las cosas normales, sobre la inmensa belleza de las cosas normales. Soy como Ricky, el de la película *American Beauty*, cuando le enseña a Jane el vídeo casero de una bolsa de plástico bailando en el aire, arrastrada por el viento. Esta secuencia encarna el mensaje de que la belleza se encuentra en lo cotidiano, incluso en lo aparentemente banal o feo. La bolsa de plástico se convierte en símbolo de esa belleza invisible, del asombro ante la vida y de la fragilidad de las cosas.

Vi esa película cuando tenía catorce años. Yo ya escribía sobre las cosas normales, en mi cabeza y en decenas de libretas. Escribía como una poeta imagista: eliminando el adorno, la floritura, quedándome solo con lo esencial, con una imagen concreta y precisa, sin más explicación, como un destello de verdad. Es posible que eso me haga más química que poeta, o es que lo uno no tiene sentido sin lo otro. Escribía en columna, que es como llamaba a mi poesía. Escribía sobre la belleza del asfalto, de una goma de borrar, de un lápiz HB del número 2 o de la vajilla de vidrio opalino de mi abuela. Por eso me reconocí en esa película. Sentí que nos movía lo mismo. Me sentí validada. Si una película de tal calibre hablaba de lo mismo que hablaba yo, miraba lo mismo que yo, significaba que me estaba fijando en lo importante.

Me pasó algo más con esa película. Recuerdo que, pocos días después de verla, vino a dar una charla al colegio un experto en cine. Durante el coloquio final nos preguntó cuál era la película que más nos había gustado. Yo levanté la mano y dije *American Beauty*. Le pregunté por su opinión de la película. No recuerdo exactamente qué dijo sobre ella, pero sí que la criticó de forma despiadada. Eso me molestó, aunque añadió algo que me enojó todavía más. Me preguntó por mi edad. Dijo que con catorce años era imposible entender esa película. Dijo que no era honesto que yo escogiese esa película como mi favorita, que solo lo había hecho para fanfarronear. Yo era una adolescente muy vanidosa, así que en parte tenía razón; sin embargo, se equivocaba al decir que no había sido honesta. En aquel momento sí era mi película favorita. Y hoy sigue siendo una de mis preferidas. Quizá con catorce años no había entendido todo lo que contaba aquella película, no lo sé. Pero, desde luego, había entendido lo importante y lo profundo. También entendí que aquel tipo era un imbécil.

Hace unos días, en una conferencia sobre ciencia y literatura, una estudiante de dieciséis años me preguntó qué se necesitaba para escribir. No me digas que leer mucho y que escribir lo que te salga del corazón, porque no me lo creo, me dijo. Jamás te habría contestado tal cosa. Le hablé de la soledad y de la sensibilidad. Pasar tiempo sola, tiempo de calidad. Estar sola no es actualizar tus redes sociales, cambiar de lista de reproducción de música o leer en soledad. Estar sola es construir tu mundo. Reclámate tu mundo. Le expliqué qué significa pasear, que no es lo mismo que caminar de un lugar a otro, sino que pasear hacia ningún sitio es pasear por dentro de uno mismo. Le hablé de sensibilidad, de detenerse, del valor de la lentitud, de percibir los matices. Cuando aprendes a ver la belleza de algo que en principio carecía de ella, ya no vuelves a mirar nada como antes. Nada. Toda la belleza te pertenece. Un día sucede. Te conviertes en espectador y creador de todo el arte que te rodea. Y todo tu mundo se intensifica. Como escribió el poeta imagista William Carlos Williams: «No hay ideas sino en las cosas».

A los científicos no nos mueve el orden de las cosas, sino la belleza. El orden en la naturaleza es una fantasía. No una fantasía en el sentido de ficción, sino una idealización de lo real. La predisposición a buscar el orden es una cualidad humana. No es que la naturaleza responda a un orden, ni que se organice para ser comprendida, sino que nosotros organizamos lo que percibimos para poder entenderlo. Por tanto, el orden es una construcción del pensamiento humano, es una fantasía útil. Y, como toda fantasía, revela un deseo. Y, como todo deseo, se mueve por la belleza.

Cuando entendí qué era la tabla periódica fue cuando me di cuenta de todo esto. Es una breve historia de la humanidad movida por la belleza. Y el método más humano de encontrarla es buscando patrones, propiedades periódicas, es decir, encajando lo conocido en un sistema ordenado. Del mismo modo que hemos inventado los números, y con ellos las matemáticas, o hemos inventado alfabetos y lenguas, y con ellos la forma más sofisticada de comunicarnos, también hemos inventado una tabla con apenas ciento dieciocho celdas que contiene la composición de todas las cosas. No solo de qué están hechas, sino qué propiedades tiene cualquier cosa formada por un elemento o por la combinación de varios de ellos. El aspecto y el comportamiento de toda la materia está descrito ahí. Es como la poesía definitiva. Los elementos químicos ordenados en la tabla periódica son como las ciento dieciocho sílabas del lenguaje del universo.

La historia de la tabla periódica es la historia del hombre en busca de sentido. Un sentido arropado por el orden y mediado por su voluntad de belleza. Desde la Antigüedad hasta la física cuántica moderna, la tabla periódica ha ido evolucionando según los conocimientos y la tecnología de la época, pero siempre con la pretensión de contener la belleza más íntima de las cosas.

En la antigua Grecia, filósofos como Empédocles propusieron que toda la materia estaba compuesta por cuatro elementos fundamentales: tierra, agua, aire y fuego, que, más que sustancias, eran cualidades: lo seco, lo húmedo, lo frío y lo caliente. Demócrito, en el siglo v a. C., propuso que todo estaba hecho de pequeñas partículas indivisibles. Las llamó *átomos*. Era solo una idea, sin más fundamento que la intuición de que toda la materia se puede trocear casi hasta el infinito; y en ese *casi*, en ese límite, están los átomos. Sin embargo, esta idea quedó arrinconada durante siglos, mientras que la de los cuatro elementos fue desarrollada por Aristóteles, quien añadió un quinto elemento, la quintaesencia, también llamado *éter*.

El éter era el principio material que explicaba por qué los astros se movían eternamente sin deteriorarse en el cielo, a diferencia de lo que ocurría con las cosas en la Tierra, que nacen, crecen, se transforman y mueren. Las estrellas y los planetas, en cambio, parecían eternos y perfectos. Para explicar esa diferencia, supuso que el cielo debía de estar compuesto por una sustancia especial e incorruptible: el éter. Esta idea se mantuvo durante siglos; incluso, la física del siglo xix retomó la palabra con la expresión *éter luminífero* para referirse al medio invisible que se necesitaba para que la luz se propagara en el vacío. En 1887 se llevó a cabo el experimento de Michelson-Morley para detectar el «viento de éter» midiendo cambios en la velocidad de la luz debidos al movimiento de la Tierra. Sin embargo, no se detectó ninguna diferencia en la velocidad de la luz en distintas direcciones, lo que llevó a la conclusión de que el éter luminífero no existía y sentó las bases para la teoría de la relatividad especial de Einstein, que postula que la velocidad de la luz es constante en el vacío.

La idea de un «elemento» como componente básico e indivisible de la materia permaneció durante siglos bajo formas similares, sobre todo dentro de la alquimia. Sin embargo, no existía una distinción clara entre elementos, compuestos y mezclas.

En el siglo XVII, el químico Robert Boyle rompió con la tradición aristotélica argumentando que un elemento debía definirse como una sustancia que no puede descomponerse más mediante métodos químicos conocidos.

A finales del siglo XVIII, Antoine Lavoisier publicó una lista de treinta y tres sustancias simples que consideraba elementos químicos, distinguiéndolos de los compuestos. Algunos, como el oxígeno o el hidrógeno, lo eran de verdad. Otros, como la luz o el calórico, no. Pero Lavoisier introdujo el concepto crucial de que los elementos son las unidades indivisibles de la materia, las piezas últimas que lo componen todo, y que esos elementos pueden combinarse en proporciones fijas para formar compuestos. Con el desarrollo de la ley de conservación de la masa y la ley de proporciones definidas, los químicos empezaron a reconocer regularidades en las combinaciones químicas: unos elementos se unían a otros siempre en las mismas proporciones.

En el siglo XIX, John Dalton propuso la teoría atómica, basada en el concepto de átomos como unidades indivisibles de los elementos. También introdujo una escala de pesos atómicos relativos, lo que permitió ordenar los elementos conocidos según su masa.

Los descubrimientos de nuevos elementos se aceleraron y comenzaron a surgir intentos de agruparlos en función de sus propiedades químicas y físicas.

En 1829, Johann Wolfgang Döbereiner identificó tríadas de elementos (como el litio, el sodio y el potasio) cuyas propiedades eran intermedias: la masa del segundo era, aproximadamente, el promedio de las otras dos. Era una pista. Este fue un indicio de una periodicidad en las propiedades de los elementos químicos.

John Newlands, en 1864, propuso la ley de las octavas: al ordenar los elementos por masa atómica creciente, cada octavo elemento mostraba propiedades similares al primero. Aunque inicialmente fue ridiculizada por su forzada similitud con las escalas musicales, su propuesta anticipaba la idea de periodicidad.

El avance decisivo llegó con Dmitri Mendeléyev, quien en 1869 publicó una tabla de los elementos ordenados por masas atómicas crecientes, agrupados según sus propiedades químicas. Lo revolucionario de su tabla fue que dejó huecos para elementos aún no descubiertos, predijo con detalle las propiedades de esos elementos (como el galio, el escandio y el germanio) y corrigió masas atómicas aceptadas que no concordaban con las propiedades químicas esperadas (como en el caso del telurio y el yodo).

De forma independiente, y casi simultáneamente, el químico alemán Lothar Meyer propuso una tabla basada en el volumen de los átomos en lugar de en su masa. Aunque en aquella época no se podían medir los radios atómicos, Meyer utilizó un método indirecto dividiendo la masa molar de un elemento entre su densidad en estado sólido, lo que da una medida relativa del espacio que ocupa un mol de átomos. Meyer no dejó huecos en su tabla ni predijo propiedades de elementos desconocidos, tal y como había hecho Mendeléyev, pero aportó una evidencia visual más de la periodicidad química.

La tabla de Mendeléyev, basada en la masa atómica, no explicaba todas las anomalías. El orden por masa atómica no funcionaba siempre: el argón, por ejemplo, tiene una masa mayor que el potasio, aunque en la tabla aparece antes. Mendeléyev pensó que algunas masas atómicas podrían ser erróneas; sin embargo, al volver a medirlas el resultado era el mismo, así que la razón de ese orden no era la masa atómica, sino que debía de ser algo relacionado o muy próximo a ella. La respuesta la dio el número atómico. El concepto de *número atómico* (el número de protones en el núcleo, representado por la letra Z) no se conocía aún.

En 1913, Henry Moseley, mediante espectroscopía de rayos X, demostró que el número atómico era el parámetro correcto para ordenar los elementos. A partir de entonces, la tabla periódica se reorganizó por número atómico creciente, eliminando inconsistencias anteriores. Este hallazgo consolidó la periodicidad observada y permitió entender por qué elementos como el argón (más pesado que el potasio) debían ir antes en la tabla.

Con el desarrollo de la mecánica cuántica en las décadas de 1920 y 1930, se comprendió por qué la tabla periódica tenía su forma actual, con cuatro bloques diferenciados (s, p, d y f) que responden a la disposición de los electrones en el átomo. Los electrones de un átomo no giran en órbitas fijas como los planetas alrededor del Sol. En realidad, lo que hacen es ocupar unas regiones llamadas *orbitales*, que son zonas del espacio en las que hay mayor probabilidad de encontrarlos. Cada orbital tiene una forma característica, determinada por la energía del electrón que lo ocupa.

Los orbitales se agrupan en subniveles llamados s, p, d y f, y su forma varía según el tipo. El orbital s es esférico, como una nube redonda alrededor del núcleo. Todos los elementos del bloque s de la tabla periódica tienen su electrón más externo en este tipo de orbital. El orbital p tiene forma de lóbulos enfrentados, como un ocho tridimensional. Aparecen a partir del segundo nivel energético y se orientan en tres direcciones (x, y, z); por eso hay tres orbitales p por nivel. El orbital d tiene formas más complejas, como tréboles o rosquillas aplastadas. Hay cinco orbitales d distintos y suelen estar involucrados en los elementos de transición, como los metales del centro de la tabla. El orbital f es aún más complejo, con formas multilobuladas más difíciles de describir. Están presentes en los lantánidos y en los actínidos, los elementos de la parte inferior de la tabla periódica.

La disposición de los electrones en estos orbitales determina el comportamiento químico de los elementos. Por eso, la tabla periódica se divide en bloques s, p, d y f: es una manera de reflejar cómo se llenan esos orbitales en cada átomo.

En resumen, la tabla periódica se construye a partir del número atómico, que indica la cantidad de protones que hay en el núcleo, pero se divide en cuatro bloques que funcionan como un mapa del comportamiento de los electrones y, por tanto, del comportamiento de la materia. De hecho, las propiedades periódicas (como la electronegatividad, el radio atómico y la energía de ionización) se explican ahora en función de la configuración electrónica.

La tabla periódica moderna se organiza en cuatro bloques, con siete periodos y dieciocho grupos. Se han propuesto diferentes formatos para representarla (en espiral, circular, tridimensional...), aunque la disposición rectangular es la más aceptada por su claridad pedagógica. Los lantánidos y los actínidos se sitúan aparte para compactar la tabla, aunque, en realidad, irían a continuación del lantano y el actinio, por lo que la tabla sería mucho más alargada.

A lo largo del siglo XX, los científicos comenzaron a experimentar con la posibilidad de crear elementos químicos que no existían en la naturaleza, con números atómicos imposibles. Elementos más allá del uranio ($Z = 92$), conocidos como *transuránicos*, fueron sintetizados uno a uno en los laboratorios mediante colisiones nucleares. El último periodo de la tabla incluye estos elementos sintéticos, muchos de los cuales tienen vidas medias muy cortas, de apenas milésimas de segundo, y propiedades químicas solo conocidas en parte.

A medida que avanza la física nuclear, podrían sintetizarse nuevos elementos aún más pesados. Se especula sobre una «isla de estabilidad» en la que ciertos elementos superpesados (los que tienen más de 104 protones en su núcleo) podrían tener vidas medias más largas. Estos elementos suelen desintegrarse en fracciones de segundo porque sus núcleos son demasiado inestables. Sin embargo, la teoría nuclear sugiere que, si se consigue un número exacto de protones y neutrones (lo que se llama un *número mágico*), ese núcleo podría ser más estable. La metáfora de una isla surge porque en el «océano» de inestabilidad de los elementos superpesados habría una zona (una isla) donde algunos núcleos serían relativamente estables. Se piensa que estos núcleos podrían vivir segundos, horas o incluso años, lo cual sería muchísimo para su tamaño atómico. Se cree que un posible candidato está alrededor del elemento 114 (flerovio) con unos 184 neutrones, o incluso más arriba ($Z = 120$ o más). Aún no se ha confirmado, pero algunos isótopos del flerovio y elementos cercanos ya muestran vidas medias más largas de lo esperado, lo que da algo de esperanza. Si existen estos elementos estables, podríamos estudiar sus propiedades químicas con más detalle, que podrían ser propiedades únicas, con aplicaciones prácticas inimaginables; y, sobre todo, sería una prueba clave para validar (o refinar) los modelos teóricos sobre la estructura del núcleo atómico.

La tabla periódica sigue siendo una herramienta en expansión. Sin embargo, lo importante es que es una representación de una simplicidad y una elegancia formidables que alberga los principios más profundos de la naturaleza. En ella está la composición de la materia de todo el universo, los ingredientes de todas las cosas, las propiedades de todo lo que nos rodea. La tabla periódica continúa siendo uno de los logros intelectuales más importantes de la historia. Es una creación que irradia una promesa de verdad. La verdad contenida en la esencia de lo corpóreo. Por eso para mí es la poesía imagista definitiva, la que muestra toda la materia desnuda hasta la sílaba.

7

Me gustan los chicos más que a un tonto un lápiz. Desde muy pequeña, muy muy pequeña, desde que apenas sabía hablar, ya me gustaban los chicos. Había uno que paraba en Renglón, un bar próximo a la casa de mis abuelos al que iba con mis padres. Era un chico guapísimo, que olía a perfume varonil, con la piel dorada por el sol, brillante como un barniz. Lo recuerdo en vaqueros, con unos Levis 501 azul claro que perfilaban sus nalgas respingonas, camiseta blanca de algodón peinado de alto gramaje, de las buenas, y zapatillas clásicas de paseo Reebok NPC de color blanco. Yo tendría unos cuatro o cinco años, él tendría veintipico. No podía dejar de mirarlo. Cada vez que entraba en Renglón, la noradrenalina se me disparaba y hacía que mi corazón latiese más fuerte, que mi estómago revolotease como un centenar de mariposas. Él me llamaba «novia», una broma que para mí era una cuestión muy seria. Yo tenía ganas constantes de verlo, como una adicta a su presencia y la expectativa de su presencia, lo que indicaba unos niveles disparados de dopamina en mi cuerpo.

La dopamina es la molécula estrella del enamoramiento. Se libera en el área tegmental ventral y viaja por diferentes regiones del cerebro conformando el sistema de recompensa, el mismo que se activa al consumir algunas drogas o, en menor medida, al comer algo delicioso o al contemplar una obra de arte.[1] Cuando la dopamina alcanza el núcleo accumbens, relacionado con el placer y las adicciones, provoca una explosión de felicidad. Cuando llega a la corteza prefrontal, encargada de la toma de decisiones, la apaga y nos vuelve dóciles. Esto nos impide ver los defectos de la otra persona y nos predispone a que ahora nos parezca perfecto cualquier plan propuesto que en otro momento rechazaríamos. Cuando la dopamina llega al hipocampo, una región vinculada a la memoria, fija los recuerdos con intensidad, de ahí que todos recordemos con claridad el primer beso.

No todos los neurotransmisores se disparan. Durante el enamoramiento, los niveles de serotonina en el cerebro descienden de forma significativa, lo cual resulta paradójico, ya que esta molécula es popularmente conocida como la *hormona de la felicidad*. Sin embargo, este descenso es clave para entender el estado obsesivo propio de los primeros momentos del amor romántico. La serotonina regula, entre otras cosas, el pensamiento repetitivo y el control de impulsos. Cuando su concentración disminuye (igual que ocurre en ciertos trastornos obsesivo-compulsivos), se intensifica la fijación en la persona amada: pensamos en ella a todas horas, idealizamos sus gestos, todo parece girar a su alrededor. Es ese tipo de amor que quita el apetito, el sueño y hasta la capacidad de concentración.

La noradrenalina, la dopamina y la serotonina eran el trío de neurotransmisores que circulaban por mi cuerpo generando algo que yo reconocía como amor romántico. Era diferente al amor que sentía por mis padres o por mi hermano, que era calmado y tranquilizador. La molécula que nos mantiene pegados como una tribu es la oxitocina. Cuando los niveles de dopamina, oxitocina y serotonina se estabilizan, y el amor romántico continúa, la molécula protagonista también es la oxitocina.

La oxitocina se ha vinculado durante años a sentimientos de apego y confianza. Se han hecho numerosas investigaciones para estudiar si la oxitocina se podría consumir como si fuese una especie de soma, la droga que se tomaba en el mundo feliz de Huxley. Aunque algunos estudios han llegado a sugerir que la aplicación intranasal de oxitocina aumenta la confianza y la generosidad, el resultado es que no se ha podido probar que la oxitocina exógena realmente llegue al cerebro.[2] Así que la oxitocina no es una pócima que se pueda consumir para desencadenar un apego.

Lo que sí parece probado es que la oxitocina provoca que los animales se focalicen en la información de relevancia social, es decir, que favorece el sentimiento de pertenencia al grupo.[3] Sin embargo, esto tiene dos caras. Por un lado, esta molécula está detrás de las relaciones de apego entre los miembros de un mismo grupo; pero, por otro lado, favorece los sentimientos de hostilidad hacia los extraños.[4] Se ha observado en estudios que, al suministrar oxitocina intranasal, los pacientes respondían con menos empatía ante imágenes de personas sufriendo si estas eran de una raza diferente a la suya.[5]

En especies evolutivamente próximas a la nuestra, como los chimpancés, se ha observado que los niveles de oxitocina aumentan durante las trifulcas entre grupos rivales.[6] Esto sugiere que la oxitocina es la molécula que mantiene cohesionado al grupo, y también la que está detrás de la hostilidad con el diferente. Sin embargo, cuando uno de los miembros de un grupo se queda atrás, los niveles de oxitocina descienden y aumentan los de cortisol. El cortisol nos hace percibir una situación como una emergencia: es la molécula de la ansiedad y el miedo.

Los celos hacia la pareja también se reflejan en los niveles de oxitocina y cortisol. La pérdida de confianza se percibe como una situación de emergencia, por lo que se dispara el cortisol y decae la oxitocina.

La dimensión social de la oxitocina tiene más de un lado oscuro. Los trastornos de ansiedad social se pueden relacionar con los niveles de oxitocina.[7] Y también se ha observado que niveles elevados de oxitocina nos hacen más susceptibles a lo que los demás piensan de nosotros. O que los comportamientos deshonestos, la mentira, la manipulación y la agresividad afloren si benefician al grupo, sea cual sea lo que esa persona siente como su grupo: su familia, su país, su partido, su identidad, su raza... Por eso, la percepción de un «nosotros» mediada por la oxitocina es un arma de doble filo. La molécula del amor es también la molécula de la guerra.

No recuerdo el nombre de aquel chico guapísimo de Renglón. Mis padres tampoco. Pero sí se acuerdan de que había un chico que me llamaba «novia» y que me dejaba sin habla, al que miraba con tanta fijación que mi padre tenía que llamarme la atención. Yo siempre miraba así a la gente cuando era pequeña, con total dedicación y sin ningún disimulo: a la gente que me gustaba y a la que me disgustaba, como si el mundo fuese un espectáculo creado para entretenerme.

Ese chico fue el primero que recuerdo. Sin embargo, mi primer novio verdadero, mi gran amor de los siete años, con el que fundí un carrete entero de fotos Kodak en la excursión del colegio a Cabañas, fue David. Tenía el pelo negro y brillante, con el corte a la taza que se llevaba en 1990 y que él, con su cabello liso como el de un muñeco, defendía como ningún otro chico. Lo invité a mi comunión. Era la única niña que invitaba a un chico que no fuera un familiar a su comunión. David me regaló el *walkman* Sony WM-2051 con *autoreverse*, que no requería que le dieses la vuelta a la cinta para escuchar la cara B. Todos alucinaron con el regalo, principalmente por caro, pero también porque estaba hecho a la medida de mis gustos. Mi novio me conocía, por eso era mi novio, aunque ni él ni yo nos lo decíamos. En realidad, confirmé que era mi novio porque la madre de David le dijo a la mía que me llamaba «novia». Además, David jugaba conmigo en el recreo, solo compartía conmigo su Sega Game Gear, la consola portátil más codiciada de la época. Recuerdo que costaba 25.000 pesetas en El Corte Inglés, casi el doble que una Game Boy. También me pasaba el balón en los partidos de fútbol, y no precisamente porque yo jugase bien. Una vez que jugué de portera y recibí un balonazo en la cara que me hizo sangrar por la nariz, David me acompañó a enfermería. Me puso el brazo sobre los hombros, como hacía con sus amigos tras un partido exitoso. Sentí el dolor más placentero del mundo. El calor de su cuerpo, su olor, una mezcla de frescor de detergente y sudor. El olor del amor sencillo.

El amor duele como un balonazo en la cara. Porque el amor duele físicamente también. No es una metáfora: el corazón roto duele. El síndrome del «corazón roto» se conoce como *miocardiopatía de Takotsubo*. Es una condición real en la que el estrés emocional agudo, mediado por un aumento brusco del cortisol, provoca una afección transitoria del corazón en la que el ventrículo izquierdo se hincha y se debilita de repente, simulando un ataque cardíaco, pero sin daño coronario. Estudios con resonancia magnética nuclear han mostrado que en una ruptura amorosa se activan zonas cerebrales relacionadas con el dolor físico, como la corteza somatosensorial y la ínsula.[8] David no me rompió el corazón, al menos que yo recuerde. Creo que simplemente empezó a gustarme otro chico de clase más que él.

La primera vez que un chico me rompió el corazón yo ya tenía catorce años. Me lo rompió poco. El chico me gustaba regular; me entusiasmaba más la idea de tener novio, con toda su parafernalia de cartas perfumadas, pétalos y anillos de plata grabados. Ese amor eterno de la adolescencia que dura tres meses. Apenas conocía nada de él, aunque en mi imaginación era el chico más interesante del mundo. Estaba inmersa en una euforia bioquímica que me nublaba el juicio.

Se suele decir que el enamoramiento dura entre seis meses y tres años porque va acompañado de una intensa actividad bioquímica que no se puede mantener eternamente. Esto no significa que la química pone fecha de caducidad al amor romántico. Ni mucho menos. Lo que sucede en realidad es un fenómeno de tolerancia o habituación, igual que ocurre con el consumo de drogas: llega un momento en el que no surten el mismo efecto que al principio.

Cuando los neurotransmisores vuelven a su estado basal, vemos con claridad a quién tenemos delante. Es en ese momento cuando la oxitocina toma el control y el ímpetu romántico se va transformando en indiferencia o, si el chico sigue brillando sin un foco bioquímico que lo ilumine, se va transformando en amor, en amor sereno.

A pesar de nombrar moléculas entretejidas en el relato de mis primeros amores, la química no explica nada relevante acerca del amor. En todo caso, sirve para describir qué moléculas abundan durante cada fase del amor romántico y, que, por tanto, influyen en nuestra percepción. Pero nada de esto explica, ni pretende explicar, el sentido del amor. De todo este relato valoro más la lírica que el ensayo científico que lo atraviesa. Valoro más la confluencia entre lo inocente, lo bonito y lo patético que se da en los primeros amores. Los amores ridículos son, con el paso del tiempo, los más elocuentes. No necesitan del adorno de la ciencia para resultar conmovedores. Sin embargo, ese frenesí molecular aporta precisión narrativa; y brillo, mucho brillo. Aquí la química no es un disfraz de erudición, sino un recurso de estilo. Esas moléculas que revolotean sobre el texto representan la fracción solemne de los amores ridículos. Hay algo muy serio, muy bello y, sobre todo, muy auténtico en la torpeza de esos amores. La química que habita en ellos los hace fosforescer. O eso, o es que la química es el mejor subrayador que conozco.

8

Siempre me enamoro por primera vez.
   Siempre vivo por última vez.

9

Los apegos salvajes son aquellos que se sienten sin razón, que son feroces, puramente biológicos, que no se pueden domesticar. Los apegos salvajes son los que se sienten por los padres, por los hermanos, por los hijos. Quieres a tu hijo aunque sea un impresentable, aunque sea mala persona, aunque mienta, aunque se drogue. Lo quieres porque es un apego salvaje. Querer a un hijo es inevitable, lo que no implica que todos los padres quieran bien a sus hijos, porque hasta el querer se puede hacer mal. La familia es, en sí misma, una manifestación civilizada de los apegos salvajes.

De un apego salvaje no hay escapatoria. Para lo bueno y para lo malo. Los apegos salvajes son el origen de los conflictos internos más intensos, y también de las mayores satisfacciones. Porque, si los apegos salvajes son felices, el sentido de la vida está resuelto.

Los apegos son inmensurables, no se pueden medir. No puedo decir que quiero a Emilio 3 kJ/mol. Escribo kilojulios por mol (kJ/mol) porque, si pienso en apegos, pienso en enlaces. La energía de un enlace químico se mide en términos de energía necesaria para romperlo. Es como medir un apego en función de cuánto costaría destruirlo, de cuánto dolería soltarlo. En concreto, se mide cuánta energía hace falta para romper un mol de enlaces entre dos átomos (siendo el kJ una unidad de energía y el mol una cantidad equivalente a $6,022 \times 10^{23}$ partículas, un número que se llama número de Avogadro y que a los químicos nos sirve como «paquete estándar». Igual que se usa la docena como «paquete estándar» de huevos, los químicos usamos el número de Avogadro). Pues eso, no puedo decir que quiero a Emilio 3 kJ/mol porque el amor es algo que no se puede medir. El amor existe, es un hecho evidente, pero no se mide porque no está hecho de nada, no es ni materia ni energía, ni nada mensurable. El amor es un fenómeno verdadero y punto. Es verdadero para todos los seres humanos. No hacen falta pruebas de su existencia. No hay agnósticos del amor ni ateos del amor —salvo, quizá, algún psicópata.

Hay quien se atreve a explicar el amor en términos químicos, como si el amor fuese un puñado de reacciones químicas que acontecen en el cerebro mediadas por la serotonina, la dopamina, la oxitocina o cualquier otra hormona o neurotransmisor. Una cosa es describir qué cambios químicos se producen en el organismo cuando nos enamoramos o cuando parimos y otra muy distinta es confundir esa descripción austera con la definición del amor.

El materialismo es la idea filosófica según la cual todo lo que existe es materia o deriva de ella. De acuerdo con esta visión, la conciencia, las emociones y el pensamiento no son más que efectos de procesos físicos y químicos del cuerpo, especialmente del cerebro. Para un materialista estricto, si no se puede medir, pesar u observar, no es real. Tratar de probar que el amor existe es absurdo en sí mismo, pero hacerlo en términos químicos es el colmo del materialismo.

Las cosas que acontecen a escala humana no tienen por qué ser consecuencia directa de las cosas que suceden a escala atómica. Quiero decir que el amor, que es un fenómeno humano, no es el resultado de las interacciones químicas. Los enlaces químicos no derivan en enlaces interpersonales. Del mismo modo, las leyes que rigen el mundo a escala cuántica (la de los átomos, los electrones y las partículas subatómicas) no son las mismas que rigen el comportamiento del mundo macroscópico, el mundo cotidiano de las cosas. No solo es una cuestión de escala, sino que hay diferencias cualitativas en el comportamiento: lo macroscópico, lo humano (en su sentido trascendente) y lo cuántico operan de forma distinta.

En el mundo cuántico, las partículas pueden estar en varios estados a la vez, como si un electrón pudiera estar aquí y allá al mismo tiempo. Es lo que se llama *superposición*. Además, dos partículas pueden estar entrelazadas de tal manera que lo que le ocurra a una afecta a la otra instantáneamente, aunque estén separadas por kilómetros. Las cosas a nuestra escala no se comportan así. En nuestra experiencia humana, una silla está o no está. Un gato está vivo o muerto. Sin embargo, el mundo cuántico sigue otra lógica. Y, aunque el mundo macroscópico está hecho de átomos (es decir, todo lo que vemos, tocamos y sentimos está construido a partir de esa base cuántica), eso no significa que el comportamiento del mundo cuántico determine de forma directa el comportamiento humano. En ciencia tenemos un término para esto: *emergencia*. Ciertas propiedades aparecen solo cuando el sistema alcanza un nivel de complejidad mayor. Un átomo aislado no tiene temperatura; una molécula, tampoco. La temperatura es una medida derivada del movimiento de un conjunto de partículas, de su energía cinética promedio. Cuanto mayor es la temperatura del agua, mayor bullicio hay entre sus moléculas. Por eso, una molécula de agua no tiene temperatura, pero cuando se juntan suficientes moléculas, el conjunto sí la tiene. La temperatura es una propiedad emergente porque no tiene sentido a escala individual, pero aparece cuando se observa el comportamiento colectivo de muchas partículas. Del mismo modo, ningún electrón tiene «vida interior»; sin embargo, el cerebro humano, que funciona mediante conexiones eléctricas, sí tiene consciencia. La vida, el pensamiento o el amor son fenómenos emergentes: no se pueden deducir a partir de una sola molécula, ni siquiera de muchas. Del mismo modo, un enlace químico no conduce automáticamente a un apego. Ni siquiera a un apego salvaje; ni siquiera, aunque haya una conexión biológica mediada por los genes o por los microbios compartidos de un hogar: los apegos no son consecuencia de sus enlaces químicos.

La idea de poder explicar cualquier cosa a partir del comportamiento de unas partículas subatómicas es tentadora. Incluso, sería bello que todo estuviese mediado por algo tan elemental como los electrones. Sin embargo, la historia ha sucedido más bien al revés. Nuestra comprensión de los enlaces químicos nació de la idea intuitiva de que todo funciona a través de apegos. El químico August Kekulé, en 1858, propuso que los átomos enlazaban unos con otros a través de *verwandtschaftseinheiten*, 'unidades de afinidad'. Desde un punto de vista etimológico, *verwandtschaft* ('afinidad', 'parentesco') proviene del verbo *verwandt* ('relacionar'), que se usa en el sentido de parentesco o cercanía, y el sufijo *einheiten* significa 'unidades'. Así que literalmente, hablaba de «unidades de relación o parentesco» que un átomo podía establecer con otros. La palabra es muy sugerente porque evoca vínculos básicos entre átomos (o, lo que es lo mismo, una especie de apegos salvajes entre ellos).

Kekulé observó que el carbono establece siempre cuatro enlaces, igual que el oxígeno establece siempre dos, y el nitrógeno, siempre tres. Todos los elementos químicos establecen unas cantidades concretas de enlaces unos con otros. Así, el carbono tiene cuatro unidades de afinidad, el oxígeno, dos unidades de afinidad, y el nitrógeno, tres unidades de afinidad. Este modelo explicaba por primera vez cómo los átomos se enlazan entre sí en estructuras ordenadas, y fue un paso crucial hacia la formulación de las estructuras moleculares. El concepto de *unidad de afinidad* es el antecedente directo de lo que hoy llamamos *valencia*.

Fue gracias a Kekulé como comenzó a tomar forma la «teoría del enlace de valencia» (una de las teorías más importantes de la química que sirve para describir cómo se forman los enlaces químicos), un concepto que fue aceptado enseguida por los químicos de la época. Según él, los átomos de carbono no solo se unían con otros elementos, sino que podían unirse entre sí, formando cadenas y estructuras complejas que servían de esqueleto para moléculas más grandes. Esto permitió explicar la vastísima variedad de compuestos orgánicos conocidos hasta entonces, lo que fundó las bases de la química orgánica moderna.

En 1865, Kekulé dio otro paso decisivo: formuló la estructura del benceno, la molécula clave de los compuestos aromáticos. Este descubrimiento, basado en la tetravalencia del carbono, sugería una estructura de anillo con enlaces alternos simples y dobles, algo que rápidamente fue aceptado por la comunidad científica.

Estoy usando la palabra *enlace*, aunque por aquel entonces todavía no se hablaba de enlaces químicos entre átomos, sino de conexiones por valencia o por unidades de afinidad. Había muchos cabos sueltos, sobre todo relativos a las fuerzas naturales que regían esas uniones entre átomos. Ni la fuerza de la gravedad ni la atracción eléctrica justificaban la atracción entre átomos. La fuerza de la gravedad, dependiente de la masa de los cuerpos, no podía explicar la feroz atracción que mantenía unidas a partículas tan ligeras como los átomos. Y la atracción eléctrica, que se da entre cuerpos con cargas opuestas, también quedaba excluida al observarse que existían moléculas (como el benceno) en las que átomos iguales, sin carga eléctrica, se unían entre sí. Por tanto, aceptar la idea de valencia parecía requerir renunciar a la posibilidad de comprender los apegos químicos como originados por una fuerza macroscópica conocida por la física. Había que reconocer que los apegos entre átomos eran un concepto singularmente químico, no físico.

A partir de 1897, cuando Joseph John Thomson demostró la existencia del electrón, los químicos de la época no tardaron en considerar que esta partícula subatómica era la responsable de las valencias. Thomson estaba buscando una unidad de carga eléctrica y descubrió que la electricidad consistía en realidad en electrones en movimiento. La electricidad se conocía desde hacía mucho tiempo. De hecho, las pilas voltaicas se inventaron casi cien años antes; sin embargo, aunque se supiese generar y utilizar la electricidad, no se sabía qué era exactamente. Esto no es algo inusual para la ciencia, empezando por fármacos que se sabe que funcionan, que han superado los ensayos clínicos con éxito, pero todavía no se ha descrito toda la complejidad bioquímica que hay detrás de su funcionamiento. Con la física y la química ocurre lo mismo: siempre queda algo de misterio cuando se describe un fenómeno a la escala más pequeña posible y a la más grande imaginable.

El descubrimiento de Thomson no fue solo suyo, como ocurre con casi toda la ciencia moderna, que en realidad es el resultado de un trabajo colectivo. Antes de él, otros científicos, como Richard Laming, habían propuesto que el átomo estaba rodeado de unidades con carga eléctrica, o Michael Faraday, que al mismo tiempo había acuñado los términos *ion, catión* y *anión* para designar a los átomos (o agregados de átomos) con carga eléctrica. En 1891, el físico George J. Stoney fue quien llamó *electrones* a las unidades de electricidad que según él formaban parte de los átomos. La palabra *electrón* ya se utilizaba en la antigua Grecia para referirse al ámbar, una sustancia que atrae o repele a otras tras ser frotada. Todas estas aproximaciones teóricas se estaban probando en tubos de Crookes, unos recipientes de vidrio cerrados herméticamente y sin aire en los que se producían descargas eléctricas. El misterioso rayo luminoso que salía del cátodo de los tubos se llamó *rayo catódico* (son los rayos que dieron nombre a los antiguos televisores de tubo de rayos catódicos). En presencia de campos eléctricos y magnéticos externos, los rayos catódicos se pueden desviar a antojo, lo que sirvió al químico William Crookes para describirlos como partículas con carga negativa.

Este torbellino de descubrimientos y conjeturas llevó a interpretar que los átomos contenían partículas más pequeñas. Así surgió el primer modelo atómico «tómico» (si *átomo* significa 'indivisible' o 'sin partes', *tómico* significa lo contrario: 'divisible' o 'formado por partes'). El famoso modelo de Thomson es el que describe al átomo como una masa de carga positiva con pequeñas masas de carga negativa incrustadas. En muchas ocasiones se ha descrito como el «modelo del pudin de pasas», en el que las pasas representarían a los electrones.

Pocos años después, en 1910, este modelo quedaría obsoleto. Se descubrió que el átomo no solo no era una partícula indivisible, ni siquiera una masa compacta de varias partículas, sino que en el átomo había más *nada* que *algo*. Un grupo de investigadores dirigidos por el químico Ernest Rutherford llevó a cabo un experimento conocido como el *experimento de la lámina de oro*. Este consistía en dirigir un haz de partículas positivas, llamadas *partículas alfa*, sobre una lámina de oro muy fina, de unos pocos átomos de grosor. Estas partículas positivas se obtenían de una muestra radiactiva de polonio contenida en una caja de plomo provista de una pequeña abertura por la que solo podía salir un haz de partículas alfa. Estas, al incidir sobre la lámina de oro, la atravesaban y llegaban a una pantalla de sulfuro de zinc, donde quedaba registrado su impacto como si de una placa fotográfica se tratara. Tras estudiar la trayectoria de las partículas alfa registradas en la pantalla, Rutherford observó que estas se comportaban de tres maneras diferentes: o bien pasaban a través de la lámina de oro y llegaban a la pantalla como si nada les entorpeciese el camino, o bien chocaban con la lámina de oro y salían rebotadas, o bien se desviaban levemente de su trayectoria original al atravesar la lámina de oro. Estas observaciones llevaron a Rutherford a plantear un modelo atómico formado por un núcleo de partículas con carga positiva (con las que las partículas alfa rebotaban) y electrones orbitando alrededor (que desviaban las partículas alfa).

La imagen popular del átomo representado como una especie de sistema solar en miniatura es una reproducción del modelo atómico de Rutherford. Este modelo se fue describiendo con mayor precisión a lo largo de los años con el descubrimiento de los neutrones, de los orbitales, etc. En lo que respecta al electrón, tampoco se ha terminado de saber todo sobre él. Hace poco más de cien años, la comunidad científica empezó a debatir sobre la naturaleza dual del electrón: si era una partícula o una onda o las dos cosas a la vez. La famosa ecuación de Louis de Broglie, que le valió el Nobel en 1929, relaciona la masa de una partícula con su longitud de onda. Este hallazgo sentó las bases de una nueva forma de *ver* los electrones: la mecánica cuántica. Los electrones no se ven tal y como se entiende de forma coloquial el verbo *ver*; no se ven de forma óptica, con una gran lupa o un microscopio, sino que se ven de forma indirecta. De momento, solo se han logrado ver electrones como zonas de probabilidad, algo que se calcula con ecuaciones de onda (como la célebre ecuación de Schrödinger). Así, los electrones son como una niebla de densidad variable que orbita en la atmósfera del átomo y que ocupan un espacio que llamamos *orbital*. Esta descripción indeterminada de las partículas subatómicas sigue provocando animados debates filosóficos en la comunidad científica.

Pese a la incertidumbre sobre cuál es la posición exacta del electrón en cada momento, al menos contamos con un grado de certeza mensurable: sabemos que el electrón se ciñe a unas zonas, a unos orbitales. Gran parte de la química depende de ello, porque la química consiste en comprender cómo unos átomos se enlazan con otros, en unas relaciones de afinidad que se tejen mediante electrones. Lo más curioso de la historia del electrón es que, cuanto más nos acercamos a él, más hipermétropes parecemos.

Los apegos entre átomos no se pueden describir si no es por medio de los electrones. Los átomos se los ceden unos a otros, estableciendo conexiones entre sí mediadas por fuerzas electrostáticas, y dan lugar a los enlaces iónicos. Otros átomos, en lugar de ceder o aceptar electrones, comparten una cantidad concreta de electrones de forma localizada y forman los enlaces covalentes. Y otros átomos comparten electrones casi a granel, electrones que se deslocalizan en una especie de nube compartida por todos los átomos de la estructura, y dan lugar a los enlaces metálicos, ya que son los enlaces que establecen los elementos metálicos entre sí.

Sea cual sea el tipo de enlace que un átomo establece con otro, siempre está mediado por electrones, algo que se intuyó desde el momento en el que convivieron el concepto de *unidades de afinidad* de Kekulé con el descubrimiento del electrón de Thomson. De hecho, en 1904, cuando Thomson propuso el modelo atómico en el que los electrones podían circular en capas externas del átomo, otro químico, Richard Abegg, formulaba una regla mucho más explícita, la «regla del ocho», que se correspondía con las regularidades periódicas observadas en las valencias de los átomos. Resultó que las «unidades de afinidad» se correspondían con la cantidad de electrones de cada átomo; en concreto, con la cantidad de electrones en disposición de enlazar, que son los de las capas más externas. Los llamamos *electrones de valencia* porque son los que participan en los enlaces. La «regla del ocho» era una forma simple de decir que todos los átomos tienden a juntarse entre sí, compartiendo o cediendo electrones, hasta completar un octeto de electrones en su capa más externa. Los elementos químicos llamados *gases nobles* (neón, argón, kriptón, xenón, radón...) ya son así de forma natural: son átomos con ocho electrones en su última capa y por eso no se unen a nada, existen en solitario. Es como si el resto de los átomos quisieran parecerse a ellos, algo que logran estableciendo enlaces.

Esta forma de comprender los apegos químicos entre átomos es lo que se denominó *teoría del enlace de valencia*. Según esta teoría, los átomos se unen de manera que los electrones de valencia se comparten para completar las capas electrónicas de los átomos y así se logra una configuración estable similar a la de los gases nobles.

Si bien esta teoría sirve para describir, e incluso predecir, cuántos enlaces puede formar cada átomo, no sirve para describir la estructura que resulta tras esas uniones. Porque los átomos no solo tienen unas valencias concretas, sino que cada uno adquiere una forma determinada para establecer esas conexiones. De la misma manera que una persona, aunque tenga dos brazos, puede abrazar a otras de formas diferentes, un átomo que puede establecer dos enlaces, también. Puede hacerlo con dos brazos extendidos, uno a cada lado del cuerpo, pudiendo darles la mano a otros dos, como en un corro; o con los dos brazos extendidos hacia delante, abrazando a uno solo; o un brazo hacia delante y otro hacia atrás, estrechando la mano de otros dos como para caminar juntos en línea recta.

Dar una explicación a la forma de los enlaces requería tener en cuenta la naturaleza cuántica de los electrones, que los electrones en realidad están deslocalizados, que habitan zonas, orbitales. Y, cuando dos átomos enlazan, los electrones se combinan, pero también se combinan entre sí sus orbitales. Es como si las zonas habitadas por los electrones se fusionasen y dieran lugar a zonas híbridas. Así surgió la segunda teoría de enlace más importante de la química: la «teoría de los orbitales moleculares». Desarrollada por científicos como Robert S. Mulliken, considera que, cuando dos átomos se unen, los orbitales de los átomos se combinan para formar orbitales moleculares. Los electrones ocupan estos nuevos orbitales y los enlaces se forman por la interacción entre los orbitales atómicos.

Tanto la teoría del enlace de valencia como la de los orbitales moleculares han llevado al concepto de *resonancia*, algo que conecta con la idea primigenia de valencia de Kekulé y que encaja con la descripción que hizo de la molécula de benceno sesenta años atrás. Resulta que, en la década de 1860, Kekulé estaba tratando de entender la estructura química del benceno, un compuesto aromático muy conocido, pero de comportamiento misterioso. En esa época, se pensaba que las moléculas tenían estructuras lineales o ramificadas, y la idea de una estructura cíclica era aún revolucionaria: nadie se había imaginado que los átomos podían darse la mano formando un corro. Kekulé relató años después que tuvo un sueño o una visión en la que vio una serpiente que formaba un círculo y se mordía la cola. Al despertar, comprendió que esa era la clave: el benceno debía de tener una estructura en anillo. A partir de ahí, propuso que la molécula de benceno estaba formada por seis átomos de carbono formando un ciclo, con enlaces alternos simples y dobles, de tal manera que cada átomo de carbono completase sus cuatro «unidades de afinidad». Esta idea de átomos que enlazan formando anillos fue el inicio del concepto de *aromaticidad* en química. Esta idea fue muy importante porque el benceno no se comporta como una molécula con tres enlaces dobles aislados, sino que todos los enlaces son equivalentes: los enlaces entre los átomos de carbono del anillo bencénico no se pueden considerar ni enlaces simples ni dobles, sino más bien unos «híbridos resonantes» a mitad de camino entre los dos estados. La estructura de Kekulé fue un primer paso hacia la comprensión moderna de los electrones como sistemas deslocalizados. La resonancia ha explicado con éxito por qué esos enlaces son especialmente fuertes y por qué los compuestos aromáticos como el benceno son tan estables.

La imagen de la serpiente que se muerde la cola se llama *ouroboros*, un símbolo ancestral que representa el ciclo eterno, el infinito, la unión de contrarios o la autogeneración. El hecho de que Kekulé tuviese esa imagen en su sueño sugiere cómo el pensamiento simbólico también alimenta la intuición científica. La ciencia la hacemos los humanos; por eso no avanza como lo haría una máquina, sino que muchas de las ideas cruciales son fruto de reflexiones cotidianas. La idea de plantearse las uniones entre átomos como si fuesen apegos salvajes que se establecen entre padres e hijos, igual de fuertes e inevitables, como verdades incorruptibles, dio lugar a un concepto fundacional de la química moderna: las *unidades de afinidad*, algo que más tarde llamaríamos *valencia* en un ejercicio de sobriedad, a lo que después le dimos corporeidad gracias al descubrimiento del electrón.

Si en lugar de seres humanos fuésemos robots, o seres sin alma, habríamos llegado a describir la estructura y el enlace del anillo de benceno y de todos los enlaces químicos que conocemos. Habríamos llegado más tarde, sin toda esta parafernalia de sueños con serpientes y apegos salvajes, pero habríamos llegado al mismo lugar. Sin embargo, ese lugar sería mucho más frío que este. Porque lo que de verdad importa no es llegar a una teoría tan pulcra como la teoría de los orbitales moleculares. Importan las historias, las vivencias, los matices y las reflexiones que nos han traído hasta aquí, hasta un lugar en el que el conocimiento es algo cálido que hemos ido construyendo entre todos a lo largo del tiempo. Movidos por algo más que la materia que nos da soporte, movidos por la voluntad de encontrar un sentido a todos los aspectos de nuestra vida, desde el amor hasta los electrones.

10

Mi hermano y yo vamos en la parte de atrás del coche, mirando el paisaje por las ventanillas. Es un Renault 25 gris con los asientos tapizados de microfibra aterciopelada del mismo color, mullidos y envolventes como un sofá. Huele a vacas, a madera húmeda de eucalipto y a humo de *lareira*, que es de lo que se compone el éter del rural gallego. Ese aire nuestro se adentra en el coche y genera una atmósfera con una ligera desproporción de oxígeno que entrecorta la respiración. La luz es grisácea e intensifica el verdor tizoso de la vegetación. Suena Leonard Cohen y me invade una nostalgia anticipatoria, la de un presente que ya se siente como pasado. Esos viajes a Teixeiro son el retrato melancólico de mi infancia.

Hace tiempo me encontré con esa escena en una película. *O que arde*, de Oliver Laxe, sentí que había sido hecha para mí. La secuencia en la que aparece el protagonista, Amador, con la veterinaria conduciendo una furgoneta donde llevan una vaca, y de fondo suena *Suzanne*, de Leonard Cohen, y se ve el paisaje gallego y los ojos globosos de la vaca. Fue una conexión tan íntima con mi vida, con un momento tan esencial, que fue casi como una intromisión en el alma. Nunca había visto algo tan privado, tan mío, representado en una obra de arte.

Pocos días después vi a mi hermano Christian y le pregunté si había visto la película de Oliver. Me respondió que sí, emocionado, y a los dos se nos hincharon los ojos con lágrimas.

Aunque Oliver y yo nos vimos varias veces después, no me atreví a contárselo porque me daba pudor compartir algo tan intenso con él. Trabajamos juntos en una exposición que comisarié, *Galicia Futura*, para la que él hizo una película homónima. También se me llenaron los ojos con la secuencia final. Hay un delicado vínculo entre nuestro paisaje y nuestra forma de sentir.

Tras el alboroto mediático de la exposición me hicieron una entrevista en la prensa sobre las películas de mi vida. Ahí expliqué mi profunda conexión con *O que arde*. Se la envié a Oliver en un mensaje. Me contestó: «*Hai un xemido de orfandade que atravesa toda a peli, é raro... Unha dor do campo que nos toca a todos moi profundamente*».

Los objetos del paisaje de Teixeiro contienen un paisaje interior. No se puede comprender el comportamiento humano sin escudriñar los objetos de su paisaje. Desde una antigua bañera de hierro fundido con el esmalte descascarillado que sirve de bebedero para las vacas, hasta un somier oxidado que cierra el cercado. Las heridas de la porcelana del bebedero se ven como arañas vasculares de color negro. Los desconchones han desprendido un exudado naranja que el tiempo ha petrificado. El cercado es una malla anudada y la puerta es un somier. La malla es de acero galvanizado y se conserva todavía brillante, mientras que el somier ha comenzado a oxidarse.

La reutilización de estos objetos mantiene el equilibrio entre el criticado feísmo arquitectónico y la alabada economía circular. Objetos que ya no sirven para lo que servían se han reconvertido en enseres para el ganado. Hay belleza en esa transformación de usos, pero, sobre todo, hay belleza en la huella que el tiempo y la vida ha dejado sobre esos objetos. El óxido que emana bajo la cubierta esmaltada de la bañera y el óxido que tiñe de naranja oscuro el somier evocan que esos objetos han tenido una vida más cálida que la que tienen ahora. Han estado resguardados del frío y la humedad, envolviendo cuerpos que al mismo tiempo los envolvían, protegiéndose mutuamente. Ahora están en el exterior, helándose de frío durante el invierno y soportando el bochorno del verano. Son los vaivenes químicos y termodinámicos de la intemperie: los cambios de temperatura y el aire cargado de agua, oxígeno y sal que lo corroen todo.

Las capas de herrumbre que aparecen en los objetos metálicos ricos en hierro son porosas, se astillan y se agrietan, lo que facilita la corrosión. Cuanto más corrosivo es el ambiente, más abiertas están las capas de herrumbre que se van formando, por lo que se desprenden con más facilidad y se favorecen los desconchamientos. Un somier a la intemperie presentará una herrumbre laminada, que se desprende con facilidad, mientras que un somier al resguardo de la lluvia presentará una herrumbre más pulverulenta, como tierra apelmazada.

La herrumbre está formada por óxidos e hidróxidos de hierro

que adquieren estructuras diferentes según su grado de exposición. Así, las regiones más internas de óxido son más compactas y están formadas por oxihidróxido de hierro amorfo y óxido férrico cristalino, mientras que la región externa está formada por oxihidróxidos de hierro cristalino en dos disposiciones diferentes, llamadas alfa y gamma. Así que esa transformación del metal en tierra anaranjada esconde una arquitectura a escala atómica. Se mantiene cierto orden en el deterioro de aquello que dejamos a la intemperie. Para la mirada atenta y precisa de la química, siempre hay un patrón.

Los fenómenos de corrosión a menudo se perciben como un signo de deterioro, de dejadez. Se lucha contra el óxido como se lucha contra el tiempo; nunca se vence, pero su paso se intenta ocultar. El envejecimiento del cuerpo humano es, esencialmente, un proceso de oxidación. La formación de arrugas en la piel es consecuencia de reacciones químicas de oxidación. Si bien se puede aminorar su velocidad con productos cosméticos y una buena alimentación, no es posible frenarlos del todo. La vida transcurre gracias a reacciones químicas de oxidación. Dejar de respirar, que es morir, es lo mismo que dejar de oxidarse. La química que nos lleva a la muerte es la misma que nos mantiene con vida.

Los objetos corren la misma suerte que los seres vivos. La naturaleza es implacable para todos. Cuando el metal del somier se oxida, revela que la vida está pasando por él. Por eso, el óxido se percibe como un síntoma de envejecimiento. El óxido se va comiendo el metal hasta romperlo, hasta hacerlo añicos y dejarlo inservible, que es la forma que cobra la muerte en las cosas. Sin embargo, desde un punto de vista químico, el óxido no es la muerte, sino el eterno retorno. El metal vuelve a su forma original, vuelve a convertirse en tierra, que es la forma que tenía antes de ser transformado en un metal brillante. El hierro, igual que la mayoría de los metales, se encuentra en la naturaleza en su forma oxidada, formando parte de rocas. Para extraer el metal puro y brillante, la roca que lo contiene se somete a una reducción, el proceso químico inverso a la oxidación. Por tanto, cuando un somier metálico se oxida en el campo, no se está muriendo, sino que en realidad está volviendo a nacer.

11

En mi paseo pasea todo el pasado
y voy dejando correr párpados y ojos
y a veces respiro aires nuevos
en fuentes inocentes
que han estado manando de otras fuentes.
Voy arrastrando agua de aguas
y a veces las salpico
y a veces las riego con el peso del agua de mis pasados
hasta mezclarse en el ligero equilibrio
que nos soporta.

Somos imperfecciones que ansían proporción,
y somos impuros,
anhelos de desmemoria que perduran como cicatrices,
la anarquía del agua,
la transparencia vaporosa de las emociones,
el caos del aire,
ráfagas pedregosas que erosionan el tránsito.

Voy paseando sobre todo mi pasado
en cada abrazo mío que me abraza,
que me engrosa hasta quebrarme.
Mi agua se escurre entre lo angosto
hasta unas manos selladas en cuenco
que la festejen hasta limpiarnos.

12

Iba al colegio en autobús. Quince minutos de trayecto que, durante la educación primaria, pasaba junto a mi amiga Almudena. Hablábamos de comida cuando el apetito apremiaba y resolvíamos las cuentas del cuadernillo Rubio (ella las pares y yo las impares) para tener más tiempo libre al llegar a casa. Qué tedio las restas con llevadas y las multiplicaciones de tres cifras. Si ya lo entendía, si ya sabía hacer esas operaciones, ¿a cuento de qué tenía que resolver una cuenta tras otra, despilfarrando un valioso tiempo de infancia? Preferiría estar paseando con mi abuelo, escogiendo lentejas con mi abuela, jugando a la Barbie con mi hermano o viendo el Xabarín Club. Cualquier quehacer cotidiano era mejor que llegar a casa y tener que sentarme otra vez después de haber pasado mil horas sentada en el pupitre del colegio y resolver un lote de cuentas que no me iban a enseñar nada nuevo. Ahí sola, en el escritorio de la habitación de los juguetes; sola, pero sin espacio mental para pensar.

Mis padres me decían que el colegio era mi trabajo. Sin embargo, yo creía que el trabajo de mis padres era mucho más estimulante que el colegio. Cambiar pastillas de freno y neumáticos era más emocionante que resolver sumas sin fin. Probar ropa preciosa a mujeres preciosas era más satisfactorio que repetir la misma operación una y otra vez. La educación primaria fue un tedio para mí por repetitiva. Aprendía una cosa nueva y la tenía que repetir hasta la asfixia. La repetición terminaba por matar cualquier atisbo de luminosa novedad. Era como una condena. «Te condenamos a resolver sumas hasta que alcances tal nivel de apatía que te acabes tirando al suelo del aula a rodar, como un bebé que se queja con todo el cuerpo». Eso hacía mi hermano en clase de primaria cuando no lo soportaba más: tirarse al suelo a dar vueltas. Yo, en cambio, me resignaba a llorar por dentro.

Ahora que soy mayor y trabajo, sigo pensando que prefiero esto a volver al colegio. Por suerte, aprendí a rebelarme con disimulo.

Dejé de hacer los deberes. Al principio, me causaba bastante ansiedad ir a clase con las cuentas sin resolver, que la profesora viese mi cuadernillo Rubio en blanco, así que a veces lo completaba durante el trayecto en autobús con números al azar, solo para que la página pareciese trabajada. Si al día siguiente la profesora me mandaba salir a la pizarra a resolver la tarea, lo tenía fácil: solo tenía que hacer las operaciones en el momento mientras fingía que las copiaba del cuadernillo. Así fue como creé tiempo libre para estar con mis abuelos y mi hermano por las tardes.

Cuarto de primaria fue el curso más duro. A pesar de aprobar todas las asignaturas, la profesora me mandó unos cuadernos para el verano. Uno de Lengua y otro de Matemáticas. El último día de clase, la madre Luisa nos dio a cada alumno las notas y una circular en la que ponía qué actividades de refuerzo debíamos hacer durante las vacaciones. A algunos no les mandó nada; a otros, un montón de cosas, y a mí, esos dos malditos cuadernos de actividades. Cuando la madre Luisa llegó a mí y dejó sobre mi pupitre la circular que me correspondía, la cogí y la estrujé hasta hacer una pelota de papel. Me levanté de la silla y la tiré al suelo. Nunca había sido tan valiente. Y nunca había sentido tanto miedo. Creo que fue la primera vez que hice algo que estaba mal a sabiendas. Es la primera vez que me enfrenté a un dilema moral entre lo que está bien y lo que es justo. Mis compañeros me miraban con los ojos abiertos como platos. La monja no me pegó un bofetón porque, de aquella, ya no se podía, pero sé que me lo dio con la mente. Se agachó a recoger el papel arrugado, lo colocó de nuevo en mi mesa, lo alisó con las manos y me dijo: «Se te ha caído esto».

Al finalizar la clase, me pidió el Libro de Comunicaciones para solicitar una cita con mis padres. Cuando llegué a casa, asustada, les conté a mis padres lo sucedido. Fui sincera con ellos. Recuerdo que mi madre me estaba duchando y me dijo: «Entonces, el papel se te cayó al suelo, no lo tiraste». Seguí mirando al frente, a la ventana del baño, y no dije nada.

Aquel verano, cada día después de desayunar, dedicaba quince o veinte minutos al cuaderno de Lengua. Una página de tareas diaria. Cada tarea estaba dedicada a una palabra. No aprendí ninguna nueva. El cuaderno de Matemáticas lo afronté de manera diferente. Las cuentas y los problemas se me daban bien, así que me encerré un día entero en la habitación de los juguetes hasta que lo resolví por completo. Al final de las vacaciones, mi padre revisó los dos cuadernos y añadió una nota: «Mi hija ha hecho todas las tareas y quiero que usted las corrija».

La madre Luisa nunca me devolvió los cuadernos corregidos. De aquella profesora no aprendí ni Lengua ni Matemáticas. Pero de mis padres aprendí una lección valiosísima.

13

La secundaria llegó como un soplo de aire fresco. Era un reto de verdad. Exigía mi atención. Aprendía cosas que no habría podido aprender en casa. Me descubrió la poesía, los factores de conversión, los elementos químicos y la tectónica de placas, que es todo lo mismo: la belleza, la verdad y la bondad del mundo.

Por las mañanas dejé de ir en el autobús con Almudena. El trayecto era más largo porque en secundaria entrábamos en clase más temprano, había menos líneas de bus y dábamos un rodeo mayor. Mis compañeros de curso se sentaban en los asientos del fondo, pero yo me sentaba sola en el asiento de delante del todo. Ese rato de soledad lo dedicaba a leer, a escribir y a escuchar discos enteros siguiendo las letras de las canciones en los libretos del CD. Así aprendí inglés. Aprendí poesía clásica y algo de filosofía gracias a que mi madre encargaba los libros coleccionables en La Rocha, la librería de nuestro barrio. Aquel trayecto en autobús era un rato dedicado a pensar en las cosas que me gustaba pensar.

Las clases de después eran una estimulante extensión de aquel trayecto. Fue una época en la que estudiar y vivir dejaron de ser actividades excluyentes y se convirtieron en una misma cosa. Acceder a conocimientos nuevos y almacenarlos en mi memoria me parecía una actividad de lo más placentera. Sigo pensando que el conocimiento es la forma más sofisticada de placer. No solo hacer acopio del conocimiento, sino generarlo o, al menos, tener esa expectativa. Cuando empecé a estudiar de verdad, enlazando lo que aprendía en clase de Literatura con lo que aprendía en Matemáticas y en Filosofía, comprendí que el objetivo es el mismo en todas las disciplinas: una descripción minuciosa del mundo. Somos capaces de describir con absoluta precisión desde la composición de una roca hasta un comportamiento social. Y debatir sobre los matices durante décadas, analizar su origen y su sentido, darle vueltas una y otra vez hasta llegar de lo más pequeño a lo más grande, y viceversa. En la composición de una roca rigen las mismas leyes físicas que en el comportamiento humano, por eso es posible imaginar un viaje desde los átomos que constituyen la materia hasta su expresión más compleja en las emociones. Es un viaje imposible, por inabarcable y por quimérico, pero lo bonito es pensarlo, saber que hay un recorrido trazado por explorar.

Aquellos trayectos matutinos en autobús eran un esbozo intuitivo de los métodos de conocimiento. Se parecían a un experimento controlado (con un observador perseverante y un entorno predecible), pero, sobre todo, favorecían una actitud imprescindible para generar conocimiento: la contemplación.

Contemplar no es mirar, es dejarse atravesar por lo que se ve. Es una actividad que necesita de tiempo lento y de soledad. La soledad es el laboratorio interior del pensamiento. El tiempo lento es ese autobús que recorre cada mañana las mismas calles, con los mismos árboles deslizándose al otro lado de la ventana, con el mismo graznido matinal de las gaviotas que acuden en bandada a la descarga de pescado del puerto, con el primer resplandor del amanecer, a veces azul, a veces naranja. Ese era el ritmo que necesitaba para pensar, para pensar fuerte y bien.

Allí se formaban mis ideas. Primero, como intuiciones. Después, como conjeturas. Y más tarde las trataba de acomodar en palabras, bajo la premisa de que el lenguaje es el pensamiento en acto. Esas ideas ya materializadas en frases me las repetía mentalmente durante el trayecto y a veces las anotaba para ver si aguantaban el peso del tiempo y de la lógica.

Con los años aprendí que las mejores ideas se terminan de pulir cuando se comparten. Comentarlas con personas más cultas e inteligentes que yo era como convertir bocetos en dibujos terminados. Pensar bien también implica contrastarse con otro. Esto es algo tan indiscutible que es lo que define el último paso del método científico: la revisión por pares. En ciencia, un par es un científico que se dedica a un campo de conocimiento análogo o, al menos, próximo al de uno mismo. Cuando uno hace pública una idea (pública en forma de publicación, de ahí la denominación «publicación científica»), ha de pasar previamente por la revisión de sus pares.

Hay varias formas de llegar al conocimiento; las llamamos *métodos*. Los métodos son formas estructuradas de pensar. Y, aunque se asocian a la ciencia, en realidad están presentes en cada decisión cotidiana. En el método científico hay dos estrategias nucleares: la deducción y la inducción.

El método deductivo va de lo general a lo concreto. Por ejemplo, si los metales se dilatan con el calor, y el hierro es un metal, entonces deduzco que el hierro se dilatará con el calor. El método inductivo es lo contrario: va de lo concreto a lo general. Si compruebo que el hierro, el aluminio, el cobre, el oro, el plomo y el zinc se dilatan al calentarse, entonces puedo inducir que los metales se dilatan con el calor.

Ambas estrategias (la deducción y la inducción) forman parte del engranaje del método científico. La inducción es el punto de partida: observar el mundo, recoger datos, encontrar patrones, formular hipótesis. Una vez formulada una hipótesis, recurrimos a la deducción para prever lo que debería ocurrir si fuera cierta. Es decir, deducimos consecuencias lógicas que luego sometemos a prueba.

El método científico no es una receta, sino una forma disciplinada y creativa de mirar el mundo con la intención de llegar a describirlo con precisión. Se induce contemplando el detalle, se deduce figurándose las consecuencias.

Lo que yo hacía cada mañana en aquel trayecto en autobús era una versión primitiva del método científico. Me concentraba en lo que me interesaba, lo que me conmovía, lo que me asombraba. Recopilaba datos, buscaba patrones y reflexionaba sobre ello mientras contemplaba cada día el mismo itinerario. A veces formulaba hipótesis sobre cualquier cosa, sobre la belleza, sobre la justicia, sobre la verdad de lo que aprendía. Pensar fuerte y bien es un viaje en autobús que exige un asiento junto a la ventana. Un lugar desde el que ver pasar el mundo sin tener que responder a nada. Porque para llegar a una idea hay que seguir un trayecto. Y los trayectos más fértiles no son los que van más rápido, sino los que dejan espacio para pensar.

14

Había niños de bolígrafo Pilot y niños de Bic. El bolígrafo definía el estatus al que pertenecía cada uno. En los primeros cursos nos daban una circular con la lista del material escolar, a veces especificando marca y modelo. Entiendo que es una cuestión de seguridad, porque hay pinturas y tintas que pueden ser peligrosas para los niños; o para que los materiales sean compatibles entre sí y se puedan compartir (por eso, a unos nos encargaban la plastilina verde y a otros la rosa, pero solo podía ser de Jovi). El lápiz tenía que ser el Staedtler HB del número 2; los lápices de colores, Alpino; la goma, Milán nata o la número 430; los rotuladores, Carioca; el pegamento de barra, Imedio, y, por supuesto, las libretas de doble pauta, esas insufribles herramientas de opresión. La letra debía encajar entre dos rayas, tres milímetros de separación que yo sentía como un aplastamiento. Tal era mi desprecio por ese rayado que la expresión «libreta de doble pauta» la adoptamos en mi familia como insulto. Afortunadamente, el avanzar de los cursos discurría con la evolución a la cuadrícula, al papel milimetrado y, por último, a la nada, al folio en blanco, que dejaba florecer mi caligrafía, que no es más que una imitación de la de mi padre.

El material escolar de cada uno es como un retrato de su infancia. Representa la época, da información económica, social, y también científica y tecnológica. Antiguamente, las gomas de borrar se hacían estrujando miga de pan. Más adelante, fueron sustituidas por caucho. En 1770, el ingeniero Edward Nairne comenzó a comercializar en su tienda de Londres cubos de caucho como gomas de borrar para artistas. La invención de Nairne fue descrita por el químico Joseph Priestley como «una sustancia excelentemente adaptada al propósito de limpiar del papel la marca del lápiz de grafito negro». El problema del caucho era que se extraía del látex procedente de la savia de plantas como las euforbiáceas y al poco tiempo se enranciaba.

En 1939, el químico Charles Goodyear hizo reaccionar el caucho con azufre. El azufre establece enlaces químicos entre las cadenas de caucho, como si las cosiera, y lo volvía así más estable, elástico e impermeable. Este proceso recibiría el nombre de *vulcanizado*. En 1909, el químico Fritz Hofmann inventa el caucho sintético, un material análogo al natural, más barato de producir y más sostenible, que obtuvo polimerizando isopreno. Así, el primer caucho sintético de la historia estaba hecho de poliisopreno. Poco a poco se fueron incorporando nuevos tipos de caucho sintético a la fabricación de gomas, como el caucho de estireno-butadieno, las gomas de vinilo, las gomas modelables, etc.

La goma de borrar es capaz de adsorber el grafito del lápiz. Las minas de lápiz se fabrican mezclando grafito con cera —de manera similar a la pintura encáustica—y combinándolo con arcilla en proporción variable. Cuanta más arcilla, más dura será la mina. La numeración de los lápices seguida de la letra H o B hace referencia a la dureza, de modo que es indicativo de su composición. Los lápices H son duros. Cuanto mayor es el número que acompaña a la H, más arcilla tiene la mina. Los lápices duros se suelen emplear para dibujos que requieren precisión, como el dibujo técnico, mientras que los lápices blandos, con la letra B, contienen más grafito y son los más adecuados para el dibujo artístico. El famoso lápiz Staedtler HB 2 es el equilibrio perfecto entre ambos; por eso es el más popular de las listas de material escolar, porque vale tanto para escribir números como para dibujar. Al frotar la goma de borrar contra el papel, se van desprendiendo pequeños trozos de goma que se enrollan sobre sí mismos. La goma es de un material blando y viscoso con más afinidad por el grafito que el papel. Mediante fuerzas electrostáticas logra atraer el grafito del lápiz, mientras que la fricción repetida provoca que la goma que va envolviendo al grafito se desprenda.

Los bolígrafos también son fruto de su tiempo. El término *cristal* del bolígrafo «Bic cristal escribe normal» hace referencia al material de la caña que deja ver la carga de tinta. Está hecho de poliestireno cristal, un polímero termoplástico —que se ablanda al aumentar la temperatura— que es fácilmente reciclable y al que se le da forma con máquinas extrusoras. Tiene forma hexagonal, inspirada en los lápices de madera. El tubo con la carga y el capuchón son de otro termoplástico, el polipropileno, que absorbe mejor el impacto que el poliestireno, lo que reduce la probabilidad de que el bolígrafo se agriete o se rompa si cae sobre la tapa. En 1991 se incorporó el orificio del extremo de la tapa para reducir el riesgo de asfixia si se traga por accidente. La tinta fluye hacia abajo debido a la acción capilar del tubo para alimentar el rodamiento de bolas de la punta. La tinta está compuesta por una mezcla de pigmentos y aglutinantes de aceite, por eso es tan resistente al agua. La punta es lo más especial de todo. El inventor del mecanismo fue Ladislao Biró, que trataba de desarrollar un sistema que le permitiese escribir rápido y sin las interrupciones de tinta de las plumas estilográficas de la época. En 1938 se fijó en el rastro de agua que dejaba una canica al atravesar un charco y así fue como se le ocurrió el mecanismo de bola. El portabalas es de latón, una aleación de cobre y zinc; y la bala, antes de acero, se sustituyó en los años sesenta por carburo de tungsteno, un material más duro y resistente al rayado. Como resultado de combinar la ciencia de materiales con el diseño, se logró inventar el bolígrafo más económico y duradero de la historia. Por eso, en 1965 el Ministerio de Educación de Francia estableció el uso del bolígrafo Bic en las aulas. Hoy en día es el bolígrafo más vendido del mundo.

Cada uno de estos objetos ha ido adaptándose a los requerimientos bajo el influjo de su tiempo. Han estado sometidos a las tensiones de la evolución, como si fueran seres vivos. Desde la infancia, la goma Milán, el lápiz Staedtler o el bolígrafo Bic continúan habitando mi mesa de trabajo. Tienen un olor característico, un tacto y un peso que conectan este momento con los recuerdos más luminosos de los días normales. Son objetos cotidianos que componen el bodegón de una vida.

15

Para las fiestas, la abuela sacaba la vajilla de porcelana con el borde lustrado en oro. El resto de la vida usábamos la vajilla de vidrio opalino con el dibujo de las margaritas. La primera la compró con los pocos ahorros que reunió en la emigración, como quien junta para un trofeo. La segunda se la fue comprando poco a poco en el bazar del barrio. Un mes compraba cuatro platos soperos; otro, una bandeja; otro, la fuente para el horno. Así, hasta completar un juego de cincuenta y tantas piezas. Las vajillas de Arcopal son de vidrio de borosilicato templado opalino. Estaban hechas para la clase obrera, se podían comprar a plazos y tenían tanta resistencia que eran casi eternas. El eslogan publicitario parecía una poesía proletaria: «Sólido en el horno, bonito en la mesa». Unas familias tenían el modelo de la flor de almendro; otras, el de las rosas, y en la aldea triunfaba el de flores nomeolvides de color azul. Para los que nos gustan las formas geométricas de los años sesenta estaba el modelo Granada, con espirales y semicircunferencias de colores marrón y ocre.

Mi abuela fregaba los platos con la fuerza de los mares, por eso solo las bandejas conservan el dibujo completo. No se astillaban al chocar entre sí y, si se caían al suelo de la cocina, se partían en dos sin soltar esquirlas. Se podían meter en el horno y en el congelador sin que estallasen. Sonaban como el vidrio, emitiendo notas más graves que las porcelanas. Eso es porque el vidrio es un sólido amorfo: los átomos que lo componen no siguen ningún orden o patrón. El vidrio presenta la rigidez y la dureza propias del estado sólido, pero la transparencia y la estructura interna propias de un líquido. A esto se le llama *estado vítreo*. El ordenamiento de los átomos en un sólido se puede estudiar mediante técnicas como la difracción de rayos X. Los electrones de los átomos difractan los rayos X; estos se registran en un detector y, tras un análisis matemático de la posición y de la intensidad de los rayos difractados, se puede obtener una foto a escala atómica en la que se revela la posición de cada átomo. Si los átomos de un sólido están ordenados siguiendo un arreglo geométrico o patrón, se llaman *sólidos cristalinos*; si están desordenados, se llaman *sólidos amorfos*.

El vidrio de borosilicato templado de Arcopal se llamaba coloquialmente *Pyrex francés* porque se empezó a fabricar en Francia en 1958 y tenía la misma resistencia térmica y a la rotura que los matraces de vidrio Pyrex que desde 1915 habían conquistado los laboratorios de química. El vidrio de borosilicato incluso aguanta los ácidos fuertes en caliente. En ellos se pueden cocinar reacciones químicas y lasañas.

El vidrio moderno se fabrica a partir de arena rica en sílice obtenida del cuarzo, carbonato de sodio, carbonato de calcio obtenido de la caliza y óxido de aluminio obtenido del caolín o la bauxita. Además, las rocas pueden aportar óxidos de metales, como el hierro, que dotan al vidrio de una coloración sutil característica. También se le puede agregar vidrio reciclado. La mezcla en polvo se calienta a unos 1.500 °C, conformando una matriz fundente en la que predominan los silicatos. Para hacer platos, el material fundido se vierte en moldes, y al enfriar se endurece como vidrio.

Hay varias maneras de conseguir que el vidrio sea más resistente. Las vajillas de Arcopal se someten a un templado, que consiste en mantener el vidrio a una temperatura próxima a la de ablandamiento (alrededor de los 600 °C) para luego enfriarlo bruscamente con aire. De ese modo se consigue que el vidrio quede expuesto en su superficie a tensiones de compresión y en el interior a tensiones de tracción, lo que le confiere mayor resistencia estructural y al impacto. Esa es la razón por la que los platos de la abuela se rajan, pero no se rompen en astillas cortantes.

Otra manera de aumentar la resistencia del vidrio es añadir óxido de boro a la mezcla para convertirlo en vidrio de borosilicato. El boro pasa a ocupar posiciones propias del silicio y contrae la estructura. Esto tiene como efecto una rebaja del coeficiente de expansión térmica, lo que se traduce en una mayor resistencia a los cambios de temperatura. Por eso, la vajilla de la abuela se puede calentar en el horno.

Para que el vidrio sea opalino, se le añaden opacificantes, como el fluoruro de calcio o el óxido de fósforo (V). En el caso de la vajilla de Arcopal, se emplea fluoruro de calcio. Este compuesto reacciona con la masa de vidrio caliente y forma microcristales de fluorita, responsables de que el vidrio adquiera un color blanco lechoso que deja pasar la luz. Esa es la razón por la que la vajilla de la abuela es tan blanca.

Ella usaba a diario la misma vajilla que yo uso ahora como un tributo. Con la resistencia que exige el trajín cotidiano y la belleza que para mí emanan los días corrientes. Mi abuela no describía su vajilla con nomenclatura química, pero me hizo saber lo que valía. Antes con ojos de niña y ahora con ojos de mujer de ciencia, sigo escudriñando sus cosas eternas.

16

Ni lo viejo es siempre mejor que lo nuevo, ni lo nuevo es siempre mejor que lo viejo. La nostalgia y la novolatría son dos enfermedades análogas. La nostalgia es una pena melancólica originada por el recuerdo de un pasado perdido. Y la novolatría es el culto a todo lo nuevo por el mero hecho de ser nuevo. En ambos casos hay una tristeza causada por una dicha perdida, bien por una que ya ha ocurrido y no va a volver, bien por una que nunca llega, puesto que después de lo nuevo habrá algo más nuevo. Son dos formas de desafección por el momento presente.

Del pasado importa lo que permea en el presente. Y del futuro importa lo que procuramos desde el presente. Rememoro la infancia y la adolescencia en un ejercicio alegre. Celebro la tradición no por pretérita, sino por permanente. Y me ilusiono con el futuro por lo que estamos desarrollando en el presente. Vivimos más y mejor que nunca. Somos, incluso, más lozanos que nunca.

Paseando por las calles de Camposancos, donde mi abuela se crio, una mujer se para ante mí asombrada: «Estoy viendo a Nía de joven. Eres como viajar en el tiempo». Efectivamente, soy la nieta de Nía. Sé que me parezco a ella, pero no sabía hasta qué punto. Hasta el punto de la confusión. Sin embargo, en las fotos en las que mi abuela tenía mi edad, ella parece mucho mayor que yo. En parte es por la ropa y el pelo corto que lucían las mujeres casadas de la época. Me parezco más a la Nía de veinte años que a la de cuarenta.

Es algo que nos pasa a todos al contemplar las fotos de nuestros antepasados: que nos vemos más lozanos que ellos. No es solo una percepción, sino que es un hecho medido. Nos conservaremos mejor que nuestros abuelos. Envejeceremos con mejor forma física y mayor rendimiento intelectual. Esa es la conclusión a la que se ha llegado en los estudios que han comparado a más de quinientos hombres y mujeres de setenta y cinco y ochenta años nacidos con veintiocho años de diferencia.[9] Los nacidos más tarde resultaron ser significativamente más veloces, más fuertes y flexibles. La velocidad al caminar, la fuerza de prensión y la fuerza de extensión de la rodilla se duplicaron. Además, tenían más fluidez verbal, reaccionaban con mayor rapidez y obtuvieron mejores resultados en los ejercicios numéricos.

El aumento generacional del rendimiento intelectual es algo que se conoce como *efecto Flynn*: para personas mayores de la misma edad, los nacidos más tarde superan a los nacidos antes en cuanto a capacidades cognitivas. Los últimos análisis sugieren un aumento anual continuo y constante del cociente intelectual en las nuevas generaciones. No obstante, estudios recientes apuntan a un posible fin de la progresión del efecto Flynn que comenzaría a notarse a partir de la década de 1990.

La calidad de vida y la esperanza de vida han ido en aumento en los países civilizados. Gozamos de mejor salud que nuestros antepasados. Esto ha sido así gracias a los avances científicos y tecnológicos: desde nuevos fármacos y tratamientos o viviendas más confortables hasta todo lo que concierne a la seguridad alimentaria. Tenemos acceso a más alimentos, que son más seguros y variados y tienen mayor calidad nutricional que nunca. La atención médica también es más accesible y mejor que en el pasado. Disponemos de más recursos para hacer frente a las enfermedades y más medios para evitar su propagación, desde las vacunas hasta la cloración del agua.

Nuestro aspecto también luce más joven que el de nuestros antepasados, sobre todo porque se ha ido limitando la exposición solar, principal causante de arrugas y manchas de la piel. La mejora de la higiene y la cosmética también han contribuido a ello.

Tener mejor salud que las generaciones anteriores podría explicar la progresión de la capacidad intelectual. También la heterosis —fenómeno genético que da como resultado una descendencia más fuerte, vigorosa o productiva que el promedio de sus padres—, asociada a la reducción histórica de las relaciones endogámicas. Sin embargo, el factor determinante es la formación. Hay una relación clara entre los años dedicados al aprendizaje de cada generación y su capacidad cognitiva. De hecho, al comparar grupos de diferentes generaciones, pero con un nivel de estudios similar, las diferencias en el rendimiento intelectual se vuelven mínimas. Así que poder estudiar más ha aumentado nuestras habilidades intelectuales.

El nivel de formación y la salud mantienen una relación sinérgica. Gozar de salud propicia el desempeño cognitivo, aunque también ocurre a la inversa. Las personas con mayor nivel de estudios suelen tener hábitos de vida más saludables. Además, los países en los que la población puede estudiar durante más tiempo también suelen contar con mejores servicios sanitarios.

Es indudable que el progreso científico ha sido clave para que hoy estemos más lozanos que nunca —entendiendo *lozanía* como salud y juventud—. Sin embargo, hay personas que no lo perciben así, que creen que el pasado era más saludable: que había menos enfermedad —algo que se podría explicar por la falta de conocimientos y medios para el diagnóstico—, que había mejores alimentos o que, incluso, se construía mejor.

Las antiguas construcciones romanas de *opus caementicium* («hormigón romano») que han sobrevivido hasta hoy a menudo se presentan como una virguería técnica envuelta en misterio, como si sus creadores conociesen una receta secreta que hacía que el hormigón durase para siempre y aguantase las heridas del frío, el calor, la humedad y el salitre mejor que los hormigones modernos.

La receta del hormigón romano no se perdió durante unos siglos oscuros de la construcción. Tampoco había unos sabios romanos que calladamente conocían las intimidades químicas del hormigón. Por aquel entonces se construía con materiales que se obtenían por el método heurístico de prueba y error. Si la mezcla con agua de unas piedras hechas polvo se endurecía como una roca, entonces esa mezcla servía para construir. Las reacciones químicas que gobiernan el fraguado de los morteros romanos no estaban descritas. A veces salían bien y duraban, y otras no; por eso, la mayoría de las construcciones romanas no han llegado hasta nuestros días.

Hablar del hormigón romano con devoción, como si la receta fuese una revelación divina de nuestros ancestros, es caer en el sesgo del superviviente. Este sesgo es un error de lógica que ocurre cuando solo se tienen en cuenta los casos o individuos que han superado un proceso de selección, ignorando a quienes no lo hicieron. Esto lleva a conclusiones engañosas porque se crea una visión incompleta de la realidad al atribuir el éxito a un subgrupo visible sin considerar las causas de los fracasos. Un ejemplo clásico es el de los aviones de la Segunda Guerra Mundial: se reforzaron las áreas donde los aviones supervivientes tenían impactos de bala, pero se ignoraron aquellas donde habían sido alcanzados los aviones que nunca regresaron; así que, a causa del sesgo del superviviente se estaban dejando desprotegidas las partes más vulnerables de los aviones y sobreprotegiendo las partes cuyos impactos no habían sido relevantes. Con el hormigón romano ocurre lo mismo, que solo se tienen en cuenta las construcciones que han resistido y se desestiman las que no. Desde el punto de vista de la ingeniería y de la ciencia de materiales, es muy interesante investigar por qué aquellas construcciones han durado tanto si no tenían apenas conocimientos. Habrían alucinado con la explicación química que hoy le podemos dar a ese fenómeno. También lo habrían hecho con los hormigones modernos.

Resulta que uno de los ingredientes que usaban los antiguos romanos para preparar el mortero dotaba al hormigón de la capacidad de autorreparado, lo que lo hacía extremadamente resistente y duradero.

Antes de entrar en materia, hay que conocer algunos términos y, sobre todo, las principales diferencias entre el hormigón romano y los hormigones modernos. El hormigón es un material que se compone de tres ingredientes fundamentales: áridos, aglutinante y agua. Los áridos son arena o grava, dependiendo del grosor del grano, y hacen la función de material de relleno. El aglutinante de los hormigones modernos es el cemento, mientras que el aglutinante del hormigón romano antiguo es un mortero de cal; en ambos casos, el aglutinante es el que reacciona con el agua, mantiene pegados a los áridos y se endurece, lo que se conoce como *fraguado del hormigón*. Otra diferencia importante es que el hormigón moderno normalmente se trata de hormigón armado. La armadura del hormigón es el esqueleto de acero que lleva por dentro, lo que permite construir con piezas más largas y estrechas de gran resistencia, acordes con la arquitectura contemporánea.

La pasta de hormigón adquiere la forma deseada mediante el empleo de unos moldes llamados *encofrados*. Suelen estar hechos de madera y es donde fragua el hormigón. Una vez se ha endurecido, se procede al desencofrado. Las reacciones de endurecimiento culminan con una etapa de curado, que consiste en hidratar el hormigón para que no se evapore el agua de amasado y no se formen grietas, aumentando así la durabilidad y la resistencia del hormigón.

El cemento moderno más famoso es el Portland. Se fabrica calcinando piedra caliza y arcilla por encima de 1.400 °C. La caliza está formada fundamentalmente por carbonato de calcio que, al calentarse, se descarbonata y produce dióxido de carbono y cal viva, que es óxido de calcio. La arcilla proporciona sílice, alúmina y óxido férrico. Todos estos compuestos reaccionan entre sí y dan lugar a un clínker formado por silicatos, aluminatos y ferroaluminatos de calcio. El cemento es el resultado de la molienda del clínker. Los silicatos determinan la resistencia mecánica del cemento a largo plazo y su inercia química una vez fraguado; los aluminatos son los compuestos que gobiernan el fraguado y las resistencias a corto plazo, y los ferroaluminatos forman un fluido adherente durante la fabricación del cemento que permite que los compuestos reaccionen entre sí.

El mortero romano de cal funciona de un modo diferente. Está formado por cal y materiales puzolánicos, como la ceniza volcánica. Los materiales puzolánicos son aquellos que reaccionan químicamente con el hidróxido de calcio (cal apagada) para formar compuestos hidráulicos similares a los que se generan al mezclar agua con cemento. Las reacciones químicas que se producen se conocen como *reacciones puzolánicas*, término que proviene de una roca piroclástica típica de la zona de Pozzuoli.

El proceso de producción del mortero romano comenzaba con la calcinación de caliza o mármol rico en carbonato de calcio hasta formar cal viva (óxido de calcio). La cal viva se puede apagar mediante una reacción de hidratación para formar cal apagada (hidróxido de calcio) o bien se puede mezclar directamente con el resto de los ingredientes del mortero, ceniza volcánica, fragmentos de cerámica, áridos y otros materiales puzolánicos. El proceso de mezcla directa con cal viva se conoce como *mezcla en caliente*. Mediante microscopía electrónica de barrido, difracción de rayos X y espectroscopía Raman, se analizó la composición química de muestras de hormigón romano de dos mil años de antigüedad. Los resultados mostraron que los romanos utilizaban una mezcla en caliente de cal viva en lugar de (o además de) cal apagada.[10]

Pero lo más interesante de todo es que en estos análisis se descubrió una peculiaridad de los hormigones romanos: tienen incrustados unos minúsculos terrones de cal de color blanco brillante llamados *clastos de cal*. En estos terrones blancos está el secreto de su misteriosa durabilidad. La explicación es que los clastos de cal podrían servir como una fuente de calcio reactivo para el llenado de poros y grietas a largo plazo y, por tanto, proporcionar al hormigón un mecanismo de autocurado o autorreparación. Químicamente, el mecanismo se podría describir de la siguiente manera: el agua que penetra por las grietas arrastraría los iones de calcio de los clastos y se formaría calcita, un mineral que se depositaría en las grietas hasta sellarlas. Este mecanismo explica por qué algunas construcciones romanas todavía se mantienen en pie.

Se podría pensar que este descubrimiento sobre lo viejo se podría aplicar a lo nuevo, al desarrollo de cementos modernos más duraderos. Sin embargo, los antiguos hormigones romanos eran los adecuados para las arquitecturas de la época; en la actualidad, no servirían para resolver los problemas estructurales de las construcciones modernas. Si ahora no usamos hormigón romano, no es porque su receta fuese un misterio químico, sino porque no queremos. Hoy en día tenemos hormigones mejores, más sostenibles y adaptados a las necesidades arquitectónicas e ingenieriles de nuestro tiempo. En el presente usamos el material del presente.

Además, el hormigón es un material que todo él es presente. Lo describo como la piedra hecha a nuestra escala temporal. Porque el hormigón es piedra, pero no una piedra ígnea o metamórfica, que tarda en «fraguar» millones de años, una magnitud inverosímil. El hormigón es una piedra que fragua en cuestión de días, que es un tiempo humano. E, igual que el resto de las piedras, en realidad su fraguado no acaba nunca. Es una cuestión de cinética química: las velocidades de reacción menguan tanto que resultan imperceptibles, son tan lentas que se puede decir que se han quedado quietas, con sus átomos moviéndose a velocidades tan bajas que también resultan inverosímiles. Por eso, el hormigón es puro presente, porque es la geología comprimida en un instante.

17

Recuerdo perfectamente el olor del interior de todos los muebles de mi casa de la infancia. El olor de cada cajón de la cocina, porque no huele igual el de los cubiertos que el de los trapos o el de los cachivaches. También recuerdo el sonido que hacían al abrirse, ese roce agudo entre la melamina y la madera contrachapada, muy diferente al del armario de roble de la habitación de mis padres, que confería un olor regio a la ropa. O el armario de la habitación de mis abuelos, cuyo aroma principal era el de la cera Ceys para reparar madera. Cambias las cosas de sitio y los cajones siguen oliendo como hace décadas, lo nuevo se impregna del aroma de lo que contenían antes.

El olfato activa los recuerdos de forma más intensa que cualquier otro sentido, mucho más vívidos que la vista, el oído o el tacto. Es un fenómeno bien descrito por la química y la neurociencia. El proceso empieza por una molécula aromática que desata una cascada de reacciones químicas que viajan de la nariz al cerebro. Primero, las moléculas olorosas inhaladas se disuelven en la mucosa que recubre la cavidad nasal. A continuación, estas moléculas interactúan con los receptores olfativos situados en las neuronas sensoriales del epitelio olfativo. Cada receptor es específico para ciertos grupos moleculares. La activación de los receptores genera señales eléctricas que se transmiten a través de los axones de las neuronas olfativas hacia el bulbo olfatorio del cerebro. A diferencia de otros sentidos (como la vista o el oído), que pasan primero por el tálamo (el gran «centro de distribución sensorial» del cerebro), el olfato va directo a las regiones cerebrales más primitivas, donde se procesan la emoción y la memoria. El bulbo olfatorio, que recibe las señales del epitelio nasal, se conecta directamente con la amígdala, que gestiona las emociones, y con el hipocampo, que consolida la memoria a largo plazo. Por eso, un olor puede evocar un recuerdo y una emoción al mismo tiempo, antes incluso de ser conscientes de ello. Es una ruta más corta y antigua evolutivamente. El olfato es uno de los sentidos más primitivos del sistema nervioso y fue crucial para la supervivencia: detectar alimentos, evitar venenos, reconocer parientes, predecir peligros... El sistema olfativo se entreteje de forma directa con la memoria emocional. No hay filtro. No hay procesamiento previo. Hay recuerdo crudo.

Para desencadenar un recuerdo, las moléculas aromáticas deben encajar químicamente con algún receptor olfativo, casi como lo hace una llave en una cerradura. Las cerraduras serían unas proteínas incrustadas en la membrana celular y las llaves serían las moléculas con olor. La forma de la molécula debe encajar en el sitio activo del receptor. Aunque no basta con un encaje físico; también deben establecerse interacciones químicas entre la molécula y ciertos puntos del receptor.

Las interacciones entre las moléculas olorosas y los receptores olfativos no son enlaces fuertes ni permanentes, sino que son fuerzas intermoleculares, es decir, enlaces débiles, reversibles, pero muy selectivos. Esto significa que ninguna de las moléculas aromáticas pierde su identidad ni se transforma en otra cosa al enlazar químicamente. Tanto el receptor como la molécula aromática se unen apenas. Tan solo se tocan.

Ese frágil contacto es suficiente para cambiar la conformación de los receptores olfativos y activar todo lo demás. Son interacciones químicas electrostáticas, como un ligero roce piel con piel, de esos que producen chiribitas. Sin embargo, no existe un receptor específico para cada molécula, sino que cada receptor es sensible a varios tipos de ellas. Los humanos tenemos alrededor de cuatrocientos tipos distintos de receptores olfativos, cada uno sensible a determinados rasgos moleculares. Esto significa que no hay una correspondencia rígida entre llaves y cerraduras: una misma molécula puede encajar, con distintos grados de afinidad, en varios receptores. Durante mucho tiempo se habló de un modelo llave-cerradura, pero hoy sabemos que la interacción es más flexible, más cercana a un ajuste inducido. Así que el sistema olfativo funciona realmente como un código combinatorio: una molécula puede activar varios receptores y cada olor se codifica como un patrón de activación único. Cada tipo de molécula pulsa varias teclas olfativas a la vez, como si tocara un acorde. Y cuando hay varios tipos de moléculas —como en los olores complejos, los de los recuerdos—, esos acordes se superponen y generan una melodía única, un patrón irrepetible que comprime la memoria en un suspiro.

Los enlaces débiles que se dan entre los receptores y las moléculas aromáticas son muy diversos y cada uno tiene su propio nombre: puente de hidrógeno, fuerzas de Van der Waals, fuerzas de dispersión de London, interacciones dipolo-dipolo... Pero hay un tipo de enlace en concreto que me resulta muy interesante desde un punto de vista químico, semántico e histórico. Son las interacciones π-π. Se dan entre moléculas que tienen una propiedad química particular que se denomina *aromaticidad*. Paradójicamente, la aromaticidad es una cualidad química que no siempre significa que la molécula vaya a tener olor, y aquí está lo interesante de la historia.

En química orgánica, una molécula aromática es un sistema cíclico y plano en el que los átomos están unidos mediante enlaces conjugados (alternancia de enlaces sencillos y dobles), lo que permite que ciertos electrones no queden localizados entre dos átomos concretos, sino que se distribuyan por toda la estructura. Este fenómeno se denomina *deslocalización electrónica*. Los electrones implicados en esta deslocalización ocupan orbitales llamados π y no pertenecen a un enlace específico, sino que forman una nube electrónica continua por encima y por debajo del plano del anillo. Esta deslocalización confiere a la molécula una estabilidad extraordinaria y favorece estructuras planas y altamente simétricas.

El ejemplo clásico es el benceno (C_6H_6), una molécula formada por seis átomos de carbono dispuestos en un anillo hexagonal. Cada carbono aporta un electrón π a un sistema común, de modo que el anillo contiene seis electrones π deslocalizados. Esta característica suele representarse como un hexágono con un círculo en su interior, simbolizando el «anillo aromático». Sin embargo, algunos compuestos aromáticos huelen y otros no. No es un defecto de nuestro aparato olfativo, sino de cómo los químicos nos apropiamos del término *aromático*.

El adjetivo *aromático* ya existía en el lenguaje común para describir sustancias que tenían un olor intenso o agradable (del griego *aroma*, que significa 'especia' o 'perfume'). En los siglos XVIII y XIX, muchos compuestos orgánicos aislados de aceites esenciales, resinas o bálsamos naturales (como el benceno, el tolueno, el fenol, la anilina, etc.) tenían aromas intensos. Como muchos de estos compuestos olían fuerte, los químicos de la época los agruparon bajo el nombre de *compuestos aromáticos* sin saber que compartían algo mucho más profundo: una estructura molecular común. Ya en la segunda mitad del siglo XIX, y sobre todo en el siglo XX, con el desarrollo de la química orgánica estructural y la teoría cuántica, quedó claro que el olor no era un criterio válido para agrupar estos compuestos. Pero el nombre se mantuvo por tradición. Hoy en día, *aromático* en química no implica que huela; de hecho, algunos compuestos aromáticos químicos son inodoros y muchos compuestos orgánicos con olor no son aromáticos en sentido químico (como el metanal, el ácido acético o la acetona).

Así que en química no todos los compuestos aromáticos tienen olor, ni todos los compuestos que huelen son aromáticos. El olor de una sustancia depende más de su volatilidad (si puede llegar a la nariz), su estructura tridimensional (si encaja con receptores olfativos) y su afinidad química por los receptores.

Puedo activar mi biografía completa con solo abrir un cajón del salón de mis padres e inhalar las moléculas que habitan en él. Hay tantas y son tan pequeñas que nunca llega a pasar el tiempo suficiente para desgastarlas. Cada una de estas moléculas enlaza con fragilidad con varios receptores olfativos, hasta completar un patrón de activación que quedó guardado en la memoria de mi infancia. Es como un juego de llaves químicas que abren las puertas al pasado y me lo muestran con absoluta nitidez. Un viaje tan vívido solo puede comenzar a través del olfato. Una cascada de reacciones químicas biográficas que nacen con una molécula y terminan hundidas en las partes más primitivas del cerebro. Porque el olfato no pasa por el tálamo. Se cuela por una puerta trasera y va directo al archivo emocional. Por eso, un olor no solo se recuerda: se revive.

18

Cuando me como unas *mariñeiras*, que son unas tortas de pan típicas de Galicia que siempre tengo en casa, viajo en el tiempo a la época de Magallanes y Elcano. Es lo que tienen los alimentos tradicionales, que no lo son por viejos, sino por perennes. Como dice mi hermano Christian: «La tradición es el espejo virtuoso donde nos reconocemos y el retrovisor de la historia que nos permite orientarnos».

En la expedición de Magallanes y Elcano, los marineros llevaban a bordo diez mil galletas secas de mar, un tipo de pan seco sin miga que se mantenía fresco y crujiente durante meses. Eran *mariñeiras*. Hoy en día, las más populares se fabrican en Daveiga, un obrador situado en Chantada, en la provincia de Lugo, siguiendo una receta tradicional casi idéntica a los panes que los marineros consumían desde el siglo xv en sus travesías. Un pan que resistía la humedad y que no se dejaba colonizar por los microbios.

La receta es bien sencilla. Además de los ingredientes fundamentales del pan (harina de trigo, sal, agua y fermento), las *mariñeiras* llevan alguna grasa en su composición: mantequilla o aceite. Las *mariñeiras* contemporáneas añaden malta de cebada y lecitina de soja, que las mantienen todavía más crujientes y sabrosas.

El primer paso para fabricar pan consiste en amasar la harina mezclada con agua, sal y fermento. Se puede usar la clásica levadura *Saccharomyces cerevisiae* o se puede usar masa madre, que es el resultado de dejar fermentar los microbios presentes de forma natural en la harina del cereal. Tras el amasado, la masa se deja reposar. Mientras tanto, se van produciendo una serie de reacciones químicas. Durante el amasado, la gliadina y la glutenina, que son proteínas del gluten, se hidratan y forman un entramado reticular que hace que la masa sea elástica. Por su parte, el almidón de la harina, un carbohidrato que capta mucha agua, abre su estructura y la deja expuesta al ataque de las amilasas, unas enzimas que están presentes en la harina y que rompen el almidón en azúcares simples. La levadura se alimenta de esos azúcares y desprende dióxido de carbono y alcohol durante la digestión, que son los gases que forman las burbujas de la masa.

El siguiente paso es el horneado, en el que la levadura muere como consecuencia de las altas temperaturas y el alcohol se evapora. El almidón de la harina comienza a gelatinizar, es decir, a formar una estructura diferente a la original en la que es capaz de atrapar agua. En este proceso también interviene el gluten, que se pega al almidón y así se crea una red que evita que las burbujas se escapen de la masa.

A medida que la temperatura aumenta, el pan empieza a dorarse. El cambio de color se debe a la reacción química más famosa de la cocina: la reacción de Maillard. Esta reacción se produce entre los carbohidratos y los aminoácidos que forman las proteínas. Los subproductos de esta reacción son compuestos muy variados, responsables del olor, del sabor y del color característicos del pan. Se forman compuestos aromáticos como el maltol y el isomaltol, responsables del sabor de la corteza; el 2-nonenal y el 2,6-nonadienal, más presentes en la miga, junto con el metional y el 3-metilbutanal. Y, sobre todo, se forma 2-acetil-1-pirrolina, un compuesto que bien podría llamarse «olor a pan».

Las *mariñeiras* contienen otros tres ingredientes que se añaden durante el amasado: grasa, lecitina de soja y malta de cebada. El más importante es la grasa, ya sea mantequilla o aceite de oliva, cuyo objetivo es conservar el pan fresco durante más tiempo. La grasa no es miscible con el agua, así que evita que el agua entre o salga del pan una vez horneado. De esa forma, la corteza no se ablandará tan rápido, porque apenas podrá absorber el agua ambiental. También se lo pondrá más difícil a los microbios, que necesitan agua para proliferar, y retrasará el enmohecimiento del pan.

La lecitina de soja se añade a la masa como emulsionante, permitiendo que el agua se mezcle con la grasa. Es un derivado de la extracción del aceite de soja que contiene fosfolípidos, glucolípidos, azúcares, triglicéridos y ácidos grasos. La fracción más interesante es la de fosfolípidos, que son unos compuestos que tienen una zona afín a las grasas y otra afín al agua, de modo que sirve para mantener unida el agua con la grasa. Además, los fosfolípidos forman un conglomerado químico junto con el almidón y el gluten que facilita el amasado y consigue que la masa sea más suave y sencilla de extender. De ese modo, resulta más fácil darle al pan la forma de torta fina típica de las *mariñeiras*. La lecitina de soja, además, sirve para evitar que el almidón se retrograde, es decir, que trate de recuperar su estructura original, lo que se traduce en que el pan se conserva fresco durante más tiempo.

El otro ingrediente, la malta de cebada, también se añade durante el amasado. La malta de cebada se fabrica germinando los granos de cebada dejándolos a remojo, y luego se secan y se tuestan, que es lo que se llama *malteado*. Durante el remojo, la cebada se reblandece y se hincha al absorber agua y oxígeno. Una semana después, la cebada germinará y desarrollará la plúmula y la radícula, que se verán como un pequeño tallo verde. Mientras tanto, las enzimas de la cebada facilitan la disolución de la fécula. El almidón se transforma en azúcares simples, y las proteínas, en aminoácidos. Así se obtiene la malta verde, que después se tuesta y da lugar a compuestos aromáticos que potenciarán el sabor del pan. La reacción de los aminoácidos glicocola y alanina con los azúcares da lugar a la formación de melanoidinas, unos compuestos coloreados que dan a las *mariñeiras* su apetecible color dorado.

Las tortas de pan que dieron la primera vuelta al mundo documentada, hace más de quinientos años, siguen alimentando las travesías modernas, las que cruzan océanos y las que surcan lo cotidiano.

19

Releo los diarios que escribí con quince años y son una bofetada de realidad. Esa adolescente que leía poesía a solas en el autobús de camino a clase existió, pero no era así siempre. No era así delante de mis compañeros, ni siquiera era así delante de mí misma. Hay varios diarios que parecen escritos por una persona que no sabe escribir, que se esfuerza por utilizar un vocabulario más limitado y vulgar del que, al parecer, manejaba. Escribía como hablábamos los jóvenes de A Coruña, en un idioma llamado *coruño*, que incluía palabras como *kel* (casa), *kie* (malote), *kiada* (acción propia de malotes), *burlar* (saber), *cachar* (descubrir), *chinorro* (niño pequeño), *chinarse* (enfadarse), *chukel* (perro), *chuzas* (borracho), *dumbas* (orejas), *fulero* (cutre), *jalufa* (comida), *julai* (atontado), *jumar* (pegar), *junar* (ver), *latar* (faltar a clase), *macoi* (niño pequeño que va de malote), *maradas* (carcajadas), *mazar* (besar), *maquearse* (ponerse guapo), *movida* (situación compleja), *muvi* (suceso asombroso), *parida* (tontería), *pelete* (frío), *perito* (genial), *pía* (ojeriza), *pulir* (gastar), *truja* (cigarrillo) o *trobas* (melena). Aunque *trobas* es una palabra que no está en el *Diccionario* de la Real Academia Española, sí aparece en algunas novelas de Emilia Pardo Bazán. Me hace gracia imaginar a Emilia hablando en *coruño*. Y también saber que la palabra *trobas* ya se usaba hace más de un siglo y que ella la utilizó creyendo que era un cultismo o, todo lo contrario, como un coqueteo con el lenguaje vulgar de su tierra.

Reconozco que con cuarenta años sigo utilizando muchas de estas palabras cuando estoy en un ambiente cómodo, con mi familia o con amigos. Reconozco que, cuando me enfado o estoy muy sorprendida por algo, cierro cada frase con la palabra *neno*. *Neno*, que en gallego significa 'niño', es una muletilla que sirve para enfatizar algo que resulta anómalo o incorrecto. Por ejemplo, en la pregunta «¿Qué haces, *neno*?», *neno* convierte la pregunta en retórica e implica que lo que estás haciendo es peligroso o erróneo. También utilizo con frecuencia la interjección *bua*, que es muy coruñesa; en concreto, la expresión *bua neno*, que significa sorpresa. Pronuncio *bua* enfatizando la *u* átona y alargando la *a*: *búaaaaaa*. Lo digo tan a menudo que Emilio aprendió a decirlo (lo pronuncia igual que yo) con menos de un año, cuando apenas sabía decir *papá* y *mamá*. Aprendió a decir *bua, neno* antes que a andar.

Mi flirteo con el lenguaje *coruño* no es ninguna impostura, es más bien una señal de mi estado de relajación. Sin embargo, en aquellos diarios adolescentes hay expresiones metidas con calzador, una evidente impostura de vulgaridad. Es algo frecuente en la adolescencia: el empeño por encajar, incluso a costa de parecer idiota. El fingimiento es un comportamiento bíblicamente humano, pero en la adolescencia es, además, obvio. Hay quien finge leer menos de lo que lee, hay quien habla con un vocabulario menguado, quien se dirige a los mayores con menos respeto del que sabe que debería tener. Finge ser un maleducado, finge ser vulgar, entendiendo la vulgaridad como espontaneidad no educada. Es algo que se da (o se daba) la vuelta con la madurez, fingiendo leer más de lo que uno lee, usando un vocabulario más excelso del que en realidad sabe manejar o mostrando un respeto tan aparatoso que resulta inverosímil.

La erudición de la edad adulta nace en oposición a la vulgaridad adolescente. Sin embargo, tengo la impresión de que en la actualidad la vulgaridad se ha integrado sin oposición en el mundo civilizado. La vulgaridad incluso triunfa entre los más doctos. Como si ser vulgar fuese sinónimo de transparencia, de autenticidad, de ser más uno mismo. Y eso que «ser uno mismo» lleva implícita la etiqueta de impostor. Supongo que, hoy en día, mostrar erudición, o cualquier formalización sujeta a reglas —las de la ética y las de la estética—, es sospechosa al menos de anacronismo. Tal vez por eso, los medios de comunicación están plagados de adultos que se expresan con la privación de un adolescente. Cualquier idea compleja, cualquier muestra de erudición, hay que envolverla con el celofán de la vulgaridad para que penetre con suavidad. O eso parece que creen. Los idiotas fingen ser cultos y los cultos fingen ser idiotas. Quizá esto también sea parte del fingimiento colectivo que Guy Debord auguraba en *La sociedad del espectáculo*.

Al año siguiente, a los dieciséis, volví al redil de la erudición. Lo hice para mostrar mi oposición a la vulgaridad. Volví a escribir como sabía. Hasta mi caligrafía recuperó la elegancia y la limpieza de antes. Me rebelé, así lo viví, y necesitaba exhibirlo con todas las formas de expresión que estaban a mi alcance. Estudiando más, leyendo más, escribiendo más y mejor, sacando mejores notas todavía y hasta vistiéndome de una manera diferente y altanera. En todo esto me influyó el filósofo Nietzsche, a quien llegué a través de Marilyn Manson, el grupo de música y el personaje que más me ha inspirado en esta travesía contra la vulgaridad. Mi forma de vestir imitaba el estilo de Marilyn Manson del álbum *Antichrist Superstar* de 1996: traje, corbata, botas militares, medias de rayas, pelo teñido de negro y rojo magenta, mucha raya diplomática, hebillas, tachuelas, cruces y calaveras que simbolizaban la búsqueda de la verdad y la oposición al engaño. Usaba un abrigo negro largo de doble botonadura estilo Mäntel M36 y sombrero clásico negro tipo fedora. Mi maquillaje era tan extravagante como el de Siouxsie Sioux, con los ojos enmarcados de negro y violeta. Con frecuencia pintaba una línea negra vertical perfectamente definida que iba desde el nacimiento del cabello hasta el mentón y dividía mi cara en dos. Cuando llevaba un atuendo más discreto, solo pintaba la línea desde el labio inferior o alargaba el delineado de ojos con una sucesión de puntos hasta la sien.

Es evidente que quería llamar la atención y, al mismo tiempo, no parecer accesible. La ropa y el maquillaje eran una armadura visual. Sin embargo, cada accesorio hablaba por mí, contaba una idea, incluso representaba las ideas antagónicas que habitaban en mí. Por un lado, el maquillaje estaba elegido bajo el influjo del expresionismo alemán, el estilo que conduciría al pospunk (y, más adelante, al gótico), mientras que la ropa aludía al supremacismo. Esta confusión estética reflejaba una confusión teórica. Cuando de adolescente empecé a leer a Nietzsche, con todas las carencias culturales que todavía tenía, confundí supremacismo intelectual con la idea de superhombre. Es una confusión habitual, pero totalmente alejada de la realidad. El supremacismo intelectual consiste en creer que unas personas son superiores a otras por su nivel de inteligencia, formación o cultura. Esto no tiene nada que ver con lo que planteó Nietzsche, dado que un superhombre no es un sabio ni un ilustrado, sino alguien que ha sido capaz de superar la moral tradicional (en especial, lo que el filósofo entendía como moral cristiana), que crea sus propios valores, que vive con intensidad y afirma la vida, que no se subordina a ideales absolutos ni a verdades impuestas y que atiende a sus instintos. Así que un superhombre no procura la superioridad, sino la libertad.

Mi idilio con Nietzsche, sumado a mi corta edad y a mis escasos conocimientos, me llevó a rechazar mi fe en Dios y la educación católica que recibí en casa, en mi parroquia y, sobre todo, en la escuela. Sin embargo, hubo algo que sucedió cuando tenía diecisiete años que me acompañó como un susurro insistente durante mucho tiempo. Cuando estaba en primero de la carrera de Química, los antiguos alumnos del colegio organizamos una cena a la que también invitamos a algunos profesores. Durante la sobremesa estuve charlando con Pepe, mi profesor de Dibujo Técnico de Bachillerato. Pepe leyó en mi aspecto una sublevación contra la Iglesia católica y me preguntó por mi fe. Le expliqué la sucesión de pensamientos que me habían llevado hasta allí y le confesé que no era atea. Que, de hecho, pensaba que la mayoría de las personas que se decían ateas no sabían ni lo que decían, que era su forma aparentemente culta de decir que no creían en Dios, algo que poco o nada tiene que ver con el ateísmo. Lo mismo me ocurría con los agnósticos: la mayoría se declaraban así por no decir que no sabían si creían en Dios o por no enfrentarse con esta pregunta, o por no responder un simple «no lo sé», lo cual revelaba que no tenían ni idea de qué era el agnosticismo. Le confesé a Pepe que yo no podía evitar creer en Dios, que para mí era una verdad que siempre había percibido con claridad, como una virtud o un don. Pero puntualicé que creía en Dios a mi manera, no a la manera que yo entendía que era la cristiana, que no creía en un Dios que castiga a los malos y premia a los buenos, ni que los buenos sean los débiles, y los malos, los fuertes. Pepe me frenó y me dijo: «No has entendido nada de la palabra de Jesús; Jesús fue un revolucionario». Aquella frase, «Jesús fue un revolucionario», fue la que estuvo sonando en mí, a volumen bajo, de forma mantenida durante mucho tiempo.

Con la edad y la experiencia, y tras mucha lectura, comprendí las palabras de Pepe. Los valores y la actitud ante la vida que proponía Jesús de Nazaret eran los que mejor encajaban conmigo. De hecho, acabé comprendiendo que Jesús encarna la figura del superhombre nietzscheano. Esta reflexión puede parecer paradójica, incluso una provocación, sobre todo porque Nietzsche formuló al superhombre en oposición directa al cristianismo tradicional. Pero, si se despoja de las capas dogmáticas y se lee con matices, hay una sorprendente resonancia entre ambos: Nietzsche no criticaba a Jesús como persona, sino al cristianismo institucional y a lo que él llamaba «la moral de esclavos»; una moral basada en la sumisión, el resentimiento, la culpa, la obediencia y la renuncia a los instintos vitales. Para Nietzsche, el cristianismo había invertido los valores, llamando «bueno» al débil, al pobre, al que se somete, y «malo» al fuerte, al autónomo, al que afirma su voluntad. Si se lee a Jesús desde sus gestos, sus palabras, su forma de estar en el mundo, emergen puntos de contacto con la figura nietzscheana del superhombre. Jesús crea valores nuevos, reinterpreta la tradición religiosa judía en la que fue criado y se revela contra ella, cuestionando las leyes y los procedimientos de su época que le parecían injustos e inhumanos; propone una ética nueva basada en el amor radical y la misericordia. Jesús desafía al poder político (Roma) y al religioso (el sanedrín). No busca protección ni reconocimiento. No negocia con la verdad. Es libre incluso ante la muerte. Para Nietzsche, el superhombre es aquel que no se arrodilla ante el rebaño ni ante el dogma. Eso coincide con Jesús, que vive como piensa y muere como vive. No hay separación entre sus ideas y su forma de vivir. Es coherente con su palabra. Nietzsche detestaba la hipocresía moral. El superhombre es íntegro, no miente para complacer. Jesús predica la voluntad de sentido y critica la voluntad de poder, igual que el superhombre. Jesús anuncia el Reino de Dios, pero no se refiere al cielo como escapatoria, ni como lugar al que ir tras la muerte, sino como una nueva forma de vivir: «El Reino de Dios no vendrá espectacularmente, ni dirán: "Está aquí" o "Está allí". Porque el Reino de Dios está entre vosotros». (Lucas 17:20-21). Esto encaja con el superhombre nietzscheano, que no espera el más allá, que afirma el ahora, que da sentido al mundo sin necesitar consuelo póstumo. Nietzsche no supo ver todo esto, tal vez porque confundió a Jesús con el cristianismo que vino después. Quizá Nietzsche, que fue el hijo de un pastor protestante, no renegaba de Jesús, sino de sus intérpretes. Lo que Nietzsche odió fue aquella Iglesia que canonizaba la debilidad, no el hombre que entró solo en Jerusalén sabiendo que lo iban a matar por decir la verdad. Cuando comprendí todo esto, volví a abrazar con fuerza mis raíces cristianas.

Hay quien pensará que estos cambios de opinión son una traición a uno mismo o una forma de debilidad. En cambio, yo creo que cambiar de opinión es un deber intelectual. Reconocer un error y enmendarlo es una cuestión de honestidad: implica haberse informado, escuchado, observado y comprendido. Algo tan difícil de integrar en la vida cotidiana (porque reconocer una equivocación es difícil) es algo natural en el ejercicio de la ciencia. Aunque los hechos no cambian, a lo largo del tiempo sí van cambiando las interpretaciones que hacemos de ellos. Esa es la forma que tiene la ciencia de avanzar: incorporando nuevos hallazgos, nuevas interpretaciones de esos hallazgos y, cuando es necesario, ampliando, afinando o incluso corrigiendo interpretaciones anteriores.

Los errores son parte del proceso de generación de conocimiento, algo que es cierto tanto para la ciencia, o cualquier otra disciplina, como para la vida ordinaria. En la historia de la química ha habido errores que acabaron dando lugar a grandes hallazgos, algo que solo es posible si uno está abierto a reconocer sus errores, a cambiar de opinión y a ponerle remedio.

Un caso fascinante de un error químico que se convirtió en hallazgo fue el del descubrimiento del teflón, uno de los polímeros plásticos más útiles de la historia. En 1938, el químico Roy J. Plunkett, que trabajaba para DuPont, estaba investigando nuevos gases refrigerantes. En concreto, estaba manipulando un gas llamado tetrafluoroetileno (TFE). Guardó varios cilindros de TFE bajo presión y refrigerados, probablemente en presencia de pequeñas impurezas o catalizadores invisibles. Al día siguiente, uno de los cilindros parecía estar vacío (no salía gas al abrir la válvula). Decidió cortar el cilindro por la mitad y encontró un polvo blanco ceroso que no estaba allí el día anterior. Ese polvo resultó ser politetrafluoroetileno (PTFE), una sustancia con propiedades químicas extraordinarias y que hoy conocemos como *teflón*. Plunkett no lo buscaba, pero lo descubrió por un error de almacenamiento. Es probable que el TFE, que es estable a temperatura ambiente, reaccionase consigo mismo por las condiciones de presión y temperatura y, tal vez, por alguna impureza metálica que había dentro del cilindro que funcionó como catalizador e inició una polimerización en cadena que dio lugar a la formación del PTFE. Al analizar sus propiedades químicas, Plunkett descubrió que aquella sustancia soportaba altas temperaturas y que era extremadamente inerte, no reaccionaba con nada y resistía el ataque de ácidos y bases. Además, resultó ser muy deslizante, con un coeficiente de fricción bajísimo, y un material que ni se pega ni se corroe. La empresa DuPont lo registró como Teflon™ y cambió el mundo: se utiliza como revestimiento antiadherente en sartenes, pero también en implantes médicos y en multitud de componentes aeroespaciales y electrónicos.

Durante la década de 1940, en la búsqueda de plásticos transparentes para aplicaciones ópticas, se sintetizaron compuestos como los cianoacrilatos. El problema era que se pegaban a todo de forma incontrolable, arruinando equipos y ensayos. Lo que parecía un fracaso era, en realidad, la clave de su utilidad. En presencia de trazas de humedad ambiental, los cianoacrilatos inician una reacción química extremadamente rápida: las moléculas de agua desencadenan la formación de largas cadenas poliméricas sólidas en segundos. Esa reactividad casi instantánea dio lugar a los adhesivos conocidos como *superglue*. Con el tiempo se desarrollaron variantes médicas más controladas y biocompatibles para el cierre de heridas. Lo que comenzó como un material inmanejable acabó siendo un ejemplo clásico de cómo la reactividad química puede transformarse en ventaja tecnológica cuando se comprende su mecanismo.

En la vida ordinaria, incluso los malentendidos pueden orientar decisiones. En mi caso, una interpretación errónea del superhombre influyó en mi elección de la rama científica. Me gustaban por igual las ciencias y las humanidades, pero el mensaje era claro: los mejores expedientes debían ir a ciencias. Esa jerarquía no solo estaba en la escuela, sino en el ambiente cultural.

En nuestra vida cotidiana se tolera la ignorancia científica. Nadie se sonroja al admitir que no entiende matemáticas. En cambio, desconocer referencias literarias o históricas se considera una carencia imperdonable. Cualquiera se siente legitimado para descalificar una novela o una obra de arte, pero casi nadie se atreve a llamar tontería a una pizarra llena de ecuaciones o reacciones químicas que no sabría explicar. La ciencia intimida; el arte parece opinable. Esta asimetría revela una jerarquía cultural. A pesar de ello, las humanidades se aferraron al título de cultura con mucha más eficacia que las ciencias.

En 1959, el físico Charles Percy Snow describió esta fractura en su conferencia *Las dos culturas*: la incomunicación entre ciencias y humanidades como síntoma de empobrecimiento intelectual. Décadas después seguimos hablando de lo mismo. La causa principal no es un antagonismo natural entre saberes, sino una educación que compartimenta el conocimiento y que obliga a elegir demasiado pronto, cuando aún ignoramos la profundidad de ambos territorios. Se nos enseñó que ciencias y letras eran caminos excluyentes y que uno de ellos concentraba el prestigio. Los más inteligentes o pertinaces (que, para el caso, era lo mismo) eran animados a escoger ciencias durante la educación secundaria.

El resultado fue un relato simplista: las ciencias pertenecen al ámbito de lo útil; las humanidades, al de lo cultural. Las primeras curan enfermedades y desarrollan tecnología; las segundas interpretan el mundo. Pero esta división es artificial.

Aquí conviene precisar qué entendemos por *útil*. Cuando hablamos de utilidad solemos referirnos a aquello que funciona como herramienta. Un destornillador sirve para apretar tornillos. Su finalidad es externa a él. En cambio, una escultura no sirve para nada en ese sentido instrumental. Tampoco sirven, en ese sentido, la poesía, la música o la pintura. Algunos incluso nos atrevemos a llamarlas inútiles, por semántica y por provocación intelectual. Y, sin embargo, nadie sensato diría que carecen de valor.

Si aceptamos esta definición estricta, el arte es inútil. También lo es la ciencia básica. La investigación de Heinrich Hertz y James Clerk Maxwell sobre el electromagnetismo no perseguía inventar la radio, sino comprender fenómenos naturales. Que más tarde sus hallazgos generaran aplicaciones tecnológicas no convierte su trabajo en más valioso que aquel cuyo fruto no tuvo aplicación. La ciencia básica no necesita justificarse por una utilidad futura: su objetivo es el conocimiento. Y el conocimiento es la forma más sofisticada de placer.

Las humanidades y la ciencia básica comparten esa condición: no producen utensilios, producen conocimiento. Son fines en sí mismas. Y precisamente por eso no pueden evaluarse únicamente con criterios de rentabilidad o aplicación inmediata.

En tiempos de crisis económica, el discurso utilitarista se intensifica. Se exige a todo saber que demuestre su rendimiento práctico. Pero igual que no se puede permitir que lo nuevo oculte lo bueno, tampoco que lo útil oculte lo bello. La creación de cosas inútiles es un rasgo específicamente humano. Y ahí reside su valor. Las formas de conocimiento que no son herramientas —el arte, la filosofía, la ciencia básica— no se agotan en su función. Tienen valor porque amplían nuestra comprensión del mundo y de nosotros mismos. Es necesario entender que lo inútil es lo que transforma una vida prosaica en una vida que se eleva, orientada por la curiosidad, en la búsqueda de criterio. Las cosas que amamos, aquellas por las cuales vale la pena vivir, son, a fin de cuentas, cosas inútiles.

Los utensilios son reemplazables, las obras de arte no. Por eso, la furia se abate sobre las cosas consideradas inútiles: desde la quema de libros de la Inquisición hasta la reciente vandalización de obras de arte en nombre del clima. Si se quema una refinería, se puede reconstruir. Pero si se quema el *Guernica*, algo irreemplazable queda destruido para siempre.

Reivindicar estas formas de conocimiento no es oponer ciencias y humanidades ni invertir la jerarquía. Es cuestionar la propia idea de jerarquía. Cuando desde el supuesto pedestal de la objetividad exigimos utilidad a aquello que no pretende ser herramienta, o cuando reducimos las humanidades a mera subjetividad frente a una ciencia supuestamente ecuánime, estamos reforzando la ficción de que existe una élite del saber.

En 1995 surgió una expresión esperanzadora: la «tercera cultura». Fue propuesta por John Brockman para describir a una nueva generación de pensadores (sobre todo, científicos) que, según él, estaban ocupando el lugar que tradicionalmente habían ocupado los intelectuales humanistas en el debate público. La idea apareció como respuesta a las dos culturas planteadas por Snow en las que el físico lamentaba la desconexión entre los científicos y los humanistas, dos grandes grupos de intelectuales que, pese a su influencia social, no se entendían entre sí ni compartían un lenguaje común. Snow pedía una reconciliación entre ambas culturas porque consideraba que el futuro dependía de esa convergencia. Sin embargo, cuando Brockman acuñó la expresión «tercera cultura», el sentido cambió. Para él, no se trataba tanto de una fusión de las dos culturas como de un reemplazo. En su manifiesto escribió: «Los científicos están tomando el relevo de los tradicionales intelectuales humanistas en la tarea de abordar las grandes cuestiones humanas. Aquellos que en otro tiempo se llamaban intelectuales están hoy en gran medida fuera del debate y su lugar lo ocupan científicos y otros pensadores del mundo empírico». Brockman cayó en la trampa de considerar a la ciencia como el modo más elevado de conocimiento, y relegó al arte, la filosofía o la literatura a un papel decorativo o subordinado. En lugar de tender puentes entre disciplinas, acentuó la supremacía de una de ellas.

Aunque el planteamiento de Brockman tenía el mérito de promover la divulgación científica y romper el aislamiento académico, su visión fue criticada por intelectuales de diversas disciplinas por ser cientificista (es decir, por otorgar a la ciencia autoridad para responder a todas las preguntas), reductiva (porque desprecia las formas no cuantificables de conocimiento) y excluyente (porque sustituye el diálogo entre culturas por una hegemonía).

Lo más interesante de la idea original era la posibilidad de formar una verdadera tercera cultura integradora, en la que científicos y humanistas colaborasen para interpretar el mundo en toda su complejidad. Esa es la vía que defiendo constantemente con mi trabajo: reivindico que todas las formas de conocimiento están interconectadas y que la ciencia no debe desligarse de las humanidades, ni viceversa. Cuando los saberes se suman, el conocimiento se multiplica.

Brockman no es científico ni filósofo; su formación es más bien autodidacta y su influencia proviene de su papel como cazador de talentos, promotor cultural y editor. Esto explica en parte por qué su visión de la tercera cultura está tan orientada hacia la mercadotecnia, hacia lo espectacular, hacia el pensamiento de masas, y menos hacia un verdadero diálogo entre disciplinas.

La tercera cultura de Brockman está lastrada por una visión jerárquica del conocimiento que, por desgracia, es la visión popular, la más extendida. Deja entrever un terrible atrevimiento más que un propósito de enmienda. Promueve el atrevimiento de la élite, que, en lugar de adentrarse y comprender lo desconocido, se conforma con ojearlo, con mencionarlo con condescendencia, por inútil y subjetivo. Ninguna ignorancia es amigable.

La asunción de que la ciencia es la élite de las dos culturas también se deja entrever en el uso del lenguaje científico como disfraz de intelectualidad. Los vendehúmos a menudo utilizan un lenguaje opaco y barroco y abusan de términos científicos para aparentar unos conocimientos y una solvencia de la que carecen. Creo que la claridad en el lenguaje es un reflejo de la claridad del pensamiento. Por eso, los que usan un lenguaje intencionadamente oscuro es porque tratan de embaucar a los demás y de ocultar sus propias carencias. Las personas profundas saben ser claras, mientras que las personas que solo buscan aparentar profundidad recurren a un lenguaje oscuro, confuso y enigmático para generar esa impresión.

Este fenómeno fue puesto a prueba por el físico Alan Sokal en uno de los episodios más célebres y polémicos en la intersección entre ciencia, filosofía y teoría cultural: el escándalo Sokal. Fue un gesto deliberado, casi performativo, que desató un debate sobre la autoridad del lenguaje, la relación entre disciplinas, la honestidad intelectual y el riesgo de vaciar de contenido las palabras. Hoy en día, el escándalo Sokal sigue siendo una referencia clave para entender los límites entre saber y apariencia, entre complejidad legítima y oscuridad impostada.

En los años noventa, Sokal estaba preocupado por lo que consideraba un mal uso (o un abuso) del lenguaje científico por parte de ciertos filósofos y pensadores posmodernos. Leía con escepticismo textos de autores como Lacan, Kristeva, Baudrillard, Deleuze o Lyotard, en los que aparecían conceptos científicos como rizoma, teorema de Gödel, teoría cuántica, topología o no linealidad…, pero sin coherencia técnica.

En 1996, Sokal escribió un artículo falso, titulado *Transgrediendo las fronteras: hacia una hermenéutica transformadora de la gravedad cuántica*. Lo envió a la revista académica *Social Text*, una publicación influyente en los estudios culturales posmodernos. En el texto, mezcló jerga científica con terminología postestructuralista, afirmando cosas como: «La realidad física, al igual que la realidad social, es en última instancia una construcción lingüística y social». Y citaba alegremente a Lacan, Derrida, Foucault y Kristeva, junto con conceptos de la física cuántica, el caos determinista y la geometría no euclidiana. El artículo fue aceptado y publicado sin revisión por pares. A continuación, Sokal reveló en la revista *Lingua Franca* que era una parodia deliberada, un texto sin sentido científico, pero lleno de guiños al estilo posmoderno. Lo había escrito para demostrar que algunos sectores de las humanidades aceptan sin crítica lo que suena complicado, aunque carezca de sentido o rigor.

Sokal no quería atacar a la filosofía ni a las humanidades en sí, sino señalar el peligro de usar el lenguaje científico como adorno intelectual. Su objetivo era mostrar que una revista que promueve los estudios culturales puede publicar tonterías si están bien disfrazadas con palabras de moda y una ideología afín. Denunciaba lo que él llamó «relativismo epistémico», es decir, la idea de que la verdad científica es solo una construcción social más, sin un referente objetivo.

Las consecuencias del escándalo Sokal fueron múltiples y se desplegaron en diferentes planos del conocimiento. En el ámbito académico, generó una tremenda controversia. Se avivó el debate sobre los límites de la interdisciplinariedad, sobre todo en lo que respecta al uso de conceptos científicos en discursos filosóficos y culturales. Muchos científicos aplaudieron a Sokal por haber puesto en evidencia lo que consideraban un abuso del lenguaje técnico fuera de contexto, mientras que numerosos filósofos y teóricos culturales se sintieron atacados injustamente y acusaron a Sokal de reduccionismo o de no comprender la función del lenguaje en su tradición.

En el terreno de la divulgación, el episodio reforzó la importancia de explicar con claridad, sin ocultarse tras tecnicismos innecesarios. Puso de moda (y legitimó) la crítica a los llamados «vendehúmos culturales», es decir, aquellos que utilizaban palabras como *cuántico, entropía* o *campo* sin comprender su significado científico, simplemente como adornos discursivos para aparentar profundidad.

En la vida cotidiana, el escándalo dio argumentos a quienes ya sospechaban de ciertos charlatanes pseudocientíficos, gurús o teóricos crípticos que emplean la jerga técnica como disfraz para generar autoridad sin sustancia. También visibilizó que la autoridad del lenguaje técnico puede ser utilizada como herramienta de poder y no tanto como vía de conocimiento compartido.

El escándalo Sokal se inscribe directamente en una crítica a ciertas formas del pensamiento posmoderno, caracterizado por el rechazo de verdades universales, la desconfianza en la ciencia, el gusto por la fragmentación, la ambigüedad y el juego del lenguaje. Durante las décadas de 1980 y 1990, muchos pensadores posmodernos tomaron prestado el lenguaje científico (a veces, de forma literal; otras, como metáfora). Lo que Sokal demostró es que ese préstamo podía convertirse en impostura cuando se usaba sin rigor ni responsabilidad.

Desde los años dos mil, este tipo de pensamiento ha ido perdiendo fuelle. La posmodernidad como corriente dominante ha cedido terreno. Se han vuelto a valorar la claridad y el rigor como virtudes intelectuales. En muchas disciplinas, ha habido una reacción a favor de lo concreto, lo verificable, lo éticamente responsable. Sin embargo, el estilo posmoderno sigue presente (a veces reencarnado en discursos artísticos, filosóficos o incluso comerciales) donde el lenguaje oscuro se utiliza para aparentar poder y exclusividad.

Lo que más me molesta de este baile de máscaras entre la erudición disfrazada de vulgaridad y la vulgaridad disfrazada de erudición es, precisamente, el uso de máscaras. Una de las cosas que más aborrezco en este mundo es la impostura, porque la impostura es una traición a la verdad. La impostura va más allá de mentir, de decir algo falso, porque dice algo que suena verdadero. Y el mayor problema de la mentira no es hacer que te creas algo falso, sino hacerte desconfiar de la verdad. La ciencia no soporta la impostura. Todo el sistema de la ciencia, a través del método científico, está orquestado para mantener un pacto sin fisuras con la verdad. Este pacto que asumo como química lo exijo en todas las parcelas de la vida.

Del mismo modo, los científicos tenemos el deber moral de encarar la búsqueda de conocimiento desde la humildad. La humildad entendida como la virtud que consiste en conocer las propias limitaciones y debilidades y en obrar en consecuencia. Por eso resulta tan valioso el «no lo sé», porque solo quien reconoce lo que ignora está en disposición de aprender. Pero para ello hay que colocar a todas las formas de conocimiento en el mismo pedestal, sin elitismos. Es tan inculto el científico que no sabe nada de arte como el artista que no sabe nada de ciencia. Sin embargo, hay una gran diferencia entre el ignorante honesto y el impostor altivo. La honestidad es una forma de respeto. El científico que reconoce no saber de arte está respetando el arte. El artista que reconoce no saber de ciencia está respetando la ciencia. Pero quien desprecia lo que no conoce está despreciando el conocimiento mismo.

20

Para ir al ortodoncista al salir del colegio a mediodía tenía que ir en el bus número 5 en lugar del 4. Viajaba con personas distintas, por calles diferentes. Me esperaban unas impresiones con alginato que me darían ganas de vomitar o alguna modificación en el aparato que me provocaría una nueva herida en la boca. Pero luego iríamos a comer a Gasthof para recuperar el equilibrio de la vida hacia las cosas buenas. Sin embargo, el sabor de la comida sería distinto, porque al salir de la consulta todo sabe a una mezcla de acero, mentol y vinilo. Y luego había que volver a clase, otra vez en el extraño bus número 5. El cómputo de la experiencia, sin duda, salía negativo. Me pasaba el día anterior preocupada por el presagio del dolor. Y, al terminar la consulta, aunque el dolor dental no hubiese florecido todavía, me dolía el alma ver a mis padres pagar cantidades de dinero que yo no sería capaz de reunir ni juntando las pagas de todo el año. Cuánto malestar podía caber en un mentón retraído y en unos dientes sin alinear.

La sala de espera del ortodoncista tenía un ambiente fingidamente festivo. Tapizados con estampados vegetales en los que primaba el amarillo. La ligereza del amarillo limón estaba por todas partes. Había más niños acompañados por sus padres. Niños vestidos con uniformes de distintos colegios y zapatos castellanos. Hablaban entre ellos y con sus padres relajadamente, con total inconsciencia del dolor. Quizá ellos no habían visto cómo un programa informático simulaba la evolución de sus caras sin ortodoncia hacia la monstruosidad. Quizá no tenían cicatrices permanentes en los carrillos. Quizá no debían amputarse las muelas del juicio para dejar sitio al resto de los dientes. Quizá no habían pasado la tarde anterior dibujando grotescos aparatos de ortodoncia. Quizá ellos no se torturaban, vivían la vida relajados, con la tranquilidad bobalicona que dan por igual el dinero y la inconsciencia. O sufrían menos que yo o pensaban menos que yo: eran las dos únicas opciones que barajaba. Creía firmemente que tenía que ser lo segundo. Yo estaba allí callada, observante, mientras ellos mantenían conversaciones animadas e irrelevantes. El único asidero de aquella angustiosa espera eran las revistas. Había montones de ellas repartidas por toda la sala. En una de las mesitas había siempre revistas de ciencia. Las leía poniendo en ellas toda mi atención, en parte para huir mentalmente de aquel lugar y en parte para memorizar lo que podía, porque aquellas cosas no las encontraría en ningún otro lugar.

En el colegio me habían enseñado a hacer cambios de unidades por factores de conversión. Aquello me parecía tan práctico y sofisticado que al llegar a casa seguía jugando a hacer factores de conversión. Conocer la equivalencia entre las unidades de fuerza, masa, espacio y tiempo hacía que el bullicio vital adquiriese un orden exquisito. Hacer esos cálculos me daba más paz que rezar. Y aquellas revistas de ciencia causaban en mí el mismo efecto. Me mostraban cómo eran las cosas por dentro, que había orden en lo profundo. Había unidades elementales, había partículas elementales. Un conocimiento organizado desde lo más pequeño que daba sentido a lo más grande.

Memoricé una tabla que aparecía en la revista, la del modelo estándar de las partículas elementales. Era como diseccionar la estructura fundamental de la materia, como poder ver incluso cómo son los átomos por dentro. Por aquel entonces ya sabía que los átomos no eran indivisibles, que tenían un núcleo formado por protones y neutrones y que a su alrededor orbitaban electrones. Por tanto, la palabra *átomo* (que significa 'indivisible') se había mantenido por tradición, aunque su significado fuese incorrecto. Lo que no me habían enseñado en el colegio era que, a su vez, las partículas subatómicas también estaban formadas por partículas más pequeñas todavía.

Toda la materia, desde mis dientes hasta las estrellas, está formada por átomos que, a su vez, están formados por partículas elementales. Estas partículas son los fermiones y se clasifican en dos grupos: quarks y leptones. Los electrones forman parte del grupo de los leptones, son partículas elementales, lo que quiere decir que los electrones no se dividen en nada más pequeño. En cambio, los protones y los neutrones están formados por tres quarks: dos quarks *down* (abajo) y un quark *up* (arriba) en el caso del neutrón, y dos quarks *up* y uno *down* para el protón.

Además, en el universo actúan cuatro fuerzas fundamentales: la fuerza fuerte, la fuerza débil, la fuerza electromagnética y la fuerza gravitatoria. Funcionan en distintos rangos y tienen diferentes intensidades. La gravedad (la fuerza que depende de la masa y la distancia entre los cuerpos, por la que las manzanas se caen al suelo, atraídas por la Tierra) es la más débil, pero tiene un alcance infinito. La fuerza electromagnética (la que actúa entre partículas con carga eléctrica y es responsable de la electricidad, el magnetismo y la luz) también tiene un alcance infinito, pero es mucho más fuerte que la gravedad. Las fuerzas débil y fuerte solo son efectivas a distancias muy cortas, por lo que únicamente dominan en la escala de las partículas subatómicas. La fuerza fuerte es la que mantiene unidos a los protones y a los neutrones en el núcleo de los átomos, y la fuerza débil es la responsable de la radiactividad. La radiactividad es la desintegración espontánea de núcleos atómicos que pierden energía emitiendo radiación en forma de partículas (alfa, beta) o energía electromagnética (gamma) y transforman el núcleo inestable en uno más estable, y puede ser natural (proviene de la Tierra, el Sol o el propio cuerpo) o artificial (como los rayos X). A pesar de su nombre, la fuerza débil es mucho más fuerte que la gravedad, aunque es la más débil de las otras tres. La fuerza fuerte, como su nombre indica, es la más fuerte de las cuatro interacciones fundamentales.

Tres de las fuerzas fundamentales (la fuerte, la débil y la electromagnética) son el resultado del intercambio de partículas portadoras de fuerza: los bosones. Así que hay dos grupos de partículas: las partículas de la materia, que son los fermiones, y las partículas portadoras de fuerza, que son los bosones. Las partículas de la materia transfieren cantidades discretas de energía intercambiando bosones entre sí. Cada fuerza fundamental tiene su propio bosón: la fuerza fuerte es transportada por el gluon; la fuerza electromagnética, por el fotón, y los bosones W y Z son responsables de la fuerza débil. Aunque todavía no se ha encontrado, el gravitón debería ser la partícula portadora correspondiente a la fuerza de la gravedad.

En realidad, decir que el átomo está formado por quarks y electrones es una simplificación, porque, desde un punto de vista más profundo, más de la mitad de la masa propia de los protones y los neutrones viene de la energía de enlace debida a la interacción fuerte y a un sinfín de quarks y gluones que están constantemente produciéndose y desintegrándose en su interior.

El modelo estándar incluye las fuerzas electromagnética, fuerte y débil y todas sus partículas portadoras, y explica bien cómo estas fuerzas actúan sobre todas las partículas de materia. Sin embargo, la fuerza más conocida de la vida cotidiana, la gravedad, no forma parte del modelo estándar, pues resulta muy difícil de describir con él. La teoría cuántica, utilizada para describir el micromundo, y la teoría general de la relatividad, utilizada para describir el macromundo, son difíciles de encajar en un único marco teórico; todavía no se ha conseguido que ambas sean matemáticamente compatibles en el contexto del modelo estándar. Pero, por suerte, cuando se trata de la minúscula escala de las partículas, el efecto de la gravedad es tan débil que resulta insignificante. Solo cuando la materia está en grandes cantidades (por ejemplo, a la escala del cuerpo humano o de los planetas), el efecto de la gravedad domina. Por tanto, aunque el modelo estándar es actualmente la mejor descripción que existe del mundo subatómico, no lo explica al completo porque omite la gravedad.

Conocer ese modelo me aportó la serenidad que necesitaba aquel día en el ortodoncista. A pesar de ser un modelo incompleto, había completado una laguna enorme en mi conocimiento. Había puesto orden y nombre a lo más recóndito que habita en todas las cosas. Cuando pasé a la consulta, la desazón se difuminó un poco entre fermiones y bosones. Estaba deseando largarme de allí, aunque por razones diferentes. Quería agarrar una libreta y apuntar aquella tabla para no olvidarla jamás, para jugar a saber las partículas que rigen el universo.

Cuando llegamos al Gasthof, mientras esperábamos a que nos trajesen la comida, saqué un cuaderno de la mochila y lo apunté todo. Las visitas al ortodoncista solían acabar así.

21

Mis bisabuelos tenían bañera en casa. Las casas y los pisos de ciudad se construían con baño, pero en algunas aldeas el aseo era una habitación anexa a la que se accedía saliendo de la vivienda. En Camposancos, la parroquia pontevedresa en la que vivían mis bisabuelos, los baños ya se construían dentro de casa. La bañera que tenían era de hierro esmaltado de color verde agua. Era cuadrada, con un resalte que servía de banco. Cada vez que de niña me sentaban ahí para lavarme, pensaba en todos los culos de mi familia que habían estado ahí posados antes del mío. Culos de cuatro generaciones diferentes.

El culo se me quedaba frío porque el material de la bañera, el hierro fundido cubierto con esmalte vitrificado, absorbía con rapidez el calor de mi cuerpo y el calor del agua. Esas bañeras se fabricaban vertiendo hierro fundido en moldes. Sobre el hierro caliente se aplicaba una capa vítrea cerámica, compuesta principalmente de sílice y óxidos metálicos. El conjunto se cocía en un horno hasta alcanzar casi 1.000 °C, que fundía el esmalte y lo adhería al metal. El esmalte proporcionaba un aspecto cerámico a la bañera, brillante, suave y limpio. Esa fina capa confería al hierro una mayor resistencia a la corrosión. Es bonito que un material tan ligero y delicado como la porcelana actúe como protector de un material tan pesado y robusto como el hierro.

En la casa de Camposancos no se usaba gel de ducha, sino una pastilla de jabón Magno que todos compartíamos. Un solo banco y un solo jabón para una decena de culos. Era una pastilla de jabón de color negro que parecía una piedra, como un guijarro redondeado y liso de anfibolita. La espuma blanca que producía al frotarlo con agua contrastaba con el color negro de la pastilla. El aroma masculino tan característico del jabón Magno y el color negro de la pastilla son todo un icono de elegancia, misterio y sensualidad desde los años cincuenta. Sin embargo, para mí, una niña que se estaba bañando en los años noventa sentada en una bañera cuadrada en casa de sus bisabuelos, esa pastilla de jabón era algo extraño y anticuado, muy diferente al gel de ducha Pom-Emo que mi madre compraba en la farmacia y que usábamos en mi casa de A Coruña.

En Camposancos había que ir a por el agua a la *fonte da poza* con un botijo. Era la fuente que estaba al lado del lavadero. Este se utilizaba a diario y siempre estaba cubierto por una fina capa de grasa saponificada que me recordaba a la nata de la leche.

La cocina de Camposancos era una bilbaína que olía a leña y no a mercaptano, el aditivo de seguridad que se añade al gas butano. Cada mañana se revisaba que hubiese leña seca suficiente para cocinar y para mantener caliente la estancia. Todo era un poco más difícil, un poco más incómodo y un poco más viejo que lo de mi casa. Y por eso era tan divertido.

A veces nos dejaban a mi hermano y a mí bañarnos en el pilón que había en el terreno de la casa, al lado del gallinero. Era un receptáculo de hormigón que servía de abrevadero para la yegua y de lavadero para la ropa. Lo llenaban de agua para que chapoteáramos un rato dentro y pudiéramos aliviar el calor con el agua fresca de la traída. La casa tenía una salida trasera por la cocina que conducía al pilón. Había que bajar unas escaleras de piedra rodeadas de higos chumbos. Las chumberas no son especies autóctonas de Galicia, sino que son originarias de México y América Central y se introdujeron en Europa, donde se naturalizaron, sobre todo, en áreas costeras. Había tantas chumberas en Camposancos que para mí son tan patrias como los alcornoques, los robles, los fresnos o los singulares eucaliptos del Trega. Chumberas y también limoneros, dos especies foráneas que pueblan los vergeles camposinos. No recuerdo comerme jamás ni un higo ni un limón de Camposancos. La chumbera, que se considera un tipo de cactus, tiene espinas; por eso se colocaba como protección anticaídas detrás de la barandilla de las escaleras. Y el limonero, con sus ramas macizas, hacía de travesaño para el columpio improvisado con una cuerda y un neumático.

Una mañana salí de la cocina hacia el pilón. Era una mañana humedecida por la niebla que había descendido la noche anterior desde el monte de Santa Trega. La tierra y las hojas de las plantas estaban perladas de agua, desprendían un olor frío y húmedo. Era un paisaje refrigerado que envolvía una casa que todavía conservaba el calor de la leña. Al lado del pilón encontré un blíster de color turquesa con un par de pastillas blancas. Rasgué el papel de aluminio y toqué una de las pastillas. Estaba húmeda y blanda. Extraje un poco de polvo con la uña y me lo llevé a la boca. Sabía a picapica. Aquello era una aspirina mojada, un medicamento, pero no me dio miedo comérmelo porque era algo que conocía y, sobre todo, porque era una niña, demasiado pequeña como para considerarlo un riesgo.

La aspirina sabe ácida como el picapica porque su principal componente es un ácido, el ácido acetilsalicílico. Es menos picante que el compuesto que la antecedió, el ácido salicílico que se extraía del sauce blanco desde antes del siglo v a. C., que se usaba para aliviar la fiebre y los dolores, pero que machacaba el estómago. En 1897, el químico Felix Hoffmann (que trabajaba para Bayer) sintetizó una forma más tolerable al acetilar el grupo hidroxilo del ácido salicílico y obtuvo así el ácido acetilsalicílico, que conocemos como aspirina desde 1899: «a» de *acetil*, y «spir» de *Spiraea ulmaria*, una planta rica en salicilatos.

La aspirina es un analgésico (alivia el dolor), antipirético (baja la fiebre) y antiinflamatorio, y también se usa para prevenir acontecimientos cardiovasculares y trombosis. Funciona inhibiendo unas enzimas llamadas ciclooxigenasas (COX). Las enzimas COX convierten el ácido araquidónico en prostaglandinas y tromboxanos, dos moléculas que promueven la inflamación, la fiebre y el dolor y estimulan la coagulación plaquetaria. La aspirina funciona acetilando las enzimas COX, lo que bloquea su acción de forma irreversible. Todo eso estaba pasando en mi cuerpo mientras disfrutaba del sabor ácido y picante de aquella pastilla encontrada. Mi sangre se iba licuando y mi percepción del dolor se iba difuminando sin yo saberlo. No me pasó nada en absoluto, afortunadamente. Después de corretear un rato por ahí fuera, la abuela Cándida me llamó para desayunar. Subí las escaleras hacia la cocina y allí, arrullada por el calor del hogar, me bebí un vaso caliente de leche con nata que me limpió la acidez de la boca y me devolvió el sabor dulce y vetusto de Camposancos.

22

Los cuatro vivimos en un cuarto piso de tres habitaciones en el barrio de Os Mallos de A Coruña: mi madre, mi padre, mi hermano y yo. Allí estuve hasta los veintitantos. Pero esa casa fue cambiando con el tiempo, fue creciendo. Mis abuelos se mudaron al piso de abajo cuando yo tenía seis años. Aunque los pisos estaban separados, nosotros estábamos siempre mezclados. Las comidas eran en el tercero, y las cenas, en el cuarto. En el tercero también había tres habitaciones. Una era el dormitorio de los abuelos, otra era un dormitorio para invitados (donde dormían los hermanos de la abuela cuando venían de visita, o Christian y yo cuando mis padres salían de cita, o donde durmió la bisabuela Cándida cuando enviudó) y otra era la habitación de los juguetes. Aquella era una estancia con un escritorio, un armario y un baúl llenos de juguetes y una cama pequeña en la que nos sentábamos a leer. El cuarto y el tercero parecían casas diferentes porque no tenían casi ningún material de revestimiento en común. El cuarto tenía el suelo de corcho brillante; el tercero tenía baldosa. El cuarto tenía los muebles de la cocina de melamina de color blanco cáscara de huevo; el tercero, de madera contrachapada de color miel. Las puertas del cuarto eran las originales del edificio, de madera maciza, cubiertas con un barniz muy brillante y oscuro como el chocolate, y algunas tenían un vidrio con relieve de color amarillo topacio; las puertas del tercero eran de madera clara con vidrios transparentes.

Cuando el abuelo murió, el tercero y el cuarto se juntaron aún más. Mezclarnos por las escaleras del edificio no era suficiente, así que los dos pisos se unieron a través de una escalera interior que atravesaba mi antiguo dormitorio del cuarto y el dormitorio de invitados del tercero. La idea de vivir más juntos empezó con la instalación de la escalera, pero terminó por unificar los dos pisos, algo que solo puede hacerse a través de materiales comunes. Los suelos se cubrieron de parqué. Las puertas se reemplazaron por otras de madera del mismo color que el suelo. Se cambiaron los zócalos y los cercos de las ventanas. Todas las paredes de las zonas comunes se pintaron con la misma pintura.

Mi habitación desapareció para dar espacio a la escalera y quedó reducida a un pequeño trastero que hacía la función de vestidor. Me mudé a la habitación de mis padres y ellos se mudaron al antiguo salón. La habitación de los juguetes del tercero desapareció y se fusionó con el salón de al lado para crear un espacio en el que cabían varios sofás, el televisor y un comedor, todo presidido por una escalera bajo la que encajaba el mueble de la máquina de coser del bisabuelo Adolfo. Aquel salón se parecía a los de las series de televisión estadounidenses.

Las reformas se hicieron durante el verano de 1997. Seguíamos viviendo allí, durmiendo en diferentes habitaciones según iban avanzando las obras. Lo que para mis padres fue seguramente un suplicio, para mí fue uno de los veranos más divertidos de mi vida. Podía hacer cosas que antes estaban prohibidas, como pintar y encintar todo el suelo para crear un circuito de carreteras.

A medida que los nuevos materiales iban reemplazando o tapando los anteriores, yo fui haciendo acopio, componiendo un muestrario de materiales domésticos que aún conservo. Un trozo de suelo de corcho, otro de la encimera de granito silvestre moreno de la cocina, otro de roble macizo del armario de mis padres, otro del nuevo parqué de tarima flotante compuesto por tres capas de madera de roble, otro del aislante de polietileno expandido que se colocaba debajo de la tarima, otro de un recorte de la escalera también de roble macizo... Una colección de materiales que representaban no solo los gustos de la época, sino que trazaban una historia de evolución tecnológica y socioeconómica, la del país, pero también la de mi propia familia. Los ahorros, fruto del trabajo constante de mis padres, transmutaron el corcho en tarima de roble.

Ese verano yo tenía doce años. Ya tenía una caja de hojalata de galletas Royal Dansk llena de materiales importantes que había ido recopilando durante los paseos con mi abuelo: una piedra de coque que se había caído de un vagón de tren de mercancías en la estación de San Cristóbal, un pequeño lingote de aluminio puro que encontramos en las inmediaciones de Alcoa, un cristal hexagonal de aragonito que encontramos cerca de la playa de Oza... Ahora, además, tenía una lata roja de Nestlé llena de materiales técnicos, de madera, de granito... Con doce años no sabía qué era la química, y menos aún qué era la ciencia de materiales, pero los materiales ya me habían conquistado, por sus propiedades y, sobre todo, por la historia que queda escrita en ellos.

Edad de Piedra, Edad de Cobre, Edad de Bronce, Edad de Hierro... La historia se escribe en función de los materiales de su tiempo. Sin embargo, no solo la historia de la humanidad se puede contar a través de la evolución de sus materiales, sino que la historia de mi vida, de cada vida, se puede contar a través de sus materiales. Mi vida está conscientemente ligada a la ciencia de materiales porque es mi principal campo de investigación como química. La vida de cualquiera también lo está, y es ineludible reparar en ello. Desde el suelo de corcho brillante sobre el que di mis primeros pasos hasta la tarima de roble sobre la que estrené mis primeros zapatos de tacón.

23

El oxígeno es una bola de color rojo y el hidrógeno es una bola de color blanco. Mi profesor Joselu había traído a clase un set de modelos moleculares. Era una caja compartimentada llena de bolas de colores con agujeros y barras de polipropileno que las unían entre sí. Las bolas representan los átomos, y las barras, los enlaces atómicos; al unir unas con otras, se pueden construir infinidad de representaciones de moléculas. Estos kits facilitan la comprensión tridimensional de las moléculas, lo que sirve para explicar la estereoquímica, que es la parte de la química en la que se estudia la distribución espacial de los átomos que componen las moléculas y cómo afecta esto a sus propiedades y a su reactividad. Hay reacciones químicas que se producen gracias a que «las cosas caben» (es decir, hay espacio para que las reacciones sucedan) y otras no suceden simplemente porque «no caben» (o, dicho de una forma más elegante, porque hay impedimentos estéricos). Así que la forma de las moléculas es muy importante.

Los dibujos de las moléculas que Joselu hacía en la pizarra eran muy útiles para algunos estudiantes, pero a otros les resultaba difícil interpretarlos espacialmente. En mis años de profesora de instituto, yo también dibujaba las moléculas en la pizarra. Llevaba una caja de lata repleta de tizas de colores. Cada color representaba un elemento químico diferente y, además, los colores y las sombras que se pueden conseguir con la tiza me permitían generar una mayor sensación de espacialidad. Me resistía a utilizar la pizarra digital y mostrar en ella ilustraciones tridimensionales. Por experiencia, sé que las ideas se van asentando en las mentes de los alumnos paso a paso en el acto de dibujar. A medida que se va componiendo el dibujo, también se va componiendo el conocimiento. Las imágenes estáticas de los libros de texto sirven para recordar ese aprendizaje, ayudan a fijarlo en la memoria. Sin embargo, observar cómo se va haciendo el dibujo, tomar el lápiz e irlo reproduciendo en el cuaderno es la forma más efectiva de comprenderlo.

Aun así, siempre he tenido alumnos que no lograban visualizar los dibujos bidimensionales en tres dimensiones. Para ellos, y para todos, los sets de modelos moleculares lo hacían mucho más fácil. Así que me hice con uno, un set de los años sesenta fabricado por Edicase en Barcelona con bolas de colores de baquelita y barras de muelles cerrados de acero.

Los sets de modelos moleculares se pueden usar para ofrecer representaciones fieles de cómo es el mundo a escala atómica. Los átomos son tan pequeños que no se pueden ver como las cosas normales (son miles de veces más pequeños que la longitud de onda de la luz visible). No son visibles con instrumentos ópticos, pero sí se pueden visualizar con microscopios de efecto túnel. Pasa lo mismo con la composición y la estructura de las moléculas: tampoco se pueden ver por medios ópticos, aunque sí se pueden visualizar gracias a otras técnicas de imagen que permiten conocer qué átomos hay en cada molécula y cómo se unen entre sí. Las técnicas de imagen que se usan para *ver* moléculas se llaman *espectroscopias* (*spectrum* proviene del latín y significa 'imagen', y *skopia* proviene del griego y significa 'observación'). La espectroscopía consiste en estudiar cómo se «ilumina» la materia, cómo interacciona con la radiación. Hay espectroscopía infrarroja, ultravioleta, de fluorescencia, de absorción de rayos X, de resonancia magnética nuclear, Raman, etc. Estas técnicas ofrecen representaciones de las moléculas que después se pueden reproducir con los sets de modelos moleculares y también con programas informáticos que crean ilustraciones con modelos de bolas y barras.

Los programas informáticos de visualización de moléculas y los sets tienen un color asignado a cada elemento atómico. Esta asignación de colores no es aleatoria. El hidrógeno es blanco, el carbono es negro, el nitrógeno es azul, el oxígeno es rojo, el azufre es amarillo, etc. Los químicos somos muy estrictos con este criterio, jamás representaríamos un átomo de un color diferente al que tradicionalmente se le ha asignado. Yo misma he corregido ilustraciones en libros y en programas de televisión para que este criterio se cumpla siempre. Este código de colores es el sistema CPK.

El sistema CPK se patentó en 1965 y debe su nombre a los químicos que lo desarrollaron: Robert Corey, Linus Pauling y Walter Koltun. Pauling y Corey construyeron en 1952 un set de bolas de madera para representar moléculas. Cada bola tenía un color y un tamaño proporcional al radio atómico del elemento químico representado. Así crearon el modelo de espacio lleno, una variante del modelo de esferas y barras en el que las bolas de madera se enlazan unas con otras directamente y ofrecen representaciones más compactas de las moléculas. Asignaron un color a cada uno de los cuatro elementos químicos más abundantes de las biomoléculas: hidrógeno, carbono, nitrógeno y oxígeno. Más tarde, Koltun creó la patente del sistema CPK añadiendo más elementos químicos, como el verde para los halógenos y el gris plateado para los metales.

La asignación de colores en el sistema CPK hace alusión a cómo es cada elemento químico en estado puro o formando los compuestos más relevantes. Por ejemplo, el hidrógeno es un gas incoloro (por eso, Pauling y Corey lo pintaron de blanco), el carbono es negro como el carbón grafito, el azufre es amarillo porque el mineral de azufre es de ese color, los halógenos son de color verde porque el gas cloro tiene una leve colación verdosa, etc. Sin embargo, el color rojo asignado al oxígeno y el azul del nitrógeno tienen una explicación menos evidente, ya que los dos gases son incoloros. El rojo del oxígeno se debe a que es el comburente más destacado en las reacciones de combustión y resulta intuitivo asociar las combustiones al color rojo. El azul del nitrógeno se debe a que este gas es el más abundante de la atmósfera (conforma el 79 % del aire) y, como el cielo es azul (aunque no es a causa del nitrógeno, sino de la dispersión de Rayleigh), decidieron asignar el color azul al nitrógeno.

El sistema CPK se sigue respetando en la actualidad, por tradición y porque el consenso es fundamental en ciencia. Que todos usemos las mismas unidades (para eso existe el sistema internacional de unidades) o el mismo esquema de colores no solo facilita el diálogo entre científicos, sino que se acata uno de los fundamentos epistémicos de la ciencia: el consenso. Los principales programas informáticos de visualización de moléculas mantienen el código de color del sistema CPK; las ilustraciones de los libros de texto de Química, Física y Biología también.

Solo los elementos químicos menos abundantes, o con menor tendencia a formar moléculas, se representan con colores más variados; aunque también he comprobado que hay un color tendencia para ese batiburrillo de elementos: el magenta. El magenta, junto con el amarillo y el azul cian, conforman los tres colores primarios de la mayoría de los métodos de impresión. Los cartuchos de color de las impresoras son de esos tres colores primarios. Como el amarillo ya está asignado al azufre y el azul al nitrógeno, es probable que la elección del magenta para «el resto» sea por una razón tan simple como esa.

24

La parte que más tiempo me ocupa de los guiones, y de todo lo que escribo, no es la científica, sino la que conecta la ciencia con lo importante: qué hay de bello, bueno y verdadero en un conocimiento científico. La verdad no solo está en la descripción minuciosa de un fenómeno, sino también en el fenómeno en sí. Los diferentes tonos azules del mismo mar según la luz del día, según la estación, según la nitidez del recuerdo. Esos tonos azules que evocan furia o calma, nostalgia o esperanza, son la verdad, tan verdad como el efecto Raman que describe por qué el agua se ve azul cuando es mar.

Lo bondadoso de la ciencia es el para qué. Para qué se hace la ciencia, para qué sirve el conocimiento científico. La respuesta profunda a estas preguntas siempre es de índole moral. Por eso, para escribir sobre el efecto Raman hay que hablar de cómo se utiliza para detectar biomoléculas en otros planetas, que es lo mismo que tratar de definir qué es la vida y de reflexionar sobre por qué nos resulta tan fascinante la posibilidad de que la vida tenga un alcance mayor. ¿Para qué buscamos más vida, con qué propósito? ¿Para qué buscamos una explicación al azul del mar, si el mar es azul y punto? Porque generar conocimiento es, sin lugar a dudas, algo bueno y una de las facetas humanas de mayor solvencia moral.

Lo bello es lo más fácil de sentir y lo más difícil de escribir para otros, porque es obvio para uno mismo, porque late en el alma, tiene la singularidad estética del color azul helado del mar de Areas Gordas y lo ecuménico de los estados vibracionales de las moléculas de agua, que es algo bello en sí mismo y en las palabras que lo describen: estados vibracionales. Las moléculas de agua tienen estados vibracionales que pintan el mar de azul.

Lo difícil es esto. Lo otro, lo de explicar de forma divulgativa un concepto científico complejo sin perder rigor, no es difícil para mí. Tengo la convicción de que puedo explicarle algo de química a cualquiera que no sepa nada de química y que lo entienda, aunque me resulta frustrante hablar de belleza o de bondad para alguien que carece de sensibilidad.

Esta parte sensible, que está en todos mis guiones, en realidad no está escrita. La pienso después, cuando la tensión de las fechas de entrega ha pasado. La pienso en el tren de camino al programa. La pienso paseando. La pienso con calma.

La parte científica del guion del programa que hemos grabado hoy la escribí en solo tres días. Aunque eso no es del todo correcto. En realidad, para poder escribir este guion he tenido que estudiar cinco años de licenciatura y escoger Espectroscopía Avanzada como asignatura optativa, y después, en solo tres días he podido escribir un guion para todos los públicos que explicase qué es la espectroscopía Raman. Cuando lo terminé, contacté con la mayor experta en Raman de España para que lo revisase. En cuanto ella me dio el visto bueno, lo envié al equipo de guionistas.

La espectroscopía sirve para saber de qué están hechas las cosas observando cómo interactúan con la luz. Hay materiales que absorben la luz visible, otros la reflejan en parte, otros absorben la luz ultravioleta, otros la dispersan... El comportamiento de un material con todos los tipos de luz se representa en un espectro que es único (la huella dactilar del material) y que permite saber qué átomos lo componen. Hay muchas técnicas espectroscópicas. Una de las más sofisticadas es la espectroscopía Raman. Es muy interesante porque sirve para detectar sustancias relacionadas con la vida, como el agua. De hecho, la espectroscopía Raman se usa en misiones espaciales para detectar biomoléculas.

Para hacer espectroscopía Raman, hay que irradiar la muestra del material que se quiere analizar con un láser. Un láser es una luz de un solo color muy puro. Lo que hay que observar es qué pasa con esa luz, cómo se dispersa. La mayor parte de la luz se dispersa de forma elástica, lo que significa que toda la luz rebota, va igual que viene tras chocar con la muestra. Esto se conoce como *dispersión de Rayleigh*. Pero hay una pequeñísima porción de la luz que se dispersa de forma inelástica: solo un fotón de cada diez millones, lo que equivale al 0,0000001 %. Esto significa que, tras chocar la luz contra la muestra, hay una mínima parte que vuelve con una energía diferente. Esto se conoce como *efecto Raman*.

El efecto Raman y el efecto Rayleigh a menudo se dan a la vez. El color azul del mar se debe en gran medida a una propiedad de la molécula de agua descrita por el efecto Raman, aunque también hay una pequeña contribución del reflejo del color del cielo descrito por el efecto Rayleigh.

Todo empieza con la luz del sol, que, aunque se ve blanca, en realidad está compuesta por un montón de colores diferentes, como un arcoíris. Cada uno de esos colores tiene una longitud de onda diferente y lo que sucede es que, cuando la luz solar pasa a través de la atmósfera, las partículas de aire la interrumpen. Este proceso se llama *dispersión* o *esparcimiento*. Aquí es donde entra el efecto Rayleigh. La dispersión de Rayleigh ocurre cuando la luz interactúa con moléculas pequeñas como las que componen el aire. El aire está formado principalmente por moléculas de nitrógeno y de oxígeno. Estas moléculas son mucho más pequeñas que las longitudes de onda de la luz y, cuando un rayo de luz choca con ellas, se dispersa en diferentes direcciones.

Lo interesante es que los colores con longitudes de onda más largas, como el rojo o el amarillo, se dispersan menos que los colores con longitudes de onda más cortas, como el azul o el violeta; esto es así porque el tamaño de los obstáculos es comparativamente menor para ellas. Es decir, las ondas rojas y amarillas son más grandes que la mayoría de los obstáculos que hay en la atmósfera, así que gran parte de la luz pasa de largo sin más. Sin embargo, las ondas azules y violetas son tan pequeñas como los obstáculos que se encuentran en el camino, por eso se difunden más. Así es como se explica que el cielo sea azul y no blanco. Sin embargo, los ojos son más sensibles al azul que al violeta, por lo que percibimos sobre todo este color en el cielo. Este efecto también explica por qué el cielo no es de color violeta, aunque la dispersión del violeta es aún mayor. Aparte de la sensibilidad de nuestros ojos, la luz violeta también la absorben más las capas superiores de la atmósfera, lo que reduce su presencia en la luz que llega a nosotros.

El mar es como un espejo que refleja la luz azul del cielo, por eso los días de tormenta, en los que el cielo está cargado de negros y grises, también oscurecen el tono azul del mar. Sin embargo, cuando el cielo está completamente blanco, como durante una intensa niebla primaveral, el mar sigue siendo azul, de un azul brillante, casi turquesa. La explicación de este fenómeno reside en el efecto Raman. Cuando un haz de luz blanca atraviesa una cantidad importante de agua, esta adquiere una tenue coloración azul. En grandes volúmenes de agua, como el mar, este fenómeno es aún más notorio.

El efecto Raman que describe el azul del mar consiste en un baile privado que solo saben hacer las moléculas de agua. Ese baile se llama *estados vibracionales* y se representa con movimientos de tipo balanceo, torsión, tijereteo, aleteo... Es decir, un baile que se hace con una serie de movimientos concretos y bien definidos. Cada movimiento cuesta un esfuerzo diferente o, lo que es lo mismo, se necesita más energía para hacer unos movimientos que otros. Por eso, cuando la luz láser incide sobre el agua y se registra su espectro, se puede observar que el agua usa cantidades diferentes de energía en cada uno de sus movimientos, algo que es identificativo del agua. Esto que se hace con el agua se ha hecho con otras moléculas para descifrar si bailan cuando un láser incide en ellas y cómo es ese baile. Resulta que hay una serie de moléculas que bailan y otras que no. Las que bailan se dice que son «activas en Raman». Según el tipo de baile que hace cada una, se puede saber de qué están hechas; esa es la razón por la que la espectroscopía Raman es tan útil para desentrañar la composición de las cosas.

Para explicar todo esto en el programa de televisión, se me ocurrió representar las moléculas de agua como tres bolas de colores unidas entre sí mediante muelles. El agua está formada por un átomo de oxígeno (que lo representé con una bola roja) y por dos átomos de hidrógeno (que los representé con bolas blancas). Así, con la bola roja del centro sujeta, tiré de las bolas blancas haciendo los movimientos del baile del agua. De ese modo pude representar sus estados vibracionales. Luego mostré cómo cada uno de esos movimientos requería más energía, energía que el agua obtenía del láser, así que se construyó una especie de andamio en el que cada piso representaba un nivel de energía necesario para cada movimiento del baile. Ese recorrido de subir y bajar entre los diferentes pisos del andamio es lo que queda dibujado como espectro Raman. Así lo expliqué.

La realidad del laboratorio al hacer espectroscopía Raman es muy parecida. Se pone una muestra en el espectrómetro Raman, que es el aparato que hace las medidas, y de él sale un dibujo que se llama *espectro*, que tiene la forma de una sierra montañosa, con subidas y bajadas con diferente pronunciación. La parte del baile que sucede en las moléculas no se ve directamente, pero uno se lo imagina al ver el espectro. Bueno, se lo imagina si sabe de espectroscopía Raman; de lo contrario, no vería nada en absoluto. Por eso, el conocimiento permite ver moléculas bailando donde otros no verían más que garabatos.

25

Tuve una discusión muy bonita con un compañero de laboratorio. Yo defendía que los átomos son invisibles, en el sentido de que no se ven como las cosas normales. Él defendía que sí hemos conseguido ver los átomos; no con métodos ópticos convencionales, no con lentes de aumento, pero sí con otros instrumentos, como el microscopio de efecto túnel.

Las cosas ordinarias se ven porque la luz interactúa con ellas: o bien emiten luz o bien la dispersan o la reflejan. Un objeto es de color rojo porque esa es la luz que emana de él. Cuando la luz blanca, compuesta por todos los colores, ilumina el objeto de color rojo, lo que ocurre es que ese objeto refleja una parte de la luz, únicamente la que compone ese color rojo. Ese objeto de color rojo es visible porque la luz que emana alcanza los ojos, estos procesan la luz y la transforman en señales químicas que el cerebro interpreta como *ver*.

Sin embargo, la acción de ver es a veces ambigua. Por ejemplo, el dibujo de un tomate no es un tomate; ahí no se ve un tomate, sino la representación de un tomate. Del mismo modo, los átomos se han representado a lo largo de la historia a través de modelos: el modelo de Dalton, el de Thomson, el de Rutherford, el de Bohr... Desde la idea intuitiva de átomo como una especie de esfera sólida hasta el modelo actual en el que el átomo está prácticamente vacío, formado por un núcleo sobre el que orbitan nubes hechas de electrones. Cada uno de estos modelos fue el resultado de la representación de datos obtenidos de forma experimental. La diferencia entre el primer modelo atómico y el modelo actual está en la evolución de los métodos experimentales y en la sofisticación de las matemáticas que se utilizan para describirlo. No es que el primer modelo atómico fuese erróneo y el actual sea el verdadero, sino que, cuantos más datos se han obtenido del átomo, más detalles contiene la descripción que se ha hecho de él. Cada modelo atómico no anuló el anterior, sino que le aportó más definición.

El átomo es tan pequeño que no se puede observar mediante métodos ópticos. Ni siquiera con una sucesión gigantesca de lentes de aumento, porque las propias lentes están compuestas por átomos. Miles, millones de átomos. Además, los microscopios ópticos *ven* con luz visible, de ahí que se llamen *ópticos*. La luz visible tiene una longitud de onda de entre 400 y 800 nm (equivalente a 0,0004 y 0,0008 mm), por eso no se puede *ver* nada más pequeño que eso. La célula más pequeña del cuerpo humano, que es el espermatozoide, mide unos 50 μm (equivalente a 0,05 mm), por lo que se puede ver con un microscopio óptico. Sin embargo, los átomos son mucho más pequeños, están en la escala de los ángstroms (Å) (equivalente a 0,0000001 mm): son más de mil veces más pequeños. Son más pequeños que la longitud de onda de la luz visible, así que se podría decir que la luz visible sortea los átomos sin percatarse de que ahí hay algo; del mismo modo, entre nosotros y las cosas que vemos hay aire, aire atiborrado de átomos, pero átomos invisibles.

Si para ver se necesita luz visible, ¿cómo ven las cámaras nocturnas? Las cámaras nocturnas no ven a través de la luz visible, sino que funcionan con un rango espectral ampliado, lo que significa que ven luz que es invisible a los ojos, como el infrarrojo o el ultravioleta. Las cámaras térmicas o infrarrojas tienen sensores que captan esa radiación. Los datos que se obtienen de los sensores se transforman matemáticamente en imágenes comprensibles de la realidad (es decir, se convierten en representaciones). Por eso, en el visor de una cámara térmica, la escala de temperaturas se transforma en una escala de colores que dibujan la imagen. Es discutible si eso es *ver*.

Ver átomos es comparable a ver en la oscuridad. No se ven con luz, sino que se ven a través de la representación de los datos. Los datos de una cámara térmica son las diferencias de temperatura, mientras que los datos que ofrece un microscopio de efecto túnel son diferencias de voltaje.

El microscopio de efecto túnel tiene una punta que se pone casi en contacto con la muestra que se va a analizar y se desliza sobre ella trazando una especie de cartografía de su superficie. La punta del microscopio es como el dedo de una persona invidente deslizándose sobre un texto escrito el braille, pero, en lugar sentir el tacto, la punta detecta diferencias de voltaje. La punta está conectada a un tubo piezoeléctrico con electrodos, de modo que dispone de un voltaje y, cuando entra en contacto con un material conductor, se produce una corriente. Esta punta se dispone muy cerca de la muestra, aunque sin tocarla, de manera que no haya corriente. Sin embargo, si la distancia entre la punta y la muestra es atómica (es decir, del grosor de los átomos), se produce el efecto túnel.

El efecto túnel es un fenómeno cuántico por el cual las partículas muy pequeñas, como los electrones, son capaces de llegar a sitios que deberían estar fuera de su alcance, como saltar entre átomos a pesar de carecer de la energía suficiente para hacerlo. Se llama *efecto túnel* porque es como si las partículas fuesen capaces de atravesar montañas sin subirse a ellas, sino cruzándolas como si hubiese un túnel. Si pensamos en los electrones como ondas sonoras (de hecho, los electrones se comportan como ondas), podríamos entender que el sonido puede llegar de un lado a otro de una montaña de varias formas: puede pasar por encima, pero también se podría transmitir a través de las rocas, y llegar de una ladera a otra. Este comportamiento «ondulatorio» de los electrones es lo que se conoce como *efecto túnel*.

Cuando la punta del microscopio de efecto túnel se desliza sobre la muestra, y si la distancia es suficientemente corta, se produce un «voltaje de tunelamiento», es decir, los electrones llegan a un sitio que debería estar fuera de su alcance y producen así una corriente eléctrica gracias al efecto túnel. El voltaje de la corriente depende de la distancia entre la punta y la muestra. De ese modo, al deslizarse la punta sobre la muestra, las diferencias de voltaje van dibujando la superficie. Lo que en realidad se está dibujando es la superficie de las nubes de electrones de los átomos que componen la muestra. Para mi compañero de laboratorio, esto es ver los átomos, es verlos por fuera, que es como se ven todas las cosas.

En realidad, la discusión con él no era científica, sino semántica: ¿qué significa *ver*? La primera definición de *ver* del diccionario dice: «Percibir con los ojos algo mediante la acción de la luz». Según esto, no vemos átomos, yo tendría razón. La segunda dice: «Percibir con la inteligencia algo, comprenderlo». Conforme a esta definición, él tendría razón.

26

Emilio se acercó gateando a dos niños de unos cuatro años que jugaban con un teclado. Estaban los tres sentados sobre el suelo de caucho de colores del parque, rodeando el juguete. Emilio empezó a pulsar las teclas, igual que hacían los otros niños. Uno de ellos agarró el juguete y lo apartó de Emilio diciendo: «Los bebés no pueden jugar con los niños mayores». El otro niño, sin embargo, acercó el juguete a Emilio. Pero al primero no le pareció bien, volvió a apartarlo y dijo: «Bebé tonto». Emilio seguía intentando acercarse a los niños para jugar con ellos, ignorando lo que sucedía. El niño repitió: «Bebé tonto», y se apartó con brusquedad. Yo observaba a mi hijo, que estaba de espaldas a mí. Seguía ahí sentado, en calma, mirando a los niños, esta vez sin acercarse, con su pelo rubio finísimo, aún incipiente, dejando entrever su cabecita ovalada. Con las manos colocadas sobre los muslos, miraba a los niños con una ingenuidad que transmitía una tristeza casi plácida, la de la resignación de que el bien y el mal coexisten. Sentí su fragilidad, la de su cuerpo, su vida, su alma. Esta vez su ingenuidad lo había salvado, pero, con el tiempo, él también descubriría que el mal existe. En ese instante fugaz, el suelo se abrió bajo mis pies y emergió un árbol, con un tronco potente del que nacían un centenar de ramas verdes que al crecer se volvieron leñosas y se llenaron de hojas. El árbol nos elevó a Emilio y a mí hacia el reino de los Cielos. Cogí a Emilio en brazos para apartarlo de aquel niño como quien lo salva de la muerte, lo abracé y lo besé por toda la cara. En aquel momento comprendí con absoluta claridad el árbol de la vida. Toda la vida: desde la formación de los elementos químicos en las estrellas hasta este momento en el que Emilio existe y es un niño de un año que juega en el parque. La vida plena y eterna del universo estaba ante mí y debía protegerla con todo mi ser.

Y el Señor dijo: «Ahora el hombre y la mujer son como uno de nosotros, pues conocen el bien y el mal. Si llegaran a comer algún fruto del árbol de la vida, podrían vivir para siempre». Por eso Dios los expulsó del jardín de Edén y puso al hombre a cultivar la tierra de donde había sido formado. Después de expulsar al hombre y a la mujer, Dios puso unos querubines al este del Edén, y también puso una espada encendida que giraba hacia todos lados, para impedir que alguien se acercara al árbol de la vida.

Génesis 3:22-24 (TLA)

Según cuenta el Génesis, Dios coloca en el centro del jardín del Edén dos árboles especiales: el árbol de la vida y el árbol del conocimiento del bien y del mal. El fruto del primero da la vida eterna, el del segundo da el conocimiento de la diferencia entre el bien y el mal. Dios le dice a Adán: «Puedes comer de cualquier árbol del jardín, excepto del árbol del conocimiento del bien y del mal. De ese árbol no comerás; porque el día que comas de él, ciertamente, morirás». Sin embargo, desobedecen y comen de él. Dios, al observar que el hombre ahora conocía el bien y el mal, temió que también pudiera alcanzar y comer del árbol de la vida. Para protegerlos de ello, los expulsó del jardín, le encargó al hombre que cultivara la tierra y custodió el árbol de la vida para que no pudieran acceder a él.

El árbol de la vida, en la tradición bíblica, expresa que la vida tiene su origen en Dios y depende de Él. También por eso, en el siglo XIX, Charles Darwin recupera esa imagen como una metáfora visual de su teoría de la evolución por selección natural, para explicar que todas las formas de vida están conectadas entre sí y descienden de un origen común. En su cuaderno B (1837), Darwin dibuja un boceto de un árbol con ramas y anota «*I think*» encima de lo que sería el primer «árbol de la vida evolutivo». En *El origen de las especies* (1859), afirma: «La gran similitud de estructura que existe en las especies de cada clase y los caracteres que gradualmente las enlazan forman un gran "árbol de la vida"».

El árbol de la vida darwiniano representa la diversidad de especies. Las ramas del árbol son las especies vivas; las bifurcaciones, los ancestros comunes. Las ramas que se extinguen y no llegan a la cima son especies que desaparecieron. El árbol es dinámico, está en crecimiento y cambio constante, por lo que representa la evolución incesante de las especies mediada por la selección natural, con caracteres heredados y adquiridos. Hoy en día, la biología molecular ha permitido redibujar ese árbol y transformarlo en un mapa genético de la vida. Así que, desde un punto de vista teológico y desde un punto de vista biológico, el árbol de la vida es esencialmente la misma cosa: la tozudez de la vida por abrirse paso, desde el origen mismo del universo hasta los hijos de nuestros hijos.

La historia del universo comenzó hace unos 13.800 millones de años con lo que la física moderna llama el Big Bang, la gran explosión. Aunque, más que una explosión, los científicos lo describimos como una expansión. El sacerdote y físico Georges Lemaître fue el primero en proponerlo. Llamó «átomo primigenio» a ese punto concreto del espacio que se expandió de repente a partir de un estado extremadamente denso y caliente. Esto lo planteó en 1931, a partir de la relatividad general de Einstein y antes de que Edwin Hubble aportara la evidencia observacional de que, en efecto, el universo está en expansión. En el origen no había estrellas, planetas ni átomos; solo energía concentrada y partículas elementales (como quarks y leptones) que empezaban a organizarse.

En los tres primeros minutos, el universo se enfrió lo suficiente como para que los quarks se unieran en tríos y formaran hadrones: protones (uud: 2 quarks *up* + 1 quark *down*) y neutrones (udd: 1 quark *up* + 2 quarks *down*). Esto ocurre cuando la temperatura cae por debajo de 10^{12} Kelvin, en torno a un microsegundo tras el Big Bang. Durante los primeros segundos, los protones y los neutrones podían interconvertirse. Sin embargo, los neutrones son inestables y, si no se unen a nada, se desintegran en minutos. Esto hace que haya tres veces más protones que neutrones. Alrededor de los tres minutos, la temperatura del universo cae por debajo de 10^9 K, lo suficiente para que los protones y los neutrones se unan sin romperse inmediatamente por colisiones de alta energía y den lugar a la formación de los primeros núcleos atómicos estables, un proceso conocido como *nucleosíntesis primordial*. El resultado fue un universo repleto de hidrógeno (alrededor del 75 %), que es el elemento más ligero que existe con un solo protón en su núcleo; helio (casi el 25 %), que es el elemento que tiene dos protones en su núcleo, y trazas de litio, el elemento que tiene tres protones en su núcleo. Estos tres elementos formaban una especie de materia prima cósmica con la que, tiempo después, se construirían todos los demás.

Durante cientos de millones de años, el universo fue opaco, una sopa de partículas sin forma. Pero, poco a poco, las regiones más densas colapsaron por efecto de la gravedad y dieron lugar a las primeras estrellas. Fue entonces cuando comenzó un nuevo tipo de química cósmica: la fusión nuclear estelar.

Las estrellas funcionan como reactores naturales de fusión, donde los átomos de hidrógeno se combinan para formar helio y liberan grandes cantidades de energía. Pero no se detienen ahí. En su interior, a temperaturas de millones de grados, se produce una secuencia de reacciones nucleares que dan lugar a elementos más pesados, con más protones en su núcleo: carbono, oxígeno, nitrógeno, silicio, hasta hierro. Cada etapa requiere condiciones más extremas y ocurre en capas sucesivas en el núcleo de la estrella, como si fuera una cebolla radiactiva.

Cuando una estrella muy masiva agota su combustible, ya no puede sostener su propio peso. Entonces, colapsa de forma catastrófica y explota en una supernova. En ese instante, durante unos pocos segundos, las condiciones físicas son tan extremas que se sintetizan elementos aún más pesados que el hierro: cobre, plomo, uranio, oro... Todo lo que hay más allá del hierro en la tabla periódica nace de la muerte de una estrella.

La supernova expulsa todos esos elementos al espacio y siembra las nubes interestelares con los ingredientes necesarios para formar nuevos sistemas solares, nuevos planetas y, potencialmente, nuevas formas de vida.

Así, cada átomo de hierro de nuestra sangre o cada átomo de calcio de nuestros huesos fue fabricado en una estrella muerta hace miles de millones de años. No es una metáfora, es un hecho científico.

Las nubes de gas y polvo ricas en elementos químicos se comprimen por la gravedad y forman nuevas estrellas con discos protoplanetarios a su alrededor. En esos discos giran fragmentos de materia que chocan, se funden y forman cuerpos más grandes: los planetesimales, que, con el tiempo, se transforman en planetas.

Nuestro planeta, la Tierra, se formó hace unos 4.540 millones de años a partir de una de estas nubes enriquecidas por generaciones anteriores de estrellas. Y, con él, se formaron también los elementos químicos esenciales para la vida: carbono, hidrógeno, oxígeno, nitrógeno, fósforo y azufre, los llamados CHONPS. De todos ellos, hay uno que ocupa un lugar central: el carbono.

El carbono (C) es el elemento químico número 6 en la tabla periódica, lo que significa que su núcleo contiene seis protones y alrededor giran seis electrones, de los cuales cuatro están disponibles para formar enlaces con otros átomos. Esta propiedad le confiere una capacidad única de enlazarse consigo mismo y con otros elementos de manera versátil, estable y tridimensional. El carbono es un elemento químico con una cualidad única de concatenar. Forma cadenas largas con otros átomos de carbono (cadenas lineales, ramificadas o anillos); puede formar enlaces simples, dobles y triples, lo que amplía muchísimo la diversidad de estructuras; se enlaza fácilmente con H, O, N, P y S, los otros elementos esenciales para la vida; es compatible con el agua, el solvente biológico universal, y, lo más importante, forma enlaces estables que le permiten construir estructuras complejas sin que se desintegren con facilidad. Ningún otro elemento en la tabla periódica tiene esta combinación de estabilidad, flexibilidad y compatibilidad. Por eso se dice que la vida es la química del carbono.

El carbono concatenado es la base de los ácidos nucleicos (ADN y ARN), proteínas, carbohidratos, lípidos, vitaminas, hormonas, neurotransmisores...

Todos los procesos vitales (replicación, metabolismo, respuesta celular) dependen de moléculas orgánicas complejas construidas a partir de átomos de carbono. Lo que en ciencia llamamos «vida» no es otra cosa que el despliegue dinámico de esta química orgánica sofisticada, alimentada por energía y contenida en estructuras celulares. Estamos hechos de la misma partícula elemental, pero chispeante.

El relato científico de la creación del universo es también una historia de orden emergente, de complejidad creciente, y de una conexión profunda entre lo que somos y de dónde venimos. Cada célula viva es una forma de memoria estelar.

Cada átomo de carbono en nuestro cuerpo es una rama del árbol de la vida que empezó a crecer en el reactor de una estrella.

El Big Bang inició el tiempo y el espacio, fue el comienzo de la química y, por tanto, de la vida. Y, en algún punto de esta historia, la materia trascendió y llegó a preguntarse por sí misma.

27

Somos ruido elegante
ruido amortiguado por la soledad
como la lluvia que azota los artificios del hombre.
Somos la chispa
de la herencia y la adquisición
un caldo de menesteres elegidos y concatenados.

Somos el incendio del azar
la cuestión inescrutable
capaz
de ondear saltando el antojo del viento.

Somos herencia perpetuada
deformada y deformante.

Somos conciencia de la inconsciencia
hechos de la misma partícula elemental
pero chispeante.

28

En el patio del colegio había un sauce llorón delante de los columpios. Sus ramas, cargadas de hojas estrechas, lanceoladas y de color verde claro, colgaban hacia la tierra como una melena peinada por la gravedad y el viento. El sauce demarcaba una zona de intimidad para el juego. Al balancearme en el columpio, mis piernas alcanzaban al sauce y agitaban sus ramas al compás. Aquel era para mí un momento de entusiasmada levedad.

Esta tarde hemos descubierto un parque con columpios rodeado de sauces llorones que me ha transportado a aquel momento. Manu sentó a Emilio, se arrodilló frente a él, a su altura, y empujó el columpio con suavidad. Emilio empezó a reír, abriendo la boca como si quisiera tragar el aire de cada vaivén. Hoy ha cumplido nueve meses y esta es la cuarta vez que juega en un columpio. Ya sabe agarrarse. Una mano, en la cadena de acero, y la otra, en la faja de caucho. Yo me senté en el columpio de al lado y comencé a balancearme a su ritmo. Mientras nos mirábamos el uno al otro, sonriendo, he pensado en toda la verdad que estaba contenida en aquel movimiento armónico simple. Las palabras con las que la física describe ese movimiento han alcanzado una cota más alta de significado.

Movimiento. Armónico. Simple.

Movimiento, porque algo se desplaza: Emilio va hacia delante, se detiene un instante, y luego vuelve hacia atrás. Armónico, porque el movimiento es periódico, repetitivo, una oscilación que sigue un ritmo constante. No hay sobresaltos, no hay caos. Es un vaivén regular, como el de un metrónomo. En física, lo armónico no se refiere a lo musical, sino que guarda relación con la idea de simetría, de proporción, de repetición predecible. Es simple porque solo depende de una fuerza, es el movimiento periódico más sencillo: la fuerza que tira del columpio hacia el centro (hacia el equilibrio) es proporcional a lo lejos que se haya desviado de ese centro. Cuanto más se aleja Emilio de la vertical, mayor es la fuerza que lo empuja de vuelta. Sin embargo, esa fuerza siempre apunta al centro, como un recordatorio constante de dónde está el equilibrio. Es simple porque el sistema solo depende de esa fuerza restauradora, sin otras complicaciones.

La fórmula que describe este tipo de movimiento es sencilla y elegante. En ella aparece el número π, el tiempo, la frecuencia, la amplitud...; pero lo que dice, en el fondo, es esto: todo lo que se aleja tiende a volver. Todo columpio, si se deja solo, terminará por detenerse en el centro. Que Emilio exista, que exista este momento columpiándome al lado de mi hijo entre sauces llorones, es exactamente eso: alejarme y volver para terminar por detenerme en el verdadero centro de todas las cosas.

El movimiento armónico simple describe este momento, lo que hay en él de material y de inmaterial. Aunque, en realidad, toda la materia tiene mucho de incorpóreo: los átomos son más vacío que materia. Resulta evocador que el movimiento de las partículas subatómicas también se pueda describir mediante el movimiento armónico simple. Los electrones oscilan como si estuviesen montados en columpios, tratando de llenar todo el espacio con su movimiento.

Los electrones no giran alrededor del núcleo de los átomos como planetas alrededor del Sol. Esa imagen que se explicaba en el colegio era sencilla, intuitiva, pero falsa. En realidad, los electrones no giran: vibran. Se comportan como ondas. Dibujan un movimiento ondulatorio, como el que traza un columpio oscilando, arriba y abajo, arriba y abajo, una y otra vez, siguiendo el mismo itinerario que cualquier onda. Por eso, el movimiento de los electrones se puede describir con la sencillez de la oscilación de un columpio.

Para entender cómo se comporta un electrón dentro de un átomo, hay que imaginarlo como una partícula en una caja. No una caja de cartón, sino una región del espacio delimitada, en la que la partícula (el electrón) puede moverse, pero sin escapar. Dentro de esa caja el electrón no está quieto, ni tampoco localizado en un punto, sino que oscila.

El comportamiento de esa partícula se describe con la ecuación de Schrödinger. Es una ecuación que no predice la posición exacta del electrón, sino la probabilidad de encontrarlo en cada punto del espacio. Y esa probabilidad, cuando se representa, tiene forma de onda, la misma forma que dibuja un columpio en movimiento. La solución más simple de esa ecuación, la fundamental, es precisamente un movimiento armónico simple.

A medida que se resuelve la ecuación para diferentes niveles de energía, aparecen formas más complejas: lóbulos, nodos, esferas, figuras que parecen flores... Esas formas son los orbitales atómicos, que no son trayectorias ni órbitas, sino mapas de probabilidad. Dicen dónde es más o menos probable que esté un electrón. Y lo más hermoso es que todas esas formas nacen de una vibración. De una onda confinada en el espacio. De un movimiento que quiere volver.

La química, en el fondo, es una coreografía de movimientos armónicos en cajas invisibles. Como Emilio, balanceándose en su columpio, contenido por el arnés, sostenido por fuerzas que lo traen de vuelta cada vez que se aleja. La materia hace lo mismo: oscila, tiende a regresar.

Los extremos del columpio (cuando Emilio alcanza el punto más alto antes de detenerse un instante y volver) son como los lóbulos de un orbital atómico. No hay un trazo que los una, pero hay una simetría clara entre uno y otro. Son dos regiones donde la presencia se concentra, donde el movimiento se ralentiza, donde todo parece detenerse antes de comenzar de nuevo.

En los orbitales atómicos, esos lóbulos son las zonas donde es más probable encontrar al electrón. No están fijos, pero, estadísticamente, tienden a aparecer ahí. No muy distinto a Emilio, que pasa de forma fugaz por el centro y habita más tiempo en los extremos del arco, como si el aire lo retuviera un poco justo antes de devolverlo.

Miro a Emilio mirando a su padre. Se balancea sonriente, con las manos apretadas al columpio. No sabe todavía lo que es un electrón, ni una ecuación, ni una fuerza restauradora. Pero su cuerpo lo intuye. Sabe que hay un ritmo que lo sostiene. Sabe que alejarse y volver puede ser una forma de permanecer.

Yo los miro y pienso que el modelo atómico definitivo, el que describe la totalidad, es el de un padre empujando a su hijo en el columpio bajo la sombra de un sauce llorón. Un vaivén que no busca llegar a ningún sitio, solo repetirse, solo existir.

Tal vez no se trata de entenderlo todo, sino de reconocer, en cada movimiento, que estamos hechos del mismo orden que sostiene las cosas. Que incluso lo más pequeño (un simple columpio o un electrón) puede contener el mapa entero de lo invisible.

29

Hoy he terminado la carrera de Química. Acabo de salir del examen de Tratamiento de Aguas Residuales y Naturales. Todavía no tengo los resultados, pero sé que lo he aprobado. Ya soy licenciada en Química. Ya puedo decir que soy química. Me subo al autobús urbano, me pongo los cascos y elijo escuchar *Arcasenal*, de At the Drive-In, a todo volumen. Voy pronunciado el repetitivo y gritón *beware* ('ten cuidado') moviendo los labios, pero sin emitir ningún sonido. La canción habla de encontrar un propósito en un mundo caótico. *Arcasenal* es un juego de palabras con *arsenal* y *arcade*, como toda la canción, que uno no sabe si está inmerso en la furia y el miedo de la guerra o en la excitación de un videojuego. Reflexiono entre los bramidos de Cedric. Qué bonito grita Cedric. Entre la suciedad y el fango con los que imagino la guerra, y los lodos de las depuradoras sobre los que acabo de escribir un par de folios. Lodos que se pueden tratar en un digestor anaerobio hasta convertirlos en biogás (una mezcla de gases rica en biometano, un combustible renovable) y digestato (un fertilizante orgánico y enmienda para el suelo). Aguas residuales que se transforman en recursos. Si hay voluntad. En la guerra, los recursos se transforman en residuos.

El autobús baja a toda velocidad la cuesta que une el campus de la Zapateira con el de Elviña. *Beware*. En la curva final mete la rueda delantera derecha en un lodazal mezcla de tierra, agua y hojarasca. A esa velocidad no hay manera de tomar la curva sin pisar el parterre. He terminado la carrera y ese error del proyecto urbanístico sigue sin repararse. He terminado la carrera y ahí afuera todo sigue igual. Sin embargo, aquí dentro todo es un poco mejor.

30

La goma de borrar se fue haciendo tan pequeña a lo largo de estos años que pensaba que, o la perdería, o acabaría menguando hasta desaparecer por completo. La increíble goma menguante. En la película *El increíble hombre menguante*, de 1957, Scott Carey sufre una crisis de identidad al empequeñecer, cuando su cuerpo mide tan solo unos centímetros y la vida ordinaria se convierte para él en una constante adversidad. Aunque Scott está hecho de la misma materia, pero comprimida, se pregunta quién es. En toda la película resuena aquello de «Yo soy yo y mis circunstancias» que decía Ortega y Gasset. Cuando a un átomo se lo despoja de los átomos que lo rodean, me pregunto si se puede afirmar que conserva su identidad. Un átomo aislado de oro ni será dorado ni conducirá la electricidad. No mantendría ninguna de las propiedades más características de sí mismo. Con sus 79 protones en el núcleo y un enjambre de 79 electrones orbitando a su alrededor, no es nada parecido al oro metálico si no está rodeado de sus semejantes. Lo mismo les ocurre a las cosas ordinarias: desde una persona que ha tenido que emigrar, que ha perdido a su tribu y a su territorio, hasta algo tan bobo como una goma de borrar que ya no es más que una minúscula bolita blanca abocada a la extinción. Sin embargo, mi goma de borrar mantuvo su identidad y su cometido hasta el último examen de la carrera. Cuando volví a mi sitio tras entregar el examen y recogí el material, la goma rodó por la mesa de aquel pupitre inclinado hasta perderse camuflada en el suelo de terrazo, como un guijarro más.

Empecé la carrera estrenando aquella goma Staedtler Mars Plastic 526/50. La carga de carbonato de calcio con la que se fabrica le confiere ese color blanco impoluto, y lo que realmente sirve para borrar de una goma es el plástico elastómero con el que se fabrica. Al frotar la goma contra el papel, se desprenden migajas de elastómero que van envolviendo el grafito. Los números y las letras escritos a lápiz se despegan del papel y quedan retenidos en unas migas de pan ennegrecido. Los restos que dejan las gomas de borrar se llaman *migas de pan* porque las primeras gomas de borrar se hacían con miga de pan. Pero la goma de Staedtler apenas se desmenuza, parece que solo va menguando con el uso. Sus esquinas perfiladas se fueron disolviendo hasta convertirla primero en un ovoide y, por último, en una esfera más pequeña que una canica. Ese desgaste lento es, obviamente, consecuencia de su composición química. La goma de borrar Staedtler Mars Plastic 526/50 se fabrica con policloruro de vinilo como elastómero y con carbonato de calcio como carga. El elastómero es un tipo de polímero cuya principal propiedad es que recupera su forma tras aplicarse una fuerza de deformación. Es lo contrario de los polímeros plásticos, que mantienen la deformación aunque la fuerza cese. Al mezclar el polímero con la carga, no solo la goma adquiere un blanco blanquísimo, sino que le confiere resistencia, minimiza el desmenuzamiento y aumenta el rendimiento de borrado. Supongo que por eso la carga se llama así, porque por sí sola no sirve para borrar, pero carga con las propiedades fundamentales de la goma. Duró hasta el último examen. Y no fue por falta de uso. La goma cumplió con su cometido hasta el último pedazo de identidad. Reconozco que no hice ningún esfuerzo por recuperarla. Quería salir de la facultad y celebrar la hazaña de convertirme en química. Perder la goma este preciso día me parece una bonita alegoría. A medida que la goma iba menguando, mis conocimientos iban creciendo. Lo erróneo se fue borrando mientras dejaba a la vista lo verdadero.

31

Me resulta significativo haber terminado la carrera con un examen sobre tratamiento de aguas. Creo que la cloración del agua es el mayor avance en salud pública de la historia. Es el mejor ejemplo que se puede dar sobre cómo la química ha contribuido a nuestro bienestar. Además de una fuente de conocimiento inagotable y hermoso, la química es una fuente de vida por cosas como esta. Se calcula que, desde 1919, se han salvado 177 millones de vidas gracias a la cloración del agua. Ser química me hace sentir parte de su historia.

A lo largo del tiempo, hemos ido desarrollando métodos cada vez más eficaces para garantizar la seguridad del agua que consumimos. Algunos tienen más de cuatro mil años, empezando por la decantación y la filtración y terminando por la cloración, que nos permitió minimizar el riesgo de contagio de cólera, tifus, disentería y polio.

Hay registrados métodos para mejorar el sabor y el olor del agua cuatro mil años antes de Cristo. Se han encontrado escritos griegos en los que se hablaba de métodos de tratamiento de aguas por filtración a través de carbón, exposición a los rayos solares y ebullición.

En el antiguo Egipto, el agua se decantaba. Se dejaba reposar en vasijas de barro hasta que precipitasen las impurezas, y se quedaban con la parte superior del agua. También añadían alumbre para favorecer la precipitación de las partículas suspendidas en el agua. A este proceso se le llama *coagulación* y es el origen de las técnicas que se emplean en las potabilizadoras modernas.

Uno de los primeros ejemplos de potabilización de agua a gran escala lo encontramos en Venecia. Allí se recogía y almacenaba el agua de lluvia. Para ello se construyeron cisternas bajo las plazas y otros espacios públicos, donde el agua llegaba a través de desagües en los que se colocaron filtros de arena de mayor a menor gradación. El acceso al agua potable se hacía hasta finales del siglo XIX a través de pozos instalados en las plazas. Hoy en día son visibles, aunque están clausurados con tapas de metal.

En Italia, el médico Luca Antonio Porzio es considerado el artífice de los primeros sistemas de filtrado de agua a través de arena y posterior decantación. En Francia, Joseph Amy diseñó filtros para el agua a pequeña y gran escala con esponjas, lana y carbón.

Poco después de que Joseph Amy consiguiera en 1749 la primera patente para un filtro de agua emitida en el mundo, James Peacock obtuvo la primera patente británica. La filtración se llevaba a cabo a través de arena dispuesta por tamaño creciente y por ascenso en lugar de por descenso. El filtro de Peacock fue un fracaso, aunque marcó el comienzo de un periodo de experimentación que culminó con los filtros lentos de arena que se usan en la actualidad.

A finales del siglo XIX, a medida que se efectuaban mejoras en los sistemas de filtración, también se desarrolló la teoría microbiana de la enfermedad. Es una teoría científica que propone que los microorganismos son la causa de una amplia gama de enfermedades. Antes de aquello no sabíamos de la existencia de microorganismos. Resultaba impensable que unos pequeños seres vivos convivesen con nosotros, estuviesen por todas partes y fuesen el germen de muchas enfermedades.

La teoría microbiana fue un descubrimiento científico de Louis Pasteur y probado más tarde por Robert Koch. Consiguió reemplazar antiguas creencias, como la teoría miasmática o la teoría de los humores, por las que se pensaba que las enfermedades las causaban una suerte de efluvios malignos. Aunque la teoría microbiana fue muy controvertida cuando se propuso, fue fundamental para entender y combatir la propagación de enfermedades.

Los suministros municipales de agua se multiplicaron a lo largo del siglo XIX, pero las condiciones sanitarias y de salud no comenzaron a mejorar radicalmente hasta la introducción de la desinfección con cloro a principios del siglo XX.

Por ejemplo, en 1900 había más de tres mil sistemas de suministro municipal de agua en Estados Unidos, pero, en ocasiones, en lugar de mejorar la salud y la seguridad, contribuyeron a la propagación de enfermedades. Este fue el caso de la epidemia de cólera de 1854 en el barrio del Soho, en Londres, en la que murieron más de setecientas personas en una semana en un área de apenas medio kilómetro de diámetro. El médico John Snow, precursor de la epidemiología moderna, relacionó el brote con una bomba que suministraba agua proveniente de un pozo contaminado con heces.

Para tratar de erradicar la desinfección, Snow optó por utilizar cloro. A principios del siglo XX, el uso de cloro empezó a popularizarse como técnica de desinfección también en Europa.

El ejemplo más antiguo que se conoce es el de Middelkerke, Bélgica, donde en 1902 se puso en marcha la primera planta de cloración. Antes de la filtración, se añadía cloruro de calcio y percloruro de hierro. En el Reino Unido se implantó en 1905, cuando un filtro de arena lento y defectuoso y un suministro de agua contaminada causaron una grave epidemia de tifus en Lincoln. Alexander Cruikshank Houston utilizó la cloración del agua para detener la epidemia. Emplearon hipoclorito de calcio.

En Estados Unidos comenzaron a desinfectar el agua con agentes clorados en 1908, en Boonton Reservoir, que sirvió de suministro para Nueva Jersey. El proceso de tratamiento con hipoclorito de calcio fue concebido por John L. Leal y la planta de cloración fue diseñada por George Warren Fuller. En los años siguientes, la desinfección con cloro utilizando cloruro de cal (hipoclorito de calcio) se instaló rápidamente en los sistemas de agua potable de todo el mundo. En 1914, más de veintiún millones de personas recibían agua tratada con cloro en Estados Unidos, y en 1918, más de mil ciudades de América del Norte ya estaban usando cloro para desinfectar su suministro de agua, que llegaba a unos treinta y tres millones de personas.

En España, la cloración llegó a la mayor parte de las ciudades en 1925 mediante el uso de hipoclorito. Uno de los episodios más graves sucedidos antes de la cloración ocurrió en mi ciudad, A Coruña. En 1854, una epidemia de cólera provocó la muerte de 2.026 personas en tan solo veinte días. El 20 % de la población coruñesa falleció. En el cementerio de San Amaro existe una capilla bajo la que se encuentra la fosa común en la que fueron enterrados los fallecidos por aquella epidemia.

En A Coruña, las redes de abastecimiento de agua a domicilio llegarían en 1908. En 1915 se implantaron los primeros sistemas de saneamiento mediante filtrado con arena y en 1918 se estableció la cloración.

La cloración es un método de desinfección y potabilización del agua. Su papel no es eliminar contaminantes (esto se hace por otras vías en las plantas de tratamiento de aguas), sino destruir microorganismos patógenos. Para ello se añade cloro al agua que se va a tratar. El cloro puede suministrarse de varias maneras. Si se añade cloro gas (Cl_2), el cloro reacciona con el agua y forma diferentes especies según el pH del agua: perclorato, hipoclorito, ácido clorhídrico, ácido hipocloroso… También pueden utilizarse directamente compuestos clorados (dióxido de cloro o hipoclorito). Todos ellos son sustancias oxidantes. *Oxidante* significa que es una sustancia ávida de electrones, por lo que, en contacto con otras sustancias, *roba* sus electrones hasta privarlas, en algunos casos, de sus propiedades. Por eso, la cloración causa alteraciones en la pared de las células bacterianas. Con cloro suficiente, se destruyen proteínas y ADN de las células. Ese es el mecanismo por el que el cloro acaba con los microorganismos, ya que afecta a sus funciones vitales hasta llevarlos a la muerte. Que los compuestos clorados sean tan oxidantes también explica que sean germicidas: eliminan mohos, algas y otros microorganismos además de bacterias.

Ahora conocemos otros muchos oxidantes con cualidades similares (como otros halógenos, el permanganato o el ozono), pero el más empleado sigue siendo el cloro. La razón es que, aunque haya otros métodos de desinfección, cuando el agua sale de la planta de tratamiento circulará por tuberías en las que sigue habiendo riesgo de contaminación. Por eso se aplica una poscloración; es decir, se añade una cierta cantidad extra de cloro que garantiza el viaje seguro del agua potable por las tuberías hasta el grifo de nuestra casa.

Hoy en día, en las estaciones de tratamiento de agua potable se aplican los procesos necesarios para que el agua natural procedente de embalses y otras captaciones se transforme en agua potable. En ellas se llevan a cabo procesos físicos, químicos y biológicos complejos capaces de lograr un agua segura, con buen olor y sabor. Además de tratar el agua, esta se analiza de manera periódica: se mide su calidad y su composición química y biológica.

A pesar de llevar más de un siglo clorando el agua, no hemos conseguido que esta solución tan eficaz, fácil de aplicar y económica llegue a todo el mundo. La escasez de agua potable es la causa principal de enfermedades en el mundo. Una de cada seis personas no tiene acceso a agua potable. La mortandad en la población infantil es especialmente elevada.[11] Unos cuatro mil quinientos niños mueren a diario por carecer de agua potable y de instalaciones básicas de saneamiento. En los países en desarrollo, más del 90 % de las muertes por diarrea a causa de agua no potable se producen en niños menores de cinco años.

La cloración del agua salva miles de vidas al año, y lo hemos logrado recorriendo un largo camino de desarrollo e investigación científica. Sin embargo, para que la cloración salve vidas en todo el mundo, hace falta algo más que ciencia.

32

Cuando pienso en mi muerte, suelo decirme a mí misma que el universo se acaba y punto. Del mismo modo que para mí no existía nada antes de nacer, lo mismo ocurrirá cuando me muera. Sin embargo, la diferencia entre el antes de nacer y el después de morir es que entremedias he vivido, he conocido qué es existir, así que el sentimiento de pérdida solo tiene sentido después, no antes. No es posible regresar a esa nada anterior al nacimiento. Por eso, aunque me diga a mí misma que conmigo desaparece todo, en realidad no me lo creo, es más bien un deseo ilusorio. Hay quien piensa que el deseo ilusorio es creer que hay una vida después de la muerte. Habría que especificar si se refieren a la vida de uno mismo o a la de los demás. Aunque me resultaría más cómodo ser una existencialista atea y creer que todo se acaba para todos con mi muerte, la realidad es que no me lo creo y nunca me lo he creído. De niña escribía cartas por si acaso me moría, para dar las gracias a las personas que me habían hecho feliz y para dejar constancia de algunas cosas importantes que había aprendido y que podían ser útiles para los que se quedaban. El mensaje que más se repetía en aquellos escritos era más bien un consuelo: no sufráis demasiado por mi muerte porque he sido tremendamente feliz. Sin embargo, cuando alguien muere, sobre todo si es joven, se sufre por lo que le quedaba por vivir, hay un sufrimiento proyectado hacia un futuro que ya no va a existir. En eso consiste la nostalgia anticipatoria que sentimos cuando alguien se nos muere. Por esa razón solía acompañar aquellos escritos también de un consuelo para eso, y es que en todas las etapas de mi vida he sentido que ya había hecho lo importante, que ya era más que suficiente, por lo que tampoco deberían sufrir por mi futuro perdido. Aunque esto es cierto y lo siento así de verdad, nunca me ha llevado a echarme a la bartola ni a dejar que el tiempo pase sin más porque ya he vivido todo lo importante. Sigo haciendo muchos planes, pero, simplemente, no me preocupa lo más mínimo si no llego a tiempo a alguno de ellos. Aunque suene paradójico, soy una inconformista satisfecha. Quise llegar a la universidad, ser la primera persona de mi familia en hacerlo, y lo hice. Quise trabajar como profesora y lo hice. Quise ser doctora en Química y lo conseguí. Quise tener mi propia casa en la ciudad en la que me crie y la tengo. Quise publicar un libro y lo publiqué. Quise tener un hijo y pude. Logré las cosas más importantes de la vida: conocimientos, trabajo, trascendencia, patria y afectos. Si la vida se hubiese detenido antes y esta lista fuera más corta, también habría dicho lo mismo. Así que, sea cuando sea que mi vida aquí se termine, sufrid lo justo por mí.

El otro mensaje que se repite en las cartas desde mi niñez es una defensa entusiasta de la atención. Prestar atención es la clave de la felicidad. No me gusta la palabra *felicidad*, prefiero decir *alegría*. Reescribo: prestar atención es la clave para vivir con alegría. Si ahora le escribiese una carta a Emilio con todas las cosas que debería aprender de mí, la más importante sería esa, prestar atención.

La expresión *prestar atención* es curiosa porque usa un verbo que suele asociarse al acto de ceder de forma temporal algo que poseemos a otro (dinero, un libro, un objeto), y, en cambio, aquí se aplica a algo tan abstracto y subjetivo como la atención. Prestar atención significa dirigir de manera voluntaria la percepción o el pensamiento hacia algo. Se usa para indicar una actitud activa de observación, escucha o concentración. Lo interesante es que esta construcción personifica la atención como si fuera un bien o un recurso que uno posee y puede ceder a alguien o a algo. Etimológicamente, el verbo *prestar* viene del latín *praestāre*, que significa 'estar delante de', 'estar disponible', 'ofrecer', 'entregar', y también 'garantizar', 'responder por algo'. De hecho, *praestāre* está formado por *prae-*, que significa 'delante', y *-stāre*, que significa 'estar, permanecer'. Es decir, prestar algo era, en origen, ponerse a disposición de otro, exponerse o entregarse a una necesidad ajena.

Cuando se presta atención, estamos, en cierto modo, poniendo la atención a disposición de algo, ofreciéndola, entregándola, como quien ofrece un bien temporal. Este uso es metafórico, aunque tiene una carga de sentido muy rica: implica que la atención es algo valioso, escaso, que se puede dar o retener; implica también un cierto compromiso activo, no pasivo (te la doy, pero no para siempre, y puedo retirarla), y, en un sentido más hondo, prestar atención es ceder un pedazo de nuestro tiempo mental a otra cosa.

La expresión *prestar atención* se vuelve todavía más interesante cuando la atención se la prestamos a algo y no a otra persona. Por ejemplo, le presto atención a la arquitectura de un edificio, a una obra de arte, al estado de oxidación de un somier que cerca el campo o a la geometría de un grano de sal. En estos casos no hay un otro que reciba la atención como un préstamo, pero sí hay una entrega por parte del sujeto. Se da atención como acto de generosidad perceptiva o cognitiva. Se «presta» atención como se presta cuidado o presencia. Aquí la metáfora cambia: prestar ya no significa dárselo a alguien que lo usará, sino entregarse uno mismo a mirar, a observar, a detenerse. Es un acto de exposición voluntaria al mundo.

Ser química es también un modo de prestar atención. *Ser* química, con énfasis en el verbo ser. Porque uno puede haber estudiado química, pero eso no es lo mismo que *ser* química. Ser química es un estilo de vida, una forma profundamente atenta de vivir. Porque en un grano de sal yo veo átomos de sodio que han cedido un electrón a átomos de cloro y han formado un catión de sodio y un anión de cloro que establecen entre sí un enlace fuerte, una atracción electrostática entre iones de carga opuesta que los mantiene unidos. Veo que ese enlace requiere de una estructura, que es una estructura cristalina, es decir, que sigue un orden concreto, de forma inevitable. Los iones se organizan en un patrón tridimensional cúbico muy ordenado, llamado *red cúbica centrada en las caras* o *estructura tipo halita*. En esta red, cada ion de sodio está rodeado por seis iones de cloro, y cada ion de cloro está rodeado por seis iones de sodio en posiciones alternas. Y es formidable poder ver todo eso en un grano de sal, verlo siempre y sin remedio. Toda esa belleza está a la vista con total claridad para los que somos químicos.

Cuando a la atención se le suma el conocimiento, el resultado es el asombro. Por eso, el asombro es la cota más elevada del conocimiento. Esa elevación nace de prestar atención. La química es, en sí misma, una forma de conocimiento que requiere de atención. Requiere de atención porque implica una mirada atómica, que indaga en el detalle infinitesimal de las cosas. Sobre todo, de las cosas en las que se intuye lo divino, que son las cosas corrientes, lo cotidiano. La química ilumina lo asombroso de una vida corriente. Esa es, tal vez, la frase que mejor resume esta idea. Y también encierra una pequeña paradoja etimológica. La palabra *asombro* tiene su origen en el latín, en la combinación de dos preposiciones y un sustantivo (*ab, sub* y *umbra*), lo que en conjunto significaría 'desde debajo de las sombras'. Según esta visión del concepto, la emoción del asombro tendría lugar cuando algo «ha salido de las sombras», es decir, se ha revelado tal cual es. Si unimos la etimología a la primera definición del diccionario («gran admiración o extrañeza»), se llega a la conclusión de que el asombro es una gran admiración o extrañeza causada por algo que estaba en la sombra y ha salido de ella, es decir, que se ha mostrado a la luz, que capta nuestra atención. Por eso, «iluminar lo asombroso» es un juego de palabras entre la luz y la sombra. La química, con su forma precisa, rigurosa y serena de mirar el mundo, mantiene encendido el asombro. No pretende quitarle misterio a lo cotidiano, sino mostrar que lo misterioso está justo ahí. El asombro es percatarse de que había algo arrebatador y nuevo en aquello que creíamos familiar. La luz de la química revela la belleza y la verdad que late en lo corriente, desde una flor silvestre hasta una vajilla heredada. La química ilumina lo invisible, lo oculto, descubre lo extraordinario en lo ordinario.

No digo que Emilio deba ser químico para vivir con alegría, sino que sea lo que quiera ser, pero que *sea*. Lo que es lo mismo que decirle: «Presta atención».

Le aconsejaría otras muchas cosas, aunque todas son en el fondo la misma. Le diría que cultivase los afectos (o, lo que es lo mismo, que tenga una familia). Que siempre tenga en consideración a su padre, porque probablemente sea la persona más buena, sabia y diligente que conoce. Que pasee mucho, porque pasear es pensar. Que pasee como si cada calle albergase la riqueza de un país entero. Que proteja su barrio. Que no se drogue nunca. Que sea amable siempre, en cualquier circunstancia. Que alargue las sobremesas. Que escuche las disertaciones de su tío Christian, porque sabrá señalarle hacia dónde debe mirar. Que escriba, porque escribir es el mejor método para pensar fuerte y bien. Que para hacer hay que saber, para saborear hay que saber, para saber hay que mirar y para mirar hay que pisar.

33

no cuesta ver la frondosidad
y sus gentes
cada una con su telar de humo
escurriéndose entre los entresijos de su procedencia

hacer de cada vida un sentido de la vida
no cuesta saborear

ni salvar las impertinencias
como el sutil encanto que son

vivir para vivirse de vidas
absorbiendo el néctar
de vivir fuera de uno también

pasa el tiempo y solo queda la memoria
de las vidas muertas volviendo a describirse
de las vidas vivas que ya no son
y solo queda la memoria
donde cada losa forma un suelo de losas
donde cada persona forma un suelo de personas

los recuerdos se olvidan más fácilmente
si se olvidan a solas
pues las huellas que jamás se han compartido
no quedarán

34

Era sábado por la noche y caía una lluvia del demonio. Me había vuelto a reunir con un amigo de la adolescencia al que hacía años que no veía. Íbamos en coche de camino a un pub con sus amigos. Aparcamos cerca, casi en la puerta, y decidimos esperar a que escampase para salir. Uno de ellos sacó del bolsillo de la chaqueta una bolsa con cierre zip llena de polvo blanco. Era la primera vez que veía cocaína en la vida real. Empezaron a debatir sobre dónde preparar las rayas, si en la guantera o sobre una revista. Eligieron la revista para que también pudiesen esnifar los que estaban sentados en la parte de atrás. La situación me estaba agobiando. Sentí un enfado tan furioso, una rabia tan roja y profunda, que solo quería gritar y largarme de allí con mi amigo. Pero él estaba encantado con la situación, esperaba su dosis. La decepción que sentí me sobrevino en forma de náuseas. Se me acumuló un latido intenso en la cabeza. Empecé a forcejear para salir del coche, a gritar que me dejasen salir, a llorar. Me costaba respirar, pensar. Salí de allí corriendo, bajo la lluvia demoniaca que lo mojaba todo aquella noche. Me fui hacia cualquier otra parte.

El asco y la repulsa fueron aminorando de forma directamente proporcional a la distancia que tomaba del coche. Llegué a casa empapada. Mi madre estaba viendo la televisión en el salón. En cuanto me miró, puso una mueca porque me notó alterada. Rompí a llorar y le expliqué a trompicones lo que me ocurría, todo entremezclado con un discurso airado contra la droga, contra quienes, con toda la información que tienen sobre las drogas, las consumen como parte del recreo. Malditos desagradecidos. No lograba entender cómo alguien con toda la información, con una vida estructurada y normal, con posibles (y, por tanto, con libertad), elije tan mal. Es una muestra de ingratitud hacia la vida, hacia sus familias, hacia todas las personas a las que quieren y a las que están dispuestos a predisponer a la ruina.

Mi aversión a las drogas comenzó a gestarse muy pronto, por suerte. Mis padres me contaban que la heroína se había llevado por delante a muchos de sus amigos, a personas reales que aparecían sonrientes en sus fotos en blanco y negro. Mis padres lo contaban desde el miedo y la tristeza, aunque también desde la distancia. Ellos no entendían los entresijos de una adicción porque no la habían vivido en sus carnes. Pero existían descripciones muy precisas e inmundas sobre cómo se consume cada droga, sus efectos y los efectos devastadores de la privación (el «mono»). Esas descripciones las tenía en casa, en una pequeña colección de libros de la biblioteca de mi madre que, estratégicamente, había colocado a mi alcance. Eran libros «basados en hechos reales». Ese eslogan despertó mi curiosidad, así que los leí uno tras otro: *Las cuatro liberta-*

des de Ana B.; Cartas de un padre a una hija que se droga; Sara T, relato de una joven alcohólica; Adriana, y un largo etcétera que culminó con el libro de Christiane F., *Hijos de la droga*. En su portada aparecía una chica que se preparaba una dosis de heroína calentándola sobre una cuchara con una vela. Qué grima me daba esa imagen. El libro es aún más minucioso. Recuerdo los temblores y las fiebres como si yo misma los hubiese padecido. Leí esos libros cuando tenía once o doce años. Lo recuerdo porque llevé uno al club de lectura que teníamos en sexto de EGB, el de Ingeborg Bayer, protegido con un forro de PVC y con una etiqueta identificativa con flores amarillas: Deborah García Bello, n.º 29, 6.º EGB-A.

Todo el desorden y la suciedad que dejaban a su paso esas vidas maltrechas, esas historias basadas en hechos reales me convirtieron en una niña (y también en una adulta) con tanto terror como conocimiento sobre el consumo de drogas. Hubo un tiempo en el que intenté abrazar el discurso de la tolerancia y la empatía, pero hay casos sin excusa. El de mi amigo era uno de ellos. Consumía por puro entretenimiento, sin excusa social ni económica ni de ningún tipo. Solo irresponsabilidad, solo ingratitud. El monstruo que liberan las drogas a veces habita en la sociedad, pero otras veces habita en uno mismo.

Hay algo frío y vacío detrás de la sonrisa de una persona que se droga. Así lo describe Marilyn Manson en el primer verso de *Coma White* de 1998. Una canción que termina así: *All the drugs in this world won't save her from herself* [Todas las drogas de este mundo no la salvarán de sí misma].

La mayoría de las drogas no fueron concebidas como drogas, sino como medicamentos: para salvar, no para destruir. Su uso recreativo se descubrió por casualidad, y se popularizó, casi siempre, por evasión.

La heroína fue creada en 1874 por el químico Charles Romley Alder Wright, aunque fue la farmacéutica Bayer la que, años después, la sintetizó de nuevo y la comercializó con el nombre de Heroin®. Su intención era noble: sustituir la morfina por una sustancia que no generase adicción. La morfina, derivada del opio, se había convertido en una solución eficaz contra el dolor, pero también en un problema de salud pública. Bayer buscaba un analgésico que mantuviese la potencia de la morfina sin sus riesgos. Y así nació la heroína.

Desde el punto de vista químico, la diferencia entre la morfina y la heroína es sutil. La heroína (diacetilmorfina) es la versión acetilada de la morfina: en su estructura química se añaden dos grupos acetilo ($-COCH_3$) en las posiciones hidroxilo de la morfina. Este pequeño cambio aumenta la lipofilia de la molécula, es decir, su capacidad de disolverse en las grasas. Como consecuencia, atraviesa la barrera hematoencefálica del cerebro mucho más rápido que la morfina y provoca una sensación de placer intensa y casi inmediata. Esta modificación estructural mínima genera un cambio radical en su efecto biológico: la heroína es más potente, más rápida y, por tanto, mucho más adictiva.

Lo que se pensó como un avance médico terminó por convertirse en una de las drogas más destructivas del siglo xx. Una sustancia diseñada para salvar se convirtió en una causa de muerte; y lo hizo porque su eficacia superó las previsiones de quienes la diseñaron.

El caso del MDMA (3,4-metilendioximetanfetamina) también fue paradójico. Esta sustancia fue sintetizada por primera vez en 1912 por la empresa Merck no como droga recreativa ni como fármaco psicotrópico, sino como intermedio químico en la fabricación de medicamentos para controlar el sangrado. Merck buscaba derivados de la hidrastinona, un alcaloide vegetal usado para tratar hemorragias uterinas. Aunque nunca se usó clínicamente con ese fin, la lógica química detrás del MDMA en este contexto estaba relacionada con su estructura simpaticomimética, lo que significa que podría haber influido en el sistema nervioso simpático, provocando vasoconstricción y, por tanto, ayudando a detener hemorragias.

Décadas más tarde, el MDMA fue redescubierto por el químico

y farmacólogo Alexander Shulgin, quien experimentó con él y compartió sus hallazgos con psicoterapeutas. En los años setenta y principios de los ochenta, se usó de forma experimental en terapia psicológica, especialmente en terapia de pareja y de traumas. Sus efectos de empatía, apertura emocional y reducción del miedo lo convertían en un aliado valioso en el tratamiento del estrés postraumático o los bloqueos emocionales.

Sin embargo, cuando esta sustancia saltó del diván a la discoteca, la historia dio otro giro. El MDMA fue rebautizado como «éxtasis» y adoptado en el entorno de las fiestas *rave* por sus efectos de euforia, energía y conexión emocional. Su uso descontrolado y su rápida difusión alarmaron a las autoridades sanitarias, que lo prohibieron antes de que pudiera culminar ningún ensayo clínico sólido. La censura científica fue inmediata y el MDMA pasó a la lista de sustancias prohibidas sin un proceso riguroso de evaluación médica.

Esa censura está comenzando a revertirse. En la actualidad, el MDMA está siendo evaluado en ensayos clínicos avanzados para el tratamiento del trastorno de estrés postraumático. Se espera que algún día se apruebe como fármaco en contextos muy controlados. Lo que en su momento fue marginado por su uso festivo, hoy se recupera como un medicamento con base científica y supervisión ética. Otra vez, la misma molécula puede curar o destruir, y es la intención de su uso lo que marca la diferencia.

La historia del LSD (dietilamida del ácido lisérgico) es probablemente la más simbólica. Fue sintetizado en 1938 por el químico Albert Hofmann, mientras trabajaba para la farmacéutica Sandoz. El objetivo era desarrollar derivados del cornezuelo del centeno, un hongo que contiene alcaloides activos sobre el sistema circulatorio. Durante años, el LSD permaneció en el olvido, hasta que Hofmann lo manipuló de nuevo en 1943 y absorbió una minúscula cantidad por accidente. Poco después, decidió tomarlo de forma voluntaria para estudiar sus efectos. El resultado fue un viaje mental que alteró para siempre la historia de la neurociencia y la cultura.

La primera experiencia deliberada con LSD ocurrió el 19 de abril de 1943, jornada que se recuerda como «el día del bicicletazo», porque Hofmann regresó a casa en bicicleta mientras experimentaba intensas alucinaciones. El LSD pronto fue investigado como potencial herramienta terapéutica y se llevaron a cabo estudios sobre su uso en adicciones, depresión y trastornos de la personalidad. Entre los años cincuenta y sesenta, se publicaron más de mil estudios científicos sobre sus posibles aplicaciones psiquiátricas.

Pero también fue adoptado por el movimiento contracultural, sobre todo por los *hippies* y los grupos antisistema, y esto acabó provocando una reacción social y política. El LSD se asoció al descontrol, a la ruptura de normas y a la pérdida de autoridad institucional. En 1966, su uso fue prohibido en Estados Unidos y, poco después, en la mayoría de los países. Con su prohibición, también se cancelaron líneas de investigación científica.

A principios del siglo XXI resurgió el interés por los psicodélicos como herramientas terapéuticas, como el LSD o la psilocibina. Hoy en día, hay estudios serios que analizan su uso controlado para tratar depresión resistente, ansiedad en pacientes terminales o adicciones. Una sustancia descubierta casi por accidente, que arruinó la vida de tantas personas, podría esconder algo valioso que solo se revelará si se mantiene una actitud crítica y ética.

Estas historias de la química y las drogas siguen un patrón: el conocimiento químico es neutro, pero su aplicación no es inocente. Una molécula no es buena ni mala. Sin embargo, puede convertirse en salvación o en condena.

Conocer estas historias sirve para comprender su origen y advertir sobre sus consecuencias. No hay mayor disuasión que conocer de verdad qué son, átomo a átomo, cómo alteran el organismo y, sobre todo, cómo desfiguran el mundo incluso cuando no estaban destinadas a hacerlo. La química no fabrica monstruos. Aunque puede dar las herramientas para que algunos liberen el monstruo que llevan dentro.

35

Si no se escribe, perece
esta pizca de tarde en la que me retuve en mis diecinueve años.
Luz de tarde que me desmelena ante la ventana
magreando la imagen que quería de ti.
Nunca quise conocerte demasiado
para que fueses cierto y póstumo
otro anhelo del incendio adolescente
perdido entre tardes perdidas de estudio a cobijo del sol
a cobijo de la vida, a la espera.
Las tardes mirando por la ventana, fantaseando
han sido recuerdos fantásticos
de mí, y de todos ellos y ellas
tan blancos y tan corruptos
con tanta vida por destruir, maquillar, impedir.
Cuando no estaba con ellos
quería estar sola para pensar en ellos.
Imaginaba anécdotas mejores, mejores desenlaces
más indomable, más lista, más guapa,
más necesaria.
Si no lo escribo, perezco.

36

Sé amable siempre, en cualquier circunstancia. Cuando alguien es grosero contigo, si le respondes con amabilidad, lo desarmas. Además, en un contexto social la amabilidad hace que su grosería se note más y lo deja en evidencia. Y, si la grosería tiene un origen de dolor (porque nunca sabes por lo que está pasando el otro), la amabilidad es como un abrazo de comprensión. Pero la amabilidad va más allá de cómo afrontar un conflicto entre personas; la amabilidad es la forma más sencilla de mostrar que, entre el bien y el mal, tenemos la libertad de elegir el bien. Hacer el bien es la forma más humana de libertad.

Se entiende que alguien es amable cuando actúa con benevolencia, cuando es elegante y cortés, cuando es educado. La amabilidad tiene su raíz en el amor. Como la propia palabra sugiere, amable es alguien a quien amar. La etimología de *amabilidad* se remonta al latín, combinando el verbo *amare* ('amar') con el sufijo *-bilis* ('digno de' o 'que puede ser') para formar el sustantivo *amabilis*, que significa 'digno de ser amado'. A esto se le añade el sufijo de sustantivo *-dad*, que indica 'cualidad'. Por tanto, *amabilidad* es la 'cualidad de ser amable', es decir, la cualidad de ser digno de amor.

Ningún hecho científico ni ninguna ley natural son intrínsecamente malos o inmorales. La verdad no tiene un carácter moral. Algo es verdadero o falso con independencia de si con él se puede hacer algo bueno o malo. La amabilidad, el ser digno de amor, es válido para el ejercicio de la ciencia en su dimensión humana: el propósito del hallazgo es lo que se puede juzgar desde la moralidad, pero no el hallazgo en sí.

Cuando el químico Frederick Guthrie obtuvo por primera vez el gas mostaza en 1860, su trabajo se enmarcaba en la investigación básica en química orgánica; concretamente, en el estudio de compuestos organosulfurados. En esa época no existía todavía el concepto de *guerra química* tal como lo entendemos hoy, y los usos militares de los compuestos químicos no formaban parte del horizonte científico habitual. Guthrie, además, describió que la sustancia tenía un olor penetrante y producía ampollas en la piel, lo cual documentó como una propiedad química notable, aunque sin vinculación bélica. El uso como arma llegó mucho más tarde, durante la Primera Guerra Mundial (a partir de 1917), cuando la industria química alemana desarrolló el gas mostaza (iperita) como agente vesicante (formador de ampollas) con fines militares. No solo causaba quemaduras químicas internas y externas, sino que también producía ceguera temporal y graves lesiones pulmonares. A diferencia de otras armas, no mataba de forma inmediata, sino que generaba un sufrimiento prolongado e incapacitante. Su uso fue considerado una violación de la ética médica y humanitaria; y su impacto fue tan devastador que acabó impulsando la firma del Protocolo de Ginebra de 1925, que prohibía el uso de armas químicas. Lo más paradójico es que, décadas más tarde, derivados del gas mostaza se convirtieron en la base de algunos de los primeros tratamientos de quimioterapia para el cáncer, ya que su capacidad para interferir con la división celular resultó útil contra células tumorales. Esto muestra cómo un hallazgo químico puede tener usos terapéuticos o destructivos, morales o inmorales. Frederick Guthrie hizo público el descubrimiento de un hecho verdadero. Es un acto en sí mismo bueno, porque su propósito era contribuir al conocimiento.

Otro de los episodios más paradójicos de la historia de la química lo protagonizó Fritz Haber. Este químico alemán recibió el Premio Nobel en 1918 por haber desarrollado, junto con Carl Bosch, el proceso Haber-Bosch que permite sintetizar amoníaco a partir de nitrógeno e hidrógeno. Esta reacción, que en su momento fue un hito sin precedentes, se convirtió en el cimiento de la agricultura moderna. Gracias a ella se pudieron fabricar fertilizantes nitrogenados en cantidades industriales, lo que aumentó exponencialmente el rendimiento de los cultivos y permitió alimentar a una población mundial creciente. Se estima que la mitad del nitrógeno presente hoy en nuestros cuerpos procede de ese proceso, lo que da una idea de su alcance. Sin embargo, la misma reacción que salvó millones de vidas también sirvió para sostener una de las guerras más cruentas de la historia. El amoníaco es, asimismo, precursor de explosivos (nitratos y nitroglicerina) y Haber dirigió el programa alemán de armamento químico durante la Primera Guerra Mundial. Fue responsable directo del uso de gases tóxicos como el cloro y el fosgeno en el frente de batalla. Su implicación fue tal que su esposa, la también química Clara Immerwahr, se suicidó tras un acto oficial en el que Haber fue homenajeado por su labor bélica. El gesto de Clara fue una protesta extrema contra la perversión de la ciencia. Haber, sin embargo, no se detuvo. La misma mente brillante que ayudó a alimentar al mundo contribuyó también a su devastación. Y no deja de ser irónico que décadas después, en los campos de exterminio del nazismo, se utilizaran pesticidas a base de cianuro desarrollados a partir de tecnologías iniciadas por su equipo. Haber era judío y tuvo que huir de Alemania. La ciencia, que en su caso había sido una vocación absoluta, lo llevó a la cima y al abismo.

Otro caso aún más conocido es el de la bomba atómica. En los años treinta y cuarenta del siglo xx, algunos de los físicos más brillantes del mundo se vieron envueltos en el desarrollo de un arma que cambiaría la historia. Entre ellos, Albert Einstein, cuyo nombre ha quedado asociado para siempre a la ecuación más famosa de la física ($E = mc^2$). Aunque Einstein no participó directamente en el Proyecto Manhattan, fue su carta al presidente Roosevelt la que advirtió del peligro de que la Alemania nazi desarrollase una bomba nuclear antes que los aliados. Esa carta, escrita junto con el físico Leo Szilard, fue el primer paso para la creación del laboratorio de Los Álamos, donde Robert Oppenheimer dirigió el proyecto que culminaría con el lanzamiento de las bombas sobre Hiroshima y Nagasaki. Oppenheimer, formado en literatura sánscrita y gran lector de los clásicos, pronunció una frase que se ha vuelto célebre: «Ahora me he convertido en la muerte, el destructor de mundos», citando el Bhagavad-gītā tras presenciar la primera explosión nuclear en el desierto de Nuevo México. No hay en esta frase una glorificación del poder, sino un reconocimiento trágico de lo irreversible. La bomba atómica puso de manifiesto, de forma brutal, que la ciencia no puede escindirse de la ética. Por muy neutral que sea la investigación básica, sus aplicaciones dependen siempre de elecciones humanas.

Pero incluso de aquella devastación surgieron aprendizajes científicos que hoy nos benefician. El estudio profundo de la fisión nuclear impulsó el desarrollo de la generación eléctrica libre de emisiones de CO_2 y abrió el camino a la medicina nuclear, un campo que hoy salva millones de vidas mediante técnicas como la tomografía por emisión de positrones o la radioterapia para el tratamiento de tumores. También la datación por carbono 14, que revolucionó la arqueología y la paleontología, así como la utilización de isótopos radiactivos en agricultura y medio ambiente.

Tanto en el caso de Guthrie como el de Haber o el de Oppenheimer, la ciencia fue una herramienta ambivalente: capaz de mejorar radicalmente las condiciones de vida, pero también de facilitar la destrucción más eficiente y sistemática jamás concebida. No fueron los átomos los que eligieron hacia dónde dirigirse; fueron los hombres.

Los átomos carecen de voluntad. No tienen capacidad de elección. Siguen las leyes naturales. La ciencia es la que procura descifrar esas leyes, ampliar el conocimiento sobre cómo unos átomos se combinan con otros, se escinden o se fusionan entre sí. La ciencia solo es moral en el sentido de que procura proporcionar conocimientos verdaderos. Sin embargo, de todo nuevo conocimiento nace un árbol del bien y del mal. Por eso, la amabilidad consiste en elegir el fruto digno de amor.

37

$K_2Cr_2O_7$

¿Has visto la pizarra de la clase de Física de Maricarmen? No, ¿por qué? Porque el sistema de vectores está mal dibujado. Lo habrá hecho algún alumno. No, está claro que es la letra de Maricarmen. ¿Cómo es posible que una persona con formación en arquitectura no sepa representar un sistema de fuerzas de tercer curso de educación secundaria? No lo sé, pero tenemos un problema. Lo hablaremos con ella. Yo llevo trabajando en el colegio poco más de tres años, así que Vicente se encargó de hacerlo, porque la conoce mucho más.

En efecto, Maricarmen no estaba resolviendo correctamente los problemas de Física; Vicente le enseñaría a hacerlo durante los recreos. A mí me parecía una situación surrealista tener que dar clase a quien va a enseñar algo tan elemental. Estaba claro que volvería a meter la pata tarde o temprano, por lo que tendríamos que estar alerta para que no cometiese un error difícil de reparar. La educación de los alumnos está por encima de la camaradería entre profesores. Además, un mes después Maricarmen empezaría a explicar el temario de Química de secundaria. Si había olvidado la física, imagínate la química. Ella daba clase en el grupo A y yo en el grupo B. Era la profesora de Dibujo Técnico del colegio, pero ese año aumentó su jornada laboral y le dieron la Física y la Química. Al parecer, por su formación estaba acreditada para ello. Obviamente, no estaba preparada, pero el sistema educativo lo permitía.

Una mañana coincidimos en la sala de profesores. Ella estaba revisando el temario de Química para la clase que le tocaba. Me preguntó cómo se formulaba el dicromato potásico. Me quedé ojiplática. El dicromato potásico es un compuesto tan común en química que cualquier profesor lo formula sin pensarlo. Tomé una libreta y un bolígrafo y le fui explicando la formulación del dicromato. Era evidente que no se acordaba de nada. No se sabía las valencias de los elementos químicos con soltura, no recordaba que el sufijo -ato se corresponde con la sal del ácido respectivo de sufijo -ico. Le dije que la regla mnemotécnica que usaba con los niños era «El pato tiene pico y el oso tiene pito» para recordarles que las sales terminadas en -ato vienen del ácido terminado en -ico y las sales terminadas en -ito vienen del ácido terminado en -oso. Tampoco entendía que una sal viniese de un ácido, que fuese algo tan sencillo como intercambiar los hidrógenos del ácido por un metal.

Son cosas de formulación que se aprenden de carrerilla en secundaria, sin entender de dónde salen, y así vamos de cultura científica general. Eso pasa por empezar la casa por el tejado. No tiene sentido enseñar a unos niños a formular, sin saber qué significa nada, algo que para ellos es como resolver un crucigrama con unas reglas extrañas. Es normal que lo olviden, porque no tiene ningún sentido para ellos. Solo los que eligen cursar la asignatura de Química en el Bachillerato (que ya no forma parte de la educación obligatoria) lograrán, con suerte, entender de dónde salía todo ese galimatías de la formulación. Independientemente del descalabro de cómo está organizada la asignatura de Química en el sistema educativo, un profesor debería saber que esas cosas no se pueden aprender en un par de recreos ni en los ratos libres en la sala de profesores. Así que Maricarmen iba a explicar a sus alumnos algo que ni ella misma entendía.

Luego nos echamos las manos a la cabeza cuando se publican los datos de cultura científica. Los informes PISA elaborados en España (PISA es la sigla de Programme for International Student Assessment, un programa de la OCDE que se aplica cada tres años y cuyo objetivo es medir el nivel que tienen los estudiantes de quince años para aplicar lo que saben de lectura, matemáticas y ciencias en situaciones reales de la vida cotidiana) muestran una tendencia de deterioro desde 2000; y han alcanzado el peor resultado histórico en 2022. No es que los alumnos sean unos ignorantes, es que el sistema no promueve que muchos lleguen a pensar científicamente con profundidad. En las encuestas de cultura científica llevadas a cabo a adultos españoles, la mitad reconocen que no entienden las noticias de ciencias, tres de cada diez personas no tienen claro que es la Tierra la que gira alrededor del Sol, que la especie humana es fruto de la evolución de otras especies o que comer una fruta modificada genéticamente no va a alterar nuestro ADN.[12] Siete de cada diez personas no entienden la influencia de los gases de efecto invernadero en el cambio climático, ni que los antibióticos no sirven para tratar infecciones víricas, ni saben algo tan elemental como qué es ni para qué sirve el número π. Son contenidos que forman parte de la educación obligatoria y que en un país democrático toda la población debería atesorar. Facilitar o limitar el acceso al conocimiento científico básico es una cuestión profundamente democrática, porque condiciona la capacidad real de la ciudadanía para comprender los problemas colectivos, evaluar propuestas políticas y participar de forma informada en la toma de decisiones. Sin embargo, si quienes deben transmitir esos conocimientos carecen de ellos, es imposible que la situación mejore. El problema no es una Maricarmen, porque incompetentes hay en todos los sectores. El problema es que el sistema no procure detectar a las Maricármenes y que, de hacerlo, siga aceptando que ejerzan.

La situación me producía escalofríos. Permitir que Maricarmen enseñase ciencias atentaba contra mis principios. La educación es sagrada. Y a esa señora solo le importaba salir del paso. Yo no sabía qué hacer, pero sí sabía qué no me estaba permitido hacer. No podía comentarlo con dirección porque Maricarmen y la directora eran grandes amigas desde la infancia. Y yo llevaba poco tiempo trabajando allí. Vicente, que tenía mucha más trayectoria que yo en ese colegio, tampoco se atrevía a denunciar la situación. «Antes nos echan a los dos del trabajo que reconocer que Maricarmen no puede dar esas asignaturas», me dijo. Como yo no era capaz de pasar aquello por alto, lo abordé de la forma más amable posible: decidí enseñar Química a Maricarmen. Le propuse quedar con ella en los ratos libres. Sabía que era como intentar contener una hemorragia con una tirita. No sirvió de nada porque nunca llegamos, ni Vicente ni yo, a convencerla de asistir a nuestras clases.

Para mi sorpresa, otra compañera, la profesora de Biología que ese año daba por primera vez una asignatura de Química, también vino a pedirme ayuda al laboratorio. Tenía que llevar a los alumnos a preparar unas disoluciones de sal en agua. Algo muy sencillo, pero que requería entender qué es la concentración de una disolución y saber convertir unidades de moles por litro en gramos por litro. Me preguntó cuál era la diferencia entre concentración y densidad, dado que ambas se pueden medir en gramos por litro. Un oído me empezó a silbar como si el cerebro me hubiese estallado. La concentración se refiere a cuántos gramos de sal hay que disolver en un litro de agua, mientras que la densidad se refiere a cuántos gramos pesa un litro de esa disolución. Son magnitudes totalmente diferentes. Es una duda que nunca me había planteado ningún alumno. Supongo que una confusión tan extraña solo puede surgir cuando intentas abarcar muchos conocimientos en un plazo demasiado corto. Se lo expliqué sobre el papel. Noté que no lo entendía. Se lo expliqué preparando yo misma una disolución de sal en agua de 35 g/L, que es la concentración media del agua de mar: pesé 35 g de sal en una balanza, los disolví con agua en un vaso de precipitados, vertí la disolución en un matraz aforado de un litro y lo rellené con agua hasta el aforo. En ese matraz había exactamente 35 g de sal disueltos en un litro. Luego pesé la disolución para explicarle el concepto de densidad: encendí la balanza, coloqué un matraz encima, taré la balanza para que se pusiese a cero y vertí el litro de disolución en el matraz. La balanza marcaba 1.025 g, por lo que la densidad de aquella disolución era 1.025 g/L. Lo entendió. Apuntó todos los pasos en una libreta y me dijo que lo haría igual con sus alumnos en la próxima clase. Le contesté que no podía hacer eso; que, en lugar de enseñarles, los iba a confundir. «No puedes explicar en la misma clase los conceptos de densidad y de concentración, porque les vas a generar un malentendido que nunca se da. Los alumnos no suelen mezclar estos conceptos porque se explican aisladamente, de forma que, cuando confluyen, suelen tener clara la diferencia. Así que no lo expliques así. Guárdate esta explicación por si en un futuro tienes un alumno que plantee la misma confusión que tú has tenido, pero te aseguro, por experiencia, que, si sigues un orden lógico del temario, ninguno se equivocará con eso». No me hizo caso. Lo sé porque, en un examen que tuvimos que redactar entre las dos, ella propuso una pregunta en la que se planteaba la confusión entre densidad y concentración. Maldita sea. No solo carecía de los conocimientos mínimos para impartir esa asignatura; es que, además, estaba cometiendo un error pedagógico elemental.

Todo esto, lo de Maricarmen y lo de la bióloga, sucedió al mismo tiempo. Fueron unas semanas en las que aquel dilema ético me quitaba el sueño. «La educación es sagrada», me repetía. Pero no sabía qué hacer. Denuncié la situación en un foro de profesores de ciencias, sin dar ningún nombre y bajo seudónimo, a ver si alguien me daba algún consejo útil. La mayoría simplemente mostraron su profunda indignación. Cómo era posible que esas personas fuesen tan irresponsables y, más aún, que el centro escolar lo permitiese. Lo permitían porque supuse que no lo sabían. Me aconsejaron denunciarlo más arriba, en la Consellería de Educación. Aquel era un colegio concertado, así que tenía miedo de que me despidiesen si hacía algo así. Había antecedentes para pensar que eso es lo que ocurriría. Si lo denunciaba, estaba segura de que perdería el trabajo. Y no me lo podía permitir. El dilema de mantener mi trabajo o ser coherente con mis principios. No lo denuncié. Y fue un error.

Una mañana, Maricarmen y la bióloga vinieron a buscarme a la sala de profesores. Era la hora del recreo. ¿Podemos hablar un momento a solas? Sí, claro. Me llevaron a un aula de tercero y cerraron la puerta. ¿Qué has estado diciendo de nosotras en internet? Al principio no sabía a qué se referían. Maricarmen me enseñó unos folios. Ahí estaban las conversaciones del foro. Noté que ni siquiera entendían cómo funcionaba el foro, ni quién decía cada cosa. Les confirmé que era cierto que había denunciado la situación en el foro porque no sabía qué hacer; pero también les expliqué que no mencionaba ni sus nombres ni al centro escolar, así que no entendía cómo habían llegado hasta allí. Me dijeron que una alumna lo había visto, había atado cabos y las había informado. Obviamente, era mentira. No tenía ningún sentido.

La conversación con Maricarmen y la bióloga en el aula de tercero a puerta cerrada se fue acalorando. Me llamaron niñata. Me dijeron que la vida ya me pondría en mi sitio. Me dijeron que me preparase, que me iban a despedir. Que qué me creía, que no era la mejor profesora de ciencias del mundo. Les contesté que tal vez yo no era la mejor profesora de ciencias del mundo, pero sí era mejor profesora que ellas. Les dije que no respetaban la profesión. Les dije que la educación era sagrada. Las llamé sinvergüenzas. Saboreé cada sílaba de la palabra *sinvergüenzas*. Pronuncié esa palabra varias veces. Efectivamente, lo que les faltaba era vergüenza. También las llamé ignorantes, porque lo eran. Las llamé irresponsables. Las llamé muchas cosas ciertas, y también feas. No fui amable. Fui despiadada.

Aquella misma mañana descubrí que el equipo directivo conocía la situación. La jefa de estudios me abordó a la salida y me espetó: «Lo que has hecho es de despido procedente, pero voy a dejar que te vayas con cierta dignidad». El problema no era que hubiese dos profesoras haciendo mal su trabajo, sino que se supiese.

Ese mismo día, antes de salir del centro escolar, Vicente vino a hablar conmigo. Me dijo que Maricarmen era muy orgullosa y que jamás me perdonaría que la dejara en evidencia, pero que la bióloga era «un pedazo de pan». Me aconsejó que las llamara para disculparme, que era lo mejor para mí y para mi carrera profesional. Me dijo que, si no lo hacía, aquello me perseguiría, que no podría trabajar en otro centro de la ciudad.

Nunca me disculpé. Aquello me afectó durante mucho tiempo y de diferentes maneras. Perdí la confianza en el sistema educativo. Las inspecciones no servían para nada. Cualquier incompetente podía ejercer. Las inspecciones educativas se limitaban a cargarnos de tareas burocráticas que, al parecer, servían para confirmar que cumplíamos con la programación o que corregíamos los exámenes según un baremo. Las inspecciones no evaluaban la calidad de la enseñanza ni la competencia del profesor. Era el monstruo de la burocracia alimentándose a sí mismo. Nada de lo importante, de lo que de verdad garantiza la educación de calidad de los alumnos, se estaba auditando. Era la primera vez que trabajaba en un centro escolar. Para mí fue como un sueño hecho realidad. Había logrado ser profesora, que es una de las profesiones más valiosas del mundo. Creía que estaría rodeada de compañeros tan implicados como yo. Que formaría parte de un sistema íntegro, virtuoso. Y me encontré con una realidad muy alejada de lo sagrado.

En muy poco tiempo volví a trabajar en otros centros escolares de la ciudad. Aquello nunca me persiguió; de hecho, me imagino que, por proteger su imagen, eligieron silenciarlo. No hay forma de explicar esta historia con cierta gracia y verosimilitud sin mencionar el dicromato potásico.

Años después, cuando yo ya trabajaba en medios de comunicación y había recibido un premio importante por ello, publicaron una nota en las redes sociales del centro escolar para alardear de que la «famosa divulgadora» había sido profesora allí.

La historia del dicromato potásico esconde para mí una irónica moraleja. Me explico. El dicromato potásico es un agente oxidante fuerte, sobre todo en medio ácido. Se puede usar para cuantificar el hierro en un análisis. Es capaz de transformar alcoholes en ácidos o en cetonas, por lo que sirve para hacer test de alcoholemia, ya que cambia de color naranja a verde en presencia de alcohol. Antes se usaba mezclado con ácido sulfúrico como «mezcla de limpieza cromada», por su poder desengrasante. Se utilizaba para fabricar pigmentos naranjas, para el curtido de pieles, en emulsiones fotosensibles para fotograbado y litografía y en síntesis química industrial en general. Debido a su peligrosidad para la salud y el medio ambiente (está catalogado como agente mutágeno y carcinógeno), el uso del dicromato potásico está hoy fuertemente regulado y restringido en muchos países (incluyendo la Unión Europea, bajo el reglamento REACH). La molécula que Maricarmen no sabía formular acabó en desuso por su toxicidad. Hay algo de justicia poética en eso. Profesoras como Maricarmen, o como la bióloga, sí que deberían declararse sustancias tóxicas para el sistema educativo.

No sé si Maricarmen habrá aprendido formulación en todos estos años. Sí que sé que siguió ejerciendo y que, incluso, llegó a ser jefa de estudios. Es posible que ya esté jubilada. «Algún día lo contaré», pensé. Y no lo hago por Maricarmen, ni por la bióloga, ni por ese centro escolar, que en el fondo son solo una anécdota, sino por una causa de mayor envergadura: recuperar la sacralidad de la educación. Lo contaré cuando mi voz pueda llegar más lejos, lo suficientemente lejos como para albergar la esperanza de que sirva para que algo así no vuelva a suceder.

38

El enseñante

Esta circunstancia resguarda
el sentido vitalicio
de mi sueño originario:
formar parte del camino de aquellos
que nos recuerdan a nosotros.

He arrinconado la persecución de un destino, como individuo,
para pasear permanentemente
entre todos estos nuevos caminantes de destinos inconclusos,
procurando convertir sus piedras en cantos rodados,
con la certeza de que su composición es irremediablemente
igual que la de todos.

Su tiempo nos recuerda lo salvaje de nosotros
a pesar de estos pies que creen haber paseado más
y que, por ello, son dignos referentes.
Ellos asientan la tierra que hemos decidido recorrer;
la humanizan, la vivifican, la emocionan
regalándonos el sentido individual
más universalizable.

39

Se llamará Emilio porque ese es el nombre que mi abuela escogió para su propio hijo. Y, como yo soy para mi familia la reencarnación de Nía, también quiero que mi hijo se llame Emilio. Ese nombre está en la familia desde tan atrás que desconozco cuándo y por qué empezó. Sé que mi bisabuelo, el suegro de mi abuela Nía, se llamaba Emilio, y que de él se decía que era la persona más buena y amable del mundo. Además, en el primer colegio en el que trabajé tuve un alumno llamado Emilio, que era mi favorito. Los profesores tenemos alumnos favoritos, lo que no significa que los tratemos con favoritismo. Emilio era uno de los destacados. Listo, inteligente, amable, sensible, divertido, alto y guapo. El hijo platónico. También por eso se llamará Emilio.

La etimología del nombre no está del todo clara, pero, en todo caso, me encaja también. Emilio deriva del latín *Aemilius*, que suele interpretarse como 'el que busca sobresalir', derivado a su vez del adjetivo latino *aemulus*. Hay quien propone que parte de la raíz etrusca *aemilia* connota más bien 'el diligente' o 'el trabajador'. En el ámbito hispánico e italiano, el nombre llega con ese matiz de empeño, esfuerzo, y de estar llamado a ser alguien que no se conforma con el mero existir, sino que se proyecta hacia algo. Así que Emilio llevará el lema «Ten un propósito» grabado en su nombre.

Para mí, más importante que la etimología es la referencia al joven protagonista del tratado pedagógico de Rousseau, *Emilio* (también conocido como *De la educación*), publicado en 1762. En ese texto, Rousseau imagina la educación de un niño llamado Emilio al que guía un tutor hacia la preservación de su bondad innata frente a los efectos corruptores de la sociedad. En este libro aparece la famosa tesis de que «el hombre es bueno por naturaleza». El libro insiste en que el proceso educativo debe respetar esa bondad originaria antes de someterla al mundo.

El *Emilio* de Rousseau se considera el primer ensayo pedagógico publicado, pero no es un libro de pedagogía al uso, no se explican métodos de enseñanza concretos, sino que es más bien la descripción de un niño al que se le permite desarrollarse con libertad bajo la tutela de la naturaleza, de sus experiencias sensibles, de su descubrimiento del entorno, y que solo después llega a la sociedad, al trabajo, al juicio moral y al cultivo de las virtudes humanas.

Elegir este nombre para mi hijo es una llamada simbólica a que él conserve su bondad, su curiosidad, su libertad, y que no pierda de vista que la vida puede vivirse con alegría, en armonía con la naturaleza humana y con la verdad que nos habita.

Emilio será un recordatorio vivo de que la educación (en su sentido amplio de crecimiento humano) es un don y una responsabilidad, y de que el desarrollo de cada persona comienza en lo íntimo, en la bondad original, y con el tiempo debe desplegarse en lo social, en lo concreto, en lo cotidiano. Su nombre lo enmarca dentro de esa tradición de confianza en el ser humano, de apuesta por su potencial, de esperanza en lo que puede llegar a ser.

Así se lo explicamos Manu y yo a mis padres durante nuestra costumbre de «ir de vinos» los sábados. Ya hace una semana que siento a Emilio patalear dentro de mí, y tener hipo, así que cada día es más real y está más vivo. Primero les hablé del ensayo de Rousseau, pero no dije el nombre. Luego les conté lo de mi alumno favorito, aunque no recordaban cómo se llamaba. Y, al final, cerré la explicación contándoles que es el nombre que la abuela escogió para su propio hijo. Mi madre se puso a llorar de alegría (Emilio era el nombre de su hermano). Mi padre también. Siempre dice que la abuela fue su segunda madre; y es cierto, porque así se trataban el uno al otro. Lloraron por el vínculo familiar con ese nombre y no por toda la retahíla grandilocuente de filosofía y etimología. Aunque creo que, sobre todo, lloraron porque ponerle nombre a un nieto es hacer que exista de verdad.

Si algún día escribo un libro parecido a un diario de laboratorio vital, tendré que incluir esto. Porque el nombre de Emilio es un hilo simbólico que entrelaza los afectos, los apegos salvajes, con una idea de educación, de humanidad, de belleza del vivir que trasciende las modas y los clichés del éxito. Y, si Emilio llega a leer esto, espero que le sirva de recordatorio de que debe mantener viva la bondad con la que nació.

40

Había estrenado el blog apenas unos meses antes. Lo creé para compartir los trabajos de mis alumnos más brillantes y, de paso, escribir sobre los temas científicos que más les interesaban. Al salir del trabajo, entré en las analíticas del blog para ver cuántas visitas había recibido mi último artículo. Casi diez mil. Una barbaridad. Al día siguiente dos periodistas se pusieron en contacto conmigo, uno para entrevistarme y otro para usar mi artículo como fuente. Era la primera vez que me pasaba algo así.

El artículo se titulaba «Esta bolsa es una caca». Hacía referencia a una campaña de protección medioambiental que tuvo bastante repercusión en 2012. Había vallas publicitarias en todas las ciudades con el lema «bolsa caca». En algunos casos, añadían un dato sobre el impacto medioambiental de las bolsas de plástico en el medio marino y redirigían a un sitio web. Algunas cadenas de supermercados que empezaban a cobrar entre cinco y seis céntimos por bolsa se hicieron eco de la campaña. En España, el cobro obligatorio de las bolsas de plástico ligeras en supermercados y comercios entró en vigor más tarde, en julio de 2018. Las bolsas compostables, como las de fécula de patata, podían seguir siendo gratuitas, aunque muchos comercios optaron por cobrarlas también. Mis alumnos se preguntaban si la medida de cobrar las bolsas era meramente recaudatoria o si tenía algún sentido medioambiental. Se preguntaban si las nuevas bolsas, las que se hacían con fécula de patata, se hacían de verdad con patatas. Se preguntaban por qué eran tan endebles. Aquellas bolsas se rompían con facilidad, sobre todo cuando se mojaban. Y se preguntaban si hacer bolsas con patatas era algo sostenible, o incluso ético, ya que, al fin y al cabo, se estaría usando un alimento para fabricar una bolsa. La organización Greenpeace acababa de lanzar una campaña de promoción de las bolsas de fécula. La imagen de la campaña era una ilustración de siete patatas con cara sonriente, brazos y piernas, haciendo la ola. Decía: «Te mereces una ola por respetar el medio ambiente. Esta bolsa es cien por cien de fécula de patata».

Recopilé información sobre las nuevas bolsas de fécula de patata. Hice los cálculos de análisis de ciclo de vida y los cálculos de rendimiento de extracción de almidones de la patata. Químicamente, la fécula de patata es almidón, y el almidón es un polisacárido, es decir, un hidrato de carbono complejo compuesto por muchas unidades de glucosa unidas entre sí. En concreto, está formado por dos tipos de polisacáridos: un 30 % de amilosa (un polisacárido lineal) y un 70 % de amilopectina (un polisacárido ramificado). La fécula se extrae industrialmente de patatas ricas en almidón mediante un proceso físico de separación por decantación. Las patatas son tubérculos compuestos por un 75 % de agua, un 20 % de almidón y un 5 % de grasas, proteínas, minerales y otros azúcares. Esto significa que la fécula de patata representa solo el 20 % de la patata. Además, la fracción de amilosa es la más eficiente para extraer la fécula con la que se fabrican las bolsas compostables, de modo que solo se aprovecharía el 6 % de la patata. El rendimiento es extremadamente bajo.

Además del problema del rendimiento, el almidón presenta unas características físicas y químicas muy limitadas en comparación con el polietileno de las bolsas convencionales: es muy higroscópico (pierde resistencia en presencia de humedad), tiene elevada viscosidad (por lo que su procesado es costoso) y es un material en esencia frágil. Para paliar estos problemas, el material es tratado biológica, química y físicamente con diferentes métodos: fermentación y posterior polimerización para transformarlo en ácido poliláctico; esterificación de los grupos hidroxilo para protegerlo del agua; eliminación de los entrecruzamientos de la amilopectina residual (que es la responsable de su semicristalinidad y, por tanto, de su fragilidad) por medio de gelatinización, retrodegradación o desestructuración, y adición de plastificantes (reactivos que hacen que el almidón pueda modelarse sin quebrar). Por eso, el coste de producción de una bolsa de fécula de patata es hasta diez veces superior al de una bolsa de polietileno.

Con respecto a la sostenibilidad, la respuesta no es nada fácil porque está plagada de variables. No es lo mismo utilizar patatas que se habrían destinado a alimentación que utilizar residuos agrícolas para fabricar bolsas. También habría que analizar si ese cultivo ha desplazado a otros, o si hay competencia de uso de tierras y a cuánto ascendería la huella hídrica. También hay que tener en cuenta que una bolsa de patata es compostable, aunque ese compostaje hay que hacerlo a escala industrial, como el de cualquier otro biopolímero, lo que requiere una recogida selectiva del residuo, algo que por aquel entonces estaba muy alejado de la gestión real de residuos. La bolsa de polietileno tiene una tasa de reutilización superior a la de fécula, que es mucho más delicada y quebradiza. Haciendo los cálculos estimados de huella de carbono, llegué a la conclusión de que, en el escenario más favorable, las bolsas de fécula emiten casi la misma cantidad de CO_2 equivalente (la suma de todos los gases de efecto invernadero) que las bolsas de polietileno convencionales. En el peor escenario, las bolsas de fécula llegarían a triplicar la huella de carbono de las de polietileno.

Cerré el artículo explicando que la mejor bolsa, desde el punto de vista medioambiental, es la que más veces se puede reutilizar. Esto deja fuera de juego a las bolsas de fécula. Así que terminé el artículo utilizando el mismo eslogan: «Vuestra bolsa de patata es una caca».

Esa fue la primera vez que defendí públicamente las bondades medioambientales de los plásticos en comparación con otros materiales. No lo hice como provocación, ni para demostrar que se puede tener alcance divulgando en positivo sobre un material tan controvertido, sino para explicar cómo se mide y se compara el impacto ecológico de un material de forma objetiva. Fue un ejercicio de honestidad intelectual. No se trata de provocar, sino de estimular la voluntad de pensar.

Sabía hacer un análisis de ciclo de vida, sabía hacer una búsqueda adecuada de estudios científicos, sabía comparar datos y ofrecerlos de forma clara, sabía lo suficiente de ciencia de materiales y sabía, obviamente, mucha química. Así que sentí la obligación de sacar a mis alumnos de dudas y de rebatir una información falsa que estaba calando en la sociedad y que, además, podría acabar convirtiéndose en una normativa medioambiental alejada por completo de la evidencia científica. El artículo fue la respuesta a un impulso instintivo, el de defender la verdad. Un impulso que me llevó semanas de investigación, de cálculos y de reflexión, y que terminó por colocarme en el punto de mira de la divulgación científica, en alguien a quien prestar atención. Entonces no era consciente de que hablar en positivo de los plásticos era cosa de valientes (o de kamikazes). En aquella época quizá no lo era tanto. Diez años después, la desinformación acerca de los plásticos llegó a estar tan sobredimensionada que exponer cualquier dato en defensa de estos materiales era un suicidio mediático. Ese fue el primer artículo, y tras él vinieron muchos más. Si hay un material sobre el que se han publicado más falsedades es el plástico y, como química, como divulgadora, no puedo quedarme callada y ser cómplice de la desinformación.

He publicado artículos sobre casi todos los materiales que existen: hormigón, acero, bronce, madera, papel, cartón, vidrio, cerámica... Todos ellos, con el propósito de hacerlos brillar, destacando sus virtudes, sus usos, su significado artístico, la intimidad de su belleza química. Mi tesis doctoral es, en realidad, una oda a la belleza de los materiales. Por eso no voy a dejar a los plásticos de lado porque no esté de moda hablar bien de ellos.

Si hubiese empezado a divulgar en la década de 1990, el escenario habría sido muy diferente. Había un material del que se decía que contaminaba nuestros ríos y mares; para fabricarlo se usaban aditivos y, principalmente, oxidantes fuertes que aniquilaban la vegetación y la fauna acuática; se le daba un uso indiscriminado, usar y tirar, y se decía que iba a causar la mayor deforestación del planeta. Ese material era el mayor enemigo ecológico en los años noventa: el papel. Empezamos a usar folios reciclados en el colegio. En esa época, el papel reciclado era áspero, rugoso, apenas blanco, repleto de minúsculas fibras de todos los colores y con un olor rancio, a humedad de madera. Todo deslucía escrito en ese papel. Pero la opción de seguir usando impolutos folios blancos, con un balance exquisito de celulosa, carga mineral y ligantes, daba mala imagen: la de la contaminación, el despilfarro y la destrucción de la naturaleza. Ahí comenzó el amarronamiento del diseño como emblema de la preocupación medioambiental. La naturaleza ofrece una gama explosiva de colores; sin embargo, los tonos tostados (los casi blancos, los casi colores) se encumbraron como los colores de la naturaleza. Paradójicamente, los tonos de la naturaleza muerta se empezaron a usar para aclamar una naturaleza viva.

La presión social contra el papel fue tan fuerte que en 1998 se aprobó una ley que forzó a llevar a cabo cambios industriales muy importantes (prohibición de usar blanqueantes clorados, tratamiento de aguas y fangos industriales, incorporación de fibras recicladas...), lo que implicó elevados costes adicionales para cumplir con los requisitos ambientales. Las grandes corporaciones lograron adaptarse a los cambios, pero las pequeñas y medianas empresas cerraron o fueron absorbidas al no poder asumir los gastos de transformación.

Lo que la industria del papel sufrió en aquella época ahora le toca al plástico, y dentro de veinte años el chivo expiatorio será otro material. El plástico (que venía a resolver los problemas del papel, encarnaba la modernidad, un futuro reluciente y limpio) se convirtió en pocos años en el nuevo papel, en el nuevo material malo. Esto ya es un problema en sí mismo: el maniqueísmo de calificar a los materiales como buenos o malos, como si hubiese una dimensión ética en la química del material. Cada material tiene unas propiedades específicas que lo hacen único y, dependiendo del uso, unos serán más sostenibles o seguros que otros; no hay materiales buenos y malos *per se*. Puede haber usos inadecuados o sistemas de gestión deficientes, pero el material en sí nunca es el problema. Sin embargo, se están atribuyendo cualidades morales a los materiales. Ahora se moraliza con todo hasta extremos de razonamiento absurdos. Y un ejemplo que me resulta muy ilustrativo es la percepción de un paisaje contaminado por un material.

Aquí hago un inciso: contaminante es aquella sustancia o material que ocupa un ecosistema que no le corresponde y puede tener un impacto negativo sobre él. Esto no se debe confundir con tóxico. Tóxica es aquella sustancia susceptible de provocar un envenenamiento. La toxicidad se estudia en una rama de la química conocida como toxicología. Por ejemplo, si en una playa hay un vaso de plástico abandonado, es un contaminante, no una sustancia tóxica. Tóxico podría ser un vertido de sales de cadmio. Del mismo modo, si el vaso es de vidrio, también es un contaminante. Pongo el ejemplo de la playa porque hay contaminantes que se romantizan y otros que se perciben como más peligrosos de lo que realmente son. Un trozo de vidrio, erosionado por el mar y por la fricción con la arena, no se percibe como un contaminante, al menos no de forma tan clara como un trozo equivalente de plástico. De hecho, en España hay varias «playas de los cristales». Se han convertido en destinos turísticos, en paisajes fotografiables. En realidad, las playas de los cristales son vertederos. Son un ejemplo perfecto de contaminación por vidrio, un material que está ocupando un lugar que no le corresponde y que está ocasionando un desatendido impacto medioambiental. El vidrio tarda más de cuatro mil años en biodegradarse, ha cambiado la estructura y la composición de los suelos, alterando la acidez y la concentración de minerales solubles en la línea de costa y perturbando a numerosas especies animales y vegetales. Al erosionarse, el vidrio es susceptible de formar micro- y nanopartículas y de ir liberando sustancias tóxicas presentes en su composición, entre ellas metales pesados. Sin embargo, el vidrio tiene una imagen pública mucho más favorable que el plástico. La industria química del vidrio se ha preocupado por hacer campañas publicitarias, informativas, de concienciación medioambiental, de reciclado... Esto ha culminado con un excelente sistema de gestión de residuos de vidrio que ha convertido uno de los materiales con mayor huella de carbono en un material que encaja dentro de los principios de la economía circular. Quién iba a pensar que un material que se fabrica extrayendo arena rica en sílice de canteras, fundiéndola a miles de grados, con el gasto energético y la emisión de gases contaminantes que eso supone, y cuyos utensilios se rompen tras cada uso y se vuelven a fundir a miles de grados, iba a lograr convencer a tantas personas de que es seguro y sostenible. Está claro que la comunicación sobre el vidrio ha sido un éxito rotundo. Con el plástico esto no se ha hecho. La comunicación sobre este material es casi siempre reactiva, a la defensiva, no proactiva. Hasta el punto de que pocas personas de las que se dedican a la ciencia de materiales se atreven a hacer divulgación científica sobre los plásticos, porque tienen a toda la opinión pública en contra.

Cuando publiqué el artículo de las bolsas de fécula de patata y elegí compararla con la bolsa tradicional de polietileno, no sabía todo lo que vendría después. No podía imaginar que hacer divulgación científica sobre materiales podría llegar a ser tan conflictivo, o que dar argumentos en favor de un material pudiera considerarse un acto de valentía. Para muchos, soy la científica que divulga sobre los plásticos. En los noventa, habría sido la que divulga sobre el papel. Divulgo más sobre lo que hay más prejuicios, sobre lo que más necesita ser divulgado. Puede haber algo de valentía, pero lo que me ha movido desde el principio no tiene nada que ver con eso, sino más bien con la defensa de la verdad, con la exaltación de la belleza y con el sentido de la justicia.

41

se abres unha mazá
se lle partes o corazón no medio
cun corte crocante
dos que desprenden olor
un cheiro rubio profundo por un silencio
a clorofila

Saboreo estos versos de Estíbaliz Espinosa que, en efecto, desprenden olor a clorofila, a hierba recién cortada, al partir por el medio una manzana de carne prieta. Aunque la clorofila evoca un olor muy preciso, en realidad es una molécula sin olor.

La clorofila es el pigmento responsable del color verde de las plantas. Se encuentra en los cloroplastos de las células vegetales y es fundamental para el proceso de la fotosíntesis, mediante el cual las plantas convierten la energía solar en energía química. Esta transformación es posible porque la clorofila absorbe la luz solar, sobre todo en las longitudes de onda del rojo y el azul del espectro visible, mientras que refleja y transmite principalmente la luz verde, motivo por el cual la percibimos de ese color.

Desde el punto de vista químico, la clorofila es una molécula compleja perteneciente a la familia de las porfirinas. Su estructura está basada en un anillo tetrapirrólico llamado «anillo porfirínico», con un ion magnesio (Mg^{2+}) en su centro. Este núcleo es similar al de la hemoglobina en los animales, con la diferencia de que en la hemoglobina el ion central es hierro (Fe^{2+}). Existen varios tipos de clorofila (a, b, c, d y f), siendo la clorofila *a* la más abundante y universal en los organismos fotosintéticos. Todas ellas actúan como antenas moleculares que captan la energía de la luz y la transfieren hacia el centro de reacción del fotosistema, donde se inicia la conversión energética.

En términos ecológicos, la clorofila es una pieza clave para la vida en la Tierra. Gracias a ella, las plantas (y otros organismos fotosintéticos, como las algas y ciertas bacterias) capturan dióxido de carbono (CO_2) del aire, lo transforman en glucosa y liberan oxígeno (O_2) como subproducto. Este proceso sustenta la cadena alimentaria al producir materia orgánica y, además, mantiene el equilibrio de gases en la atmósfera. Sin la clorofila, la vida tal como la conocemos no sería posible.

A pesar de su importancia, la clorofila no es un compuesto aromático en el sentido químico del término. Aunque su estructura contiene múltiples anillos, estos no presentan la conjugación electrónica específica y la estabilidad del sistema de electrones deslocalizados que caracterizan a los compuestos aromáticos clásicos, como el benceno. Además, la clorofila es una molécula grande, no volátil y poco soluble en agua, lo que impide que se disperse fácilmente en el aire. Por eso, apenas tiene olor.

El olor que asociamos a las plantas, o a la hierba recién cortada, no procede de la clorofila, sino de otros compuestos más pequeños y volátiles liberados por las hojas cuando se rompen o se estresan. Así, aunque la clorofila lo tiñe todo de verde (y, en un ejercicio de sinestesia, se puede afirmar que el color verde huele verde), en realidad ese olor no tiene nada que ver con la molécula de color verde más famosa de la naturaleza.

El característico olor a hierba recién cortada tiene una explicación química precisa. Ese aroma fresco y verde es una mezcla de compuestos volátiles liberados por las plantas al sufrir un daño físico, como el corte de sus hojas o tallos. Este conjunto de moléculas, conocidas como *compuestos de hojas verdes* (en inglés, *green leaf volatiles* o GLV), incluye principalmente aldehídos, alcoholes y ésteres de cadena corta derivados de ácidos grasos.

Cuando una planta se corta, se rompen sus membranas celulares, lo que libera ácidos grasos como el linoleico y el linolénico. Estos ácidos son rápidamente oxidados por enzimas como las lipoxigenasas y da lugar a una cascada de reacciones químicas que generan compuestos volátiles. Entre ellos destacan el cis-3-hexenal, el cis-3-hexenol (también conocido como *alcohol de hoja verde*), el hexanal y el acetato de hexilo. El cis-3-hexenal tiene un olor que recuerda a manzana verde o a pasto recién segado; el hexenol aporta un aroma más suave y herbáceo, mientras que el acetato de hexilo añade un matiz afrutado al conjunto. Esta mezcla de compuestos forma la firma olfativa de lo que entendemos como «olor a verde».

Este fenómeno no se limita al momento de cortar el césped. De hecho, cualquier daño mecánico, ataque de insectos o estrés ambiental puede inducir la producción de GLV. Desde el punto de vista biológico, estos compuestos no son una simple consecuencia pasiva del daño, sino parte de un sofisticado sistema de defensa de las plantas. Sirven como señales químicas que alertan a otras plantas del entorno y activan en ellas respuestas defensivas antes de que sufran daños. Además, en algunos casos, estos compuestos pueden atraer a depredadores naturales de los insectos que están atacando a la planta, funcionando como una especie de llamada de auxilio química.

El olor a plantas en general puede estar asociado a otros compuestos además de los GLV. Por ejemplo, muchas especies liberan terpenos como el limoneno (de olor cítrico), el linalol (floral), el pineno (resinoso) o el mentol. Estos compuestos también son volátiles y forman parte del lenguaje químico de las plantas, ya sea para comunicarse entre ellas, repeler herbívoros o atraer polinizadores. En otras especies, como el ajo o la rúcula, el olor característico procede de compuestos azufrados volátiles. Incluso los flavonoides y ciertos taninos pueden, en menor medida, participar en el perfil aromático de una planta.

Así que el *cheiro rubio profundo por un silencio a clorofila* es en realidad una mezcla compleja de compuestos volátiles. Los aldehídos y las cetonas no tienen el perfume poético de la clorofila, pero conforman el lenguaje molecular con el que las plantas interactúan con su entorno y nos inspiran, a los humanos, a escribir versos de palabras impregnadas con su aroma.

42

Los días de calor no se pueden estrenar zapatos. Si un zapato me hace una rozadura, la piel me quedará tierna durante semanas. Guardaré esos zapatos en el armario con la promesa de usarlos más adelante, algo que casi nunca sucede. El calor lo ablanda todo, lo debilita con su humedad pegajosa. La fricción piel con piel (de un zapato bueno acariciándome el talón) provoca un efecto de succión que culmina con una ampolla abierta. Por eso huyo del calor; por eso persigo la sombra de los árboles cuando paseo; por eso compro tantos zapatos, porque siempre albergo la esperanza de que no me hagan daño.

La sombra de los árboles es más fresca que la de un muro. Cuando aprieta el calor, busco refugio en el parque de Santa Margarita o en el barrio de las Flores. El alivio que proporciona un árbol es más profundo, más envolvente, más eficaz que el de la sombra de un edificio. No es solo una sensación. Bajo la sombra de un árbol, la temperatura es sensiblemente menor que bajo la de un muro. Detrás de esta diferencia hay una combinación de fenómenos físicos, químicos y biológicos que transforman los árboles en verdaderos reguladores naturales de temperatura.

La radiación solar es una mezcla de distintas longitudes de onda: luz visible, ultravioleta e infrarroja. Cuando esta radiación incide sobre una superficie (una acera, una pared, una cubierta), parte se refleja, parte se absorbe y parte se transmite. Las superficies que absorben más energía se calientan y ese calor se transfiere después al aire circundante por radiación, conducción y convección.

Los materiales habituales en edificios (hormigón, ladrillo, teja, asfalto) tienen alta capacidad térmica. Esto significa que almacenan gran cantidad de calor durante el día y lo liberan poco a poco incluso cuando el sol ya no incide directamente. Por eso, en la sombra de un edificio el aire sigue sintiéndose cálido, porque las superficies que nos rodean todavía emiten calor.

Un árbol, sin embargo, se comporta de forma muy diferente. Aunque también bloquea la radiación directa del sol, como cualquier objeto opaco, su estructura viva modifica por completo la forma en la que esa energía se gestiona. Los árboles no solo proporcionan sombra, también enfrían activamente el ambiente. Existen tres mecanismos principales por los que un árbol reduce la temperatura ambiental: bloqueo de radiación solar directa, evapotranspiración y modulación de la radiación infrarroja.

La copa de un árbol intercepta buena parte de la radiación solar incidente. Esta es la función más básica de la sombra: reducir la radiación que llega al suelo. Es un mecanismo pasivo, pero muy efectivo. El simple hecho de evitar que el suelo o las paredes reciban esa energía ya supone una gran diferencia. Además, las hojas no retienen el calor de la misma forma que un tejado de uralita o una pared de ladrillo. Están evolutivamente preparadas para disiparlo.

Las hojas de los árboles transpiran. Es su sistema de refrigeración natural: mientras nosotros sudamos para bajar nuestra temperatura corporal, el árbol «suda» para regular la suya y, al hacerlo, enfría también el aire que lo rodea. Es el mismo mecanismo por el cual el agua de un botijo se mantiene fresca. Cuando un líquido se evapora, necesita energía para que sus moléculas pasen del estado líquido al estado gaseoso. Esa energía la toma del entorno inmediato en forma de calor, lo que produce un descenso de temperatura en la superficie desde la que se evapora. En el caso de un árbol, las hojas liberan vapor de agua a través de los estomas, y ese vapor necesita energía para evaporarse. Toma la energía del aire y de las hojas, y eso enfría tanto al árbol como a su entorno inmediato. Es un proceso llamado *evapotranspiración*. En el caso de un botijo, la superficie porosa del barro permite que una pequeña cantidad de agua se filtre al exterior. Al evaporarse esa agua por la superficie del botijo, se extrae calor del interior y se enfría el agua contenida. Ambos son ejemplos de refrigeración evaporativa, una estrategia eficiente y natural para regular la temperatura sin gastar energía.

Además, las hojas modulan la radiación infrarroja, que es la responsable del calor. Las hojas contienen pigmentos como la clorofila, responsables de captar la luz para la fotosíntesis. Este proceso aprovecha principalmente las longitudes de onda del rojo y el azul del espectro visible, pero deja pasar o refleja otras, sobre todo las del infrarrojo cercano. En concreto, las hojas tienden a reflejar buena parte de la radiación infrarroja, lo cual impide que esa energía se acumule como calor. Además, al contener agua en abundancia, actúan como disipadores térmicos. Incluso, pueden emitir radiación infrarroja hacia el cielo nocturno si están más frías que el ambiente, liberando calor de forma pasiva.

En contraste, una pared de hormigón o una carretera de asfalto absorben casi toda la radiación infrarroja y la liberan poco a poco, se convierten en radiadores urbanos. Por eso, la diferencia de temperatura entre una sombra de árbol y la sombra de un edificio puede ser de varios grados. Algunos estudios elaborados en entornos urbanos han detectado descensos de temperatura del aire de hasta 8 °C en calles arboladas frente a zonas sin vegetación.[13] En entornos rurales densamente arbolados, la diferencia puede superar los 15 °C. Además, los árboles mejoran la ventilación y la calidad del aire, capturan contaminantes, reducen el ruido y filtran la luz solar, lo que genera un ambiente más confortable.

Mientras escribo todo esto, mi cuerpo todavía emana el bochorno del paseo matinal de hoy. Me laten los pies, cada una de sus minúsculas rozaduras. Las cuestas del barrio de la Falperra son especialmente densas por la falta de arbolado. Los árboles de la cuesta de Fernando Rey se han quedado desnudos tras la última poda y el muro que hay a continuación, de hormigón revestido con lamas de aluminio pintado de verde, emite un aliento cálido. Las cuestas pesan más cuando no hay una sombra verde (verde de hojas verdes, no de pintura verde ftalocianina). ¡Cómo cuesta subir la cuesta!: es el retruécano quevedesco que digo siempre cuando estoy llegando al final y siento los pies abotargados, heridos, hundidos en los zapatos.

43

Descubrí que era miope en clase de matemáticas. A medida que avanzaba la secundaria, los alumnos más avezados pasaban a las últimas filas, y los más remolones, a las primeras. La pizarra me quedaba tan lejos que dejé de distinguir el número ocho del tres. Solo era capaz de ver los trazos de tiza más apretados. Eso provocó que tuviese que esforzarme más en clase. No servía con copiar lo que Joselu escribía en la pizarra y mantener una atención inconstante, aunque suficiente. Ahora tenía que resolver los problemas por mí misma, comprobar que el resultado se parecía a lo que intuía en la pizarra y prestar una atención mantenida y superlativa a todo lo que decía el profesor. Así aprendí cálculo matricial, escuchando más que mirando. Yo no sabía que era miope, pensaba que todo el mundo veía así. Sospechaba que se podía ver mejor, con más nitidez, pero que eso se resolvía acercándome, sin más. Cuando les expliqué esto a mis padres, me llevaron al oculista, quien me diagnosticó miopía. Un par de días después estrené las gafas en clase. Comprobé que lo que pensaba que era invisible no lo era, solo estaba lejos. Sin embargo, aunque para mí fuese invisible, sabía que estaba ahí, que ahí había un tres o un ocho perfectamente definidos.

Saberse miope es parecido a tener fe. La fe es un don divino, no es algo que se pueda tener por voluntad. Uno no aprende a tener fe, sino que es una verdad que no se ve con los ojos, ni con la razón; es una verdad que simplemente se sabe. La fe es la intuición soberana de que la divinidad habita en lo cotidiano. Por eso, la miopía es una buena analogía para explicar la fe, para explicar lo trascendente, aquello que está más allá de lo perceptible y de las posibilidades de lo inteligible, pero que se sabe que está, que es. Se sabe con el corazón. No con el órgano, sino con ese saber profundo que no se localiza en ninguna parte del cuerpo o que quizá está impregnando el cuerpo entero y lo que no es cuerpo, que es lo mismo.

A veces se entiende que la ciencia son las gafas que permiten hacer visible lo invisible del mundo natural. Sin embargo, la ciencia no se ocupa de todo lo invisible, sino solo de lo que se puede acercar más, es decir, de lo tangible, del mundo de las cosas. La ciencia no se ocupa de lo trascendente no porque no pueda, sino porque no es su cometido adentrarse ahí. Aun así, en el mundo de las cosas se dejan entrever resquicios de lo que está más allá. Las cosas son como son y no pueden ser de otra manera, aunque yo percibo en ello una fuerza benefactora, como si hubiese un fin moral y estético en que las cosas sean así. Sobre esto hay un debate filosófico que se ha mantenido vivo desde Aristóteles hasta la actualidad.

Por ejemplo, un átomo de cloro sentirá atracción por uno de sodio, irremediablemente, y no puede ser de otro modo. En química hemos descrito este fenómeno de atracción con el nombre de *enlace iónico*: el sodio tiende a ceder un electrón, y el cloro, a aceptarlo; así se complementan. No existe ni puede existir un átomo de cloro que no haga eso. El cloro es así y no puede ser de otra manera. Esto ocurre con todos los elementos químicos que existen, que tienen unas propiedades concretas y no pueden tener otras diferentes: no existen los átomos irreverentes. Eso no significa que la naturaleza sea una máquina perfecta, sino que la naturaleza es como es y punto.

La idea de perfección, de orden, o de «diseño inteligente» de la naturaleza, es una apreciación subjetiva. Pero, como la ciencia busca patrones a los que llama «verdades», puede parecer que esos patrones responden a un orden superior impuesto. No creo en un Dios diseñador que dicta a los átomos sus propiedades. Tampoco creo que los átomos sean ánimas, que tengan unas propiedades y no otras por una cuestión de bondad o de belleza. Esa idea daría a entender que habría propiedades atómicas malas o feas, solo que no se manifiestan gracias a Dios. Yo entiendo que la bondad y la belleza emanan de la naturaleza y que la naturaleza es Dios en acto. Dios no es un ser superior que dicta las normas, no es un ser separado del mundo: Dios es la naturaleza misma. Esta no es una idea original mía, ni una idea rompedora e innovadora, sino que ya la planteó Spinoza en el siglo XVII con *Deus sive natura*, cuando propuso que Dios no es un creador externo, sino la sustancia inherente a todo lo que existe. Sin embargo, Spinoza creía en la inmanencia, que es lo opuesto a la trascendencia, lo que significa que él defendía que no hay nada más allá de la sustancia de la que se componen todas las cosas y que, por tanto, la comprensión de la naturaleza solo se puede alcanzar a través de la razón, que más allá de lo perceptible no hay nada. En cambio, yo creo en un Dios que es la naturaleza total. Entiendo la naturaleza total como la unión del mundo físico y lo que trasciende de él. Y tengo una intensa convicción en que lo trascendente de la naturaleza es, además, bello y bueno. Eso es a lo que llamo «fuerza benefactora» en un alarde de alegre cursilería.

Entender que la naturaleza está compuesta únicamente por el mundo físico es para mí una forma de miopía. Es, incluso, la manifestación de una tristeza vital. Todos somos miopes. Sin embargo, un miope puede creer que todo el mundo ve igual que él o puede tener el don divino de saber que hay trazos de tiza más tenues, que no ve con los ojos, pero tiene la profunda certeza de que están ahí, dibujando un tres o, tal vez, un ocho.

44

Ciencia y religión no son incompatibles. Hay y ha habido importantes científicos que se han declarado abiertamente religiosos y eso no ha afectado de forma negativa a su desempeño en la ciencia. Esto es indicativo de que el ejercicio de la ciencia no es incompatible con la fe. Pero voy más allá: la ciencia no es incompatible con la fe. De hecho, la ciencia comparte *ethos* con algunas religiones (entre ellas, la mía, la católica).

La palabra *ética* proviene del griego *ethos* y significaba, primitivamente, 'estancia', 'lugar donde se habita'. Más tarde, Aristóteles afinó este sentido y, a partir de él, la definió como el modo de habitar el mundo. Así que hoy podríamos definir el *ethos* como la forma común de vida o de comportamiento que adopta un grupo de individuos que pertenecen a una misma sociedad y que comparten concepciones morales.

Con esta definición está claro que la ciencia y algunas religiones comparten *ethos*, puesto que coinciden en sus concepciones morales; es decir, comparten la misma definición del bien y obran por la consecución de ese bien. La ética científica (principio de solidaridad, proteger al ser humano, actuar con honestidad intelectual, etc.) es coherente con los valores cristianos. Y no solo esa idea de bien tangible, sino que comparten una idea más elevada del bien; ese bien que es indistinguible de la búsqueda de lo bello y lo verdadero.

Platón fue uno de los primeros filósofos que definió en una tríada los principios rectores de la humanidad (belleza, verdad y bondad). Para Platón, lo uno no existe sin lo otro, o lo uno es indistinguible de lo otro. Así, lo bello es por definición bueno y verdadero, del mismo modo que el bien es bello y verdadero o que la verdad es buena y bella. Estos tres conceptos fueron separados por Kant, entre otros, asumiendo que se puede dar lo uno sin lo otro. De hecho, la filosofía cuenta con tres compartimentos dedicados a cada uno de los elementos de la tríada: la ética estudia la moral, la estética estudia la belleza y la epistemología estudia la verdad. Sin embargo, aunque los tres conceptos se puedan separar, es imposible deshacerse del regusto moral que hay en lo bello y en lo verdadero. Esto es especialmente notorio en la ciencia, donde la belleza es un criterio de verdad y donde el compromiso sin fisuras con la verdad es la definición fundamental de ética de la ciencia.

La extendida creencia de que la ciencia y la fe son incompatibles nace del desconocimiento de lo uno sobre lo otro. Si vamos a los dos extremos (presentándolos como caricaturas), a un lado tenemos al «sabelotodo de la ciencia», y al otro, al «sabelotodo de la religión».

El sabelotodo científico cree haber encontrado en la ciencia una descripción materialista del mundo que le resulta suficientemente satisfactoria. Entiende las abstracciones de la religión como si fuesen literales, como si los textos religiosos fuesen escritos con precisión científica. Es como mofarse de la inverosimilitud de la historia de Jesús, en lugar de interpretar que representa la mediación entre lo humano y lo divino, la materia y el espíritu, y que simboliza la moralidad cristiana, tal y como la definieron Hegel o Nietzsche.

El sabelotodo religioso llega a conclusiones concretas haciendo interpretaciones literales de las metáforas de los libros religiosos a las que suman palabras científicamente analfabetas. Es como un exégeta (persona que interpreta o expone un texto, especialmente la Biblia) que creyese haber encontrado en los textos sagrados un tratado de biología.

Por tanto, el sabelotodo, tanto de la ciencia como de la religión, está enfermo de literalidad, igual que un adulto que cree que los cuentos que le contaban de niño no son ficciones, o parábolas, sino hechos que le relataban como ciertos.

La hermenéutica (disciplina filosófica que estudia la interpretación de los textos) se remonta a la exégesis bíblica y a la explicación de mitos y oráculos de la antigua Grecia. Es como si el sabelotodo se hubiese perdido desde el principio, en el origen mismo de la hermenéutica. Los dos extremos son aberraciones, son posturas engañosas, demoníacas, y revelan un desconocimiento: primero, filosófico, y segundo, religioso y científico.

Hace unos días, conversando con un buen amigo acerca del futuro, salió a colación la ambición de encontrar la «teoría del todo» (ambición más de la ciencia ficción que de la ciencia): una teoría o gran ecuación que describiese todos los enigmas del universo y el misterio de la vida. Sin embargo, aunque pudiésemos colocar átomo a átomo cada una de las moléculas que forman un ser vivo, este no viviría. Porque somos más que átomos concatenados. Hace casi veinte años escribí unos versos que así lo ilustran: «Estamos hechos de la misma partícula elemental pero chispeante».

La chispa es la trascendencia. La trascendencia es todo aquello que está más allá de la materia y sus límites naturales. La vida (en concreto, la vida humana) es trascendente. Hemos evolucionado de ser seres inteligentes a ser seres espirituales, con alma. Somos seres materiales, pero procuramos ir más allá de la materia. El ejemplo más elemental es que los humanos tenemos ideas. La materia de la que estamos hechos es capaz de pensar; y, al hacerlo, crea ideas, crea ecuaciones matemáticas o sinfonías. Las ideas no son materiales: son ideales, trascienden a la materia, pero existen igual que la materia. Sin embargo, no es posible crear a un ser humano, a un ser espiritual, a partir de sus piezas materiales. Tan solo hemos logrado crear alguna biomolécula compleja a partir de partículas elementales y chispas (literalmente).

El bioquímico Aleksandr Oparin formuló en 1924 la hipótesis del origen de la vida a partir de una «sopa primigenia» rica en compuestos orgánicos (carbono, nitrógeno e hidrógeno, mayoritariamente) expuesta a radiación ultravioleta y energía eléctrica.

Casi treinta años después, el químico Stanley L. Miller, tras conocer al geoquímico Harold C. Urey, que ya estaba trabajando en esa línea de investigación, diseñó un experimento para comprobarlo. El experimento de Miller es uno de los más famosos de la historia y se ha seguido repitiendo con pequeñas variaciones hasta nuestros días.

El experimento consiste en mezclar los gases que se consideraban presentes en la atmósfera terrestre primitiva (metano, amoníaco, hidrógeno y vapor de agua) y comprobar si al reaccionar entre sí podían producir compuestos orgánicos fundamentales para la vida. Para ello, se debía trabajar en ausencia de oxígeno (en una atmósfera reductora), con todos los matraces esterilizados para que ningún microbio contamine los resultados y una fuente de energía para emular las tormentas y el vulcanismo del planeta. A los pocos días de poner el experimento en marcha, se habían formado algunas biomoléculas como la glicina, la urea y algunos aminoácidos.

El experimento se ha ido repitiendo con variaciones. Miller había escogido las descargas eléctricas como fuente de energía, aunque la mayor parte de los aportes energéticos de la Tierra primitiva podrían haber sido otros, como la radiación ultravioleta y los meteoritos. Sin embargo, las descargas eléctricas son muy eficientes para sintetizar cianuro de hidrógeno (una molécula venenosa, pero que a la vez es un intermediario esencial para sintetizar las bases del ADN).[14] Así lo demostró en 1961 el bioquímico español Joan Oró, quien descubrió que la adenina (una de las bases del ADN) se podía obtener a partir de cianuro de hidrógeno, amoníaco y agua.

Se han ido probando diferentes composiciones gaseosas de la atmósfera.[15] Durante un tiempo se propuso que la atmósfera podía ser más oxidante de lo que se pensaba, incorporando monóxido y dióxido de carbono, pero aquello disminuía bastante la cantidad y el repertorio de biomoléculas producidas. También se probó a sustituir el hidrógeno por nitrógeno, lo que llevó a obtener una sopa primigenia más rica todavía, con trece de los veinte aminoácidos que componen las proteínas. Asimismo, se ha probado a variar el pH del agua y a incorporarla en diferentes estados de agregación (agua líquida, vapor, congelada o en aerosol), lo que permitió variar el rendimiento de las reacciones y obtener biomoléculas ligeramente diferentes, como ácidos carboxílicos al usar agua en aerosol o compuestos aromáticos policíclicos al usar hielo.[16]

El material de los matraces del experimento de Miller también es más relevante de lo que se pensaba. En los laboratorios de química se suelen utilizar matraces de vidrio de borosilicato, un tipo particular de vidrio en el que el boro pasa a ocupar las posiciones del silicio, contrae la estructura y lo hace más resistente a los cambios de temperatura. Esa es la razón por la que el vidrio de borosilicato, conocido como *vidrio pírex*, sirve para hacer sopas primigenias y para hacer lasañas en el horno. Sin embargo, la atmósfera reductora que empleaba Miller, rica en amoníaco, es capaz de activar químicamente la superficie del vidrio, lo que influye en el rendimiento de las reacciones. Por eso, el experimento se ha replicado utilizando reactores diferentes: vidrio, teflón (un polímero inerte) y teflón con trozos de vidrio. Los resultados demuestran, sin lugar a dudas, que el vidrio de borosilicato desempeña un papel clave en la síntesis de Miller, en los rendimientos, en el número de productos sintetizados y en su diversidad química.[17] Así que el vidrio fue un catalizador necesario para sintetizar gran parte de las biomoléculas obtenidas por Miller. Este hallazgo tiene importantes implicaciones geoquímicas: requiere ampliar el escenario de síntesis de fase gaseosa a una que incluya superficies minerales.

También es razonable pensar que la vida pudo haber surgido en otro lugar y llegar a la Tierra. Es lo que se conoce como *panspermia*, una hipótesis que no viene a resolver cuál es el origen de la vida, pero sí lo coloca en otro tiempo y lugar. El 28 de septiembre de 1969, un meteorito formado hace 4.600 millones de años cayó cerca de Murchison, Australia. Contenía materia orgánica, hidrocarburos y una variada colección de biomoléculas; entre ellas se encontraban, sorprendentemente, los aminoácidos y otras moléculas que Miller había sintetizado en sus experimentos.

¿Es posible que la vida haya surgido en otros lugares del universo si las condiciones son propicias? Las leyes de la física y la química son universales; entonces, si se cree que la materia inanimada se puede transformar en materia viva a través de fenómenos químicos, es coherente creer que la vida se puede dar en cualquier otra parte. El experimento de Miller y sus variantes han servido para aportar evidencias que apoyan el desarrollo evolutivo de la vida y para abrir nuevas disciplinas como la química prebiótica y la astrobiología, que estudian el origen, la evolución, la distribución y el futuro de la vida en el universo.

La electricidad se ha considerado durante mucho tiempo como «la chispa de la vida». Del mismo modo que Oparin propuso la electrocución de la sopa primigenia como posible origen de la vida, el fisiólogo Luigi Galvani había sugerido en 1780 que los impulsos eléctricos que producen las contracciones musculares de los seres vivos (algo que descubrió sometiendo a descargas eléctricas a una rana muerta) son en realidad la «fuerza vital».

La *fuerza vital* es un concepto que los filósofos vitalistas utilizaban para distinguir la materia viva de la materia inerte; como un impulso vital (también llamado *espíritu* o *alma*) que no se puede explicar a partir de los conocimientos generados por la física o la química. El vitalismo, por tanto, surgió como oposición al mecanicismo, que sugiere que los seres vivos son comparables a las máquinas y que la mente es el resultado de la disposición de los órganos de la máquina, del mismo modo que los movimientos de un reloj derivan de la disposición de sus engranajes y contrapesos. Así lo describía Descartes.

En la misma línea de pensamiento que Galvani, el doctor Frankenstein, en la ficción, reunió retazos de carne y consiguió insuflar vida a los átomos concatenados de su monstruo mediante descargas eléctricas. Así, la diferencia entre lo vivo y lo muerto sería eléctrica; igual que, cuando se apaga la electricidad de las neuronas, se apaga la vida. La electricidad son electrones en movimiento, o, como en las neuronas, son iones que se bombean de un lado a otro y generan diferencias de potencial que se traducen en pensamiento. Como si la electricidad fuese lo que conecta el cerebro con la mente, que son cosas bien distintas. La mente es la potencia intelectual del alma, así lo define el *Diccionario* de la Real Academia Española. También define la mente como pensamiento. Por eso, identificar la materia con la vida es tan rudimentario como identificar el cerebro con la mente. El pensamiento, el espíritu, trasciende a la materia. La pregunta es si existe a causa de ella o existe sin más, igual que existen todas las cosas. No sé por qué existen las cosas, por qué hay algo en lugar de nada, pero sé que las cosas existen. Lo trascendente se puede entender como la materia yendo más allá de sí misma, como una creación de la materia. O se puede entender como algo que existe junto a la materia, no como consecuencia o creación de esta. Creer que la mente, las ideas o el alma son creaciones del cerebro, de la materia, me resulta tan incompleto como creer que la música es la creación de un piano.

No hemos logrado generar vida en un laboratorio. Ni siquiera teniendo la receta de la sopa primitiva perfecta se ha logrado insuflar vida a la materia. Estamos formados por las mismas partículas elementales, por el mismo barro, pero con un soplo de aliento de vida.

Génesis 2:7: «Dios formó al hombre del polvo de la tierra, y sopló en su nariz aliento de vida, y fue el hombre un ser viviente».

Del mismo modo, se puede entender que Dios existe o se puede entender que Dios es una creación del ser humano. Dios es un antropológico universal: se da en todas las culturas, sin aparente conexión entre ellas. Esto puede interpretarse de dos maneras: desde una perspectiva teológica que ve a Dios como el origen de la existencia humana, o desde una postura filosófica que considera a Dios una creación del hombre, que proyecta en él sus propios deseos y atributos. La primera interpreta que la espiritualidad, el pensamiento y la conciencia humana apuntan hacia la existencia de Dios. La segunda sostiene que la idea de Dios es un producto de la consciencia humana, una manifestación de sus aspiraciones. Sea como sea, identificar lo trascendente con Dios surgió en todas partes entre el 800 y el 200 a. C., un periodo conocido como *era axial*: *axial* porque es el *eje* de la historia humana a partir de la cual la humanidad evolucionó hasta tener consciencia de sí misma, hasta ser autorreflexiva, y en ella se desarrollaron las bases de la filosofía moderna y del *ethos*. Aparecieron figuras como Buda en la India, Confucio y Lao-Tse en China, Zaratustra en el mundo iranio y Sócrates y los profetas de Israel en el Mediterráneo (entre ellos, Jesús de Nazaret). Se establecieron principios éticos como la compasión y la Regla de Oro: «Haz a los demás lo que quieres que te hagan a ti».

La filosofía (y, dentro de ella, la ciencia) solo llega a una conclusión, y es que se puede afirmar la existencia de Dios, pero con la condición de no pretender decir nada acerca de su naturaleza. Esto es muy habitual en ciencia, lo de afirmar que existe algo sin demostrar si existe o sin saber qué es en realidad. Pauli propuso la existencia del neutrino para explicar la conservación de la energía y del momento en la desintegración beta. En realidad, no lo llamó neutrino, sino *neutrón* (antes de que se descubriera el neutrón de Chadwick en 1932). El nombre *neutrino* lo propuso Fermi, y la detección experimental no ocurriría hasta 1956. Lo mismo sucedió con el bosón de Higgs, una partícula cuya existencia se propuso en 1964 y que no se confirmó experimentalmente hasta 2012 en el CERN (Conseil Européen pour la Recherche Nucléaire). O con las ondas gravitacionales supuestas por Einstein en 1916 a partir de la relatividad general, detectadas por primera vez en 2015 por LIGO (*Laser Interferometer Gravitational-Wave Observatory*). Los vacíos del conocimiento científico se llenan con ondas o partículas cuya existencia se demostrará (o no) en el futuro. Pero Dios no es una partícula. La ciencia no necesita a Dios para llenar un vacío de conocimiento. La idea de recurrir a Dios para explicar lo que la ciencia no alcanza se conoce como *modelo de dios de los huecos*. La ciencia moderna rechaza ese modelo porque la ciencia se ocupa solo de una parte de lo que existe: de la materia, de las fuerzas, las energías y los campos; de lo medible. La ciencia no se ocupa de lo trascendente. Por eso, ciencia y religión son compatibles: porque no comparten ni compiten por parcelas de conocimiento. La única relación de la ciencia con lo trascendente está en el *ethos*, en la dimensión ética de sus procedimientos.

45

«El carro de la compra es cosa de señoras». Eso lo decía mi abuela, que cada mañana recorría el barrio cargada con las bolsas de la panadería, la pescadería, la carnicería y la frutería. Decía que el carro era un armatoste y que ella no tenía tiempo para estar toda la mañana tirando de él de un lado a otro. Llevar carro implicaba tener tiempo, algo de lo que ella carecía. Pero, con los años, sucumbió a un carro ligero y plegable que le regaló mi padre, fabricado con un saco de polipropileno tejido, tan fácil de mantener limpio como una bolsa de plástico convencional. Usar carro es la opción más sostenible de todas, más sostenible que las bolsas de plástico, de papel o de algodón. Sin embargo, hacer la compra con carro también significa tener tiempo para salir a comprar a diario; significa que puedes comer pescado fresco, pan recién horneado; significa que no necesitas el coche, que todo está a la distancia de un paseo. Reivindicar el uso del carro de la compra no es solo una cuestión medioambiental; es, sobre todo, una demanda de bienestar económico y social.

Para medir el impacto medioambiental del carro de la compra y poder compararlo objetivamente con las bolsas de plástico, y estas con las de papel, algodón o rafia, en ciencia de materiales utilizamos una herramienta de medida llamada *análisis de ciclo de vida*

(ACV). La huella ecológica de un material no solo depende de cómo va a acabar su vida o de cuánto tardaría en biodegradarse si se deja abandonado en el monte. Con el ACV se evalúa el impacto medioambiental de un producto a lo largo de toda su vida, desde la extracción de las materias primas hasta su fabricación, su uso y su posibilidad de reutilización y reciclaje. Mediante el balance de masas integrado en el ACV se cuantifican los materiales usados y los residuos generados. Este análisis permite hacer una comparación objetiva entre objetos iguales fabricados con materiales diferentes.

Si se compara la bolsa de plástico con la de papel y con la de algodón, el resultado del ACV es claro: las bolsas de plástico son la opción más sostenible. El impacto medioambiental de las bolsas de papel es tres veces superior a las de plástico, y el impacto de las de algodón es ciento treinta y una veces superior. Estos datos, que pueden resultar sorprendentes dada la mala fama de las bolsas de plástico, se explican con facilidad. Primero, teniendo en cuenta el proceso de extracción de materias y la fabricación. La mayoría de las bolsas de plástico son de polietileno, que se extrae del petróleo (si son de plástico convencional) o de vegetales (si son de bioplástico). Además, según la normativa, las bolsas de supermercado se fabrican con al menos un 50 % de plástico reciclado, lo que reduce drásticamente su huella ecológica. Las bolsas de plástico requieren un 71 % menos de energía durante el proceso de producción en comparación con el papel, cuya fabricación requiere de la tala de árboles, y la elaboración de la pulpa de papel necesita unos cuatro litros de agua por bolsa. La fabricación de algodón, más conocida por el impacto medioambiental de la moda, necesita unos 40.000 litros de agua por kilogramo de tejido, uso de grandes extensiones de terreno para cultivo y el mayor gasto energético de los tres materiales. El transporte, que representa entre el 25 y el 30 % del impacto total, varía según el peso de cada bolsa. En este sentido, también las bolsas de plástico destacan por su ligereza en comparación con las de papel y las de algodón.

El ACV también tiene en cuenta si las bolsas son reciclables y cuánto se reciclan. Aquí salen ganando las de papel. El papel y el cartón tienen una tasa de reciclaje cercana al 70 %, aunque la media de las bolsas es inferior si tenemos en cuenta que todavía hay bolsas de papel con barnices o con capas de otros materiales que dificultan su recuperación, o que se manchan por contacto con alimentos y pasan a formar parte de los residuos orgánicos en lugar de al sistema de reciclado del papel. Según las fuentes que se consulten, en España se reciclan entre el 20 y el 36 % de las bolsas de papel. El reciclaje de envases de plástico es inferior: ronda el 50 %, y, en concreto, las bolsas alcanzan un modesto 15 %. Las bolsas de algodón no se reciclan, o al menos, no hay un registro de ello, dado que el textil no cuenta con un sistema separado de gestión y reciclaje.

La reutilización de cada bolsa también es muy variable. De media, las bolsas de papel se reutilizan 3,6 veces, mientras que las de plástico se reutilizan 2,5 veces. Idealmente, las bolsas de algodón se podrían reutilizar cientos de veces, pero la realidad actual dista bastante de esa cifra. Se regalan bolsas de algodón en cualquier evento, en congresos, con la compra de otros productos, en celebraciones de todo tipo, y acaban acumulándose en casa por decenas. La bolsa de algodón, que se creó con el propósito de dar una imagen de sostenibilidad a las marcas, hoy en día se ha convertido en todo lo contrario, en un símbolo de despilfarro.

Considerando toda esta información, es obvio que en el cálculo del ACV la bolsa de plástico es la que sale ganando. Resulta incuestionable que la bolsa de plástico es la opción más sostenible de las tres, y más si esta bolsa se reutiliza cuantas más veces mejor. Por eso, la bolsa más sostenible de todas es la bolsa de plástico que se diseña para que el consumidor tienda a reutilizarla, como pasa con las bolsas de textiles sintéticos de plástico, como las de poliéster o las de rafia, que se fabrican con polietileno y polipropileno y que, sin pensarlo, guardamos y reutilizamos decenas de veces.

Sin embargo, este balance de datos hay que hacerlo con proporcionalidad. ¿Es tan significativo para el medio ambiente el material de la bolsa con la que se hace la compra? De media en España, cada persona utiliza 67 bolsas de plástico al año, un tercio de las que se usaban antes de que se cobrasen. En términos de huella de carbono, 67 bolsas de plástico equivalen a recorrer en coche entre dos y tres kilómetros, dependiendo del modelo. Así que comprar en el barrio, sin necesidad de desplazarse en coche, es más significativo en términos medioambientales que el material de las bolsas.

Por eso, el carro de la compra es la opción más sostenible. Primero porque es una bolsa de plástico con ruedas, así que gana por el material; pero, además, es un objeto de vida larga, que puede durar más de diez años en perfecto estado, por lo que se convierte, automáticamente, en un producto sostenible. Y lo más importante de todo es que el carro de la compra conlleva un modo de vida que abarca todas las patas de la sostenibilidad: medioambiental, económica y social. Usar carro significa que puedes comprar todo lo que necesitas en tu propio barrio. Los carros de la compra son la elección más sabia de todas, la elección de las señoras.

46

Desde mi despacho de casa oigo a Emilio jugando con mi madre en el salón. Los dos sentados en la alfombra, repitiendo los colores de los aros de la pirámide de Fisher-Price: rojo, naranja, amarillo, verde y azul. Era mi juguete favorito cuando era pequeña. Mi madre compró uno igual para Emilio. El mío era de plástico de polietileno de alta densidad de origen fósil, el de Emilio es también de polietileno, pero fabricado a partir de etanol extraído de caña de azúcar. La materia prima se obtuvo de fuentes diferentes, pero el resultado es el mismo juguete, con la misma composición exacta. Separados por casi cuarenta años, el plástico de mi juguete representaba la modernidad, el de Emilio la sostenibilidad. El mismo juguete, el mismo material, interpretado de forma diferente según su época, como un ejercicio de semiótica juguetera. Emilio se ríe a carcajadas. Me imagino que está colocando el aro azul antes que el verde. Sabe que no encajan. Dice «no, no» mirándote a los ojos y le entra la risa. Oigo a mi madre decirle que el azul es el aro que se coloca el último. Emilio repite la palabra *azul* alterando el orden de las letras para armar una nueva: *a luz. A luz* es como se dice en gallego «la luz». Me parece una figura de estilo, una metátesis que evoca lo que decía el artista Yves Klein, que el azul es lo invisible haciéndose visible. Es cierto que el azul es *a luz*.

Mi madre viene a casa todas las mañanas de lunes a viernes para cuidar de Emilio mientras su padre y yo trabajamos. «Mi madre lo hizo por mí, ahora yo voy a hacerlo por ti», me dijo el primer día que llegué a casa con mi hijo en brazos. Escribo esto mientras los oigo a los dos de fondo. Esta es la definición de gratitud. La gratitud como un efecto encadenado entre las madres de cada generación. No me refiero a la gratitud que yo siento hacia mi madre, no me refiero a darle las gracias cada día cuando se marcha. Tampoco a eso que suelen decir algunas mujeres, que la maternidad les enseñó a ser más agradecidas con sus madres. No me refiero a nada de eso. Que mi madre venga cada día a casa a cuidar de Emilio es un gesto de gratitud hacia su propia madre.

47

Cojo un vaso de agua y una pajita y soplo por ella hasta hacerla borbotear. Estoy haciendo que el agua se vuelva más ácida. El aire que exhalo, tras haber pasado por mis pulmones, tiene una composición diferente al aire que inhalé. Tiene menos oxígeno y mucho más dióxido de carbono: de un escaso 0,04 % pasa a tener un 4 %, cien veces más. Cada soplido deja unos 20 ml de CO_2 en el agua. En realidad, el CO_2 no se disuelve en el agua, sino que reacciona con ella, es decir, se combina químicamente con las moléculas de agua y forma una sustancia nueva: ácido carbónico. Esa sustancia es la que provoca que el agua se vuelva más ácida. Lo cuento, lo explico, pero no se ve. El agua parece la misma después de haber estado soplando por la pajita. Si no se ve, es como si no existiese. Lo cuento y la gente me cree, como un acto de fe. Por eso hay que hacerlo visible. En televisión todo tiene que ser visible. Da igual lo bien que lo explique; tiene que cambiar de aspecto, bullir, explotar, cambiar de color. El ácido carbónico tiene que brillar, que brotar con un color diferente.

En el altillo del vestidor tengo una caja enorme etiquetada como «laboratorio». Contiene matraces, pipetas, espátulas y una selección de sustancias de uso clásico en el laboratorio, como indicadores colorimétricos. Cosas que tuve que comprar de estudiante, otras que adquirí cuando fui profesora (por ahorrarme los trámites administrativos de compras menores y esporádicas), algunas que me prestaron en mi centro de investigación y otros materiales que usé en diferentes programas de televisión y he ido acumulando por si acaso. Son retazos materiales de todos los laboratorios por los que he pasado.

Hay un botecito con azul de metileno. No tiene etiqueta, pero recuerdo que ahí hay azul de metileno. Es un polvo cobrizo y brillante que en contacto con el agua se vuelve azul, azul de metileno. Existen cientos de pigmentos azules, con fórmulas químicas radicalmente diferentes entre sí, miles de colores azules con miles de nombres: azul de Prusia, azul Berlín, azul cobalto... En el lenguaje coloquial, se alude al azul cielo o al azul marino cuando ni el cielo ni el mar son siempre de color azul. Y ni mucho menos son siempre del mismo tono azul. Carlos Marzal tiene un poema titulado «Azul de metileno» que habla de esto. Dice: «Azul que es cualquier cosa, y ni siquiera tiene que ser fiel al azul».

El azul de metileno en polvo parece ralladura de cobre fresca. Cobre bien rojo y metálico, sin oxidar, sin un ápice del color turquesa que adquiere cuando se transforma en cardenillo. Así es el azul de metileno, como cobre cuando es sólido, como un mar platónicamente azul cuando se disuelve en agua y como un líquido amarillo cuando el agua se vuelve ácida.

La acidez se mide en una escala conocida como pH. La p es un operador matemático, es decir, una operación matemática que se hace sobre un valor. Es el logaritmo decimal negativo. Se usa en química para expresar valores que abarcan muchos órdenes de magnitud de forma más manejable y comparativa. Es decir, para hacer más pequeños y manejables números que serían muy largos, con muchos ceros.

La H de pH representa la concentración molar de iones hidronio (H_3O^+), que equivale a la concentración de protones en disolución (H^+). H^+ es un átomo de hidrógeno que ha perdido el electrón, por eso se le llama protón; porque, al fin y al cabo, un hidrógeno sin su electrón es simplemente su núcleo atómico, que está compuesto por un solo protón. Las sustancias ácidas son aquellas que liberan H^+ con facilidad. Cuanto más H^+ haya, más acidez.

El H^+ es tan pequeño que ejerce una gran atracción electrostática sobre el agua, por lo que no existe de forma solitaria, sino que siempre se combina con ella. Entonces, cuando un ácido está disuelto en agua, el H^+ se combina con el H_2O y da lugar al H_3O^+, ion hidronio.

Así que el pH es una escala que mide la acidez del 0 al 14, siendo el 0 el valor de mayor acidez y el 14 el de menor acidez. De hecho, el valor de pH neutro equivale a 7, justo en el medio. Las disoluciones por debajo de pH 7 son ácidas y por encima de 7 son básicas, que es lo opuesto a ácidas.

Así se define la química ácido-base, como la transferencia de protones (H^+) entre sustancias. Se podría decir que los ácidos liberan H^+ y las bases los aceptan. Por tanto, la escala de pH sirve para medir, indirectamente, cuántos protones libres o capturados hay. Este concepto es clave para entender muchos procesos biológicos, industriales y ambientales. De hecho, la mayoría de los procesos bioquímicos esenciales para la vida solo ocurren dentro de unos márgenes muy concretos de pH. La sangre humana, por ejemplo, necesita mantenerse en torno a 7,4. Una desviación sostenida, aunque sea leve, puede tener consecuencias graves. Lo mismo ocurre en otros sistemas vivos. Y, entre todos, uno de los más sensibles es el océano.

Los océanos cubren más del 70 % de la superficie de la Tierra y actúan como un inmenso regulador térmico y químico del planeta. Uno de sus papeles más cruciales es el de sumidero de dióxido de carbono (CO_2): absorben aproximadamente el 25 % del CO_2 emitido a la atmósfera por la actividad humana. Esta capacidad de absorción es beneficiosa en términos de mitigación del cambio climático, pero, como contrapartida, provoca un descenso del pH del agua del mar. A este fenómeno se lo conoce como *acidificación oceánica*.

La explicación es puramente química. Cuando el CO_2 atmosférico se disuelve en el agua del mar, reacciona con ella para formar ácido carbónico (H_2CO_3), un ácido débil que, sin embargo, se disocia en iones bicarbonato (HCO_3^-) y protones (H^+). Esos protones son los responsables de la disminución del pH. A medida que aumentan las emisiones de CO_2, más CO_2 se disuelve en el océano y más protones se liberan. Como consecuencia de ello, el océano se vuelve cada vez más ácido.

Este descenso del pH altera un delicado equilibrio químico que afecta, entre otras cosas, a la disposición de iones carbonato (CO_3^{2-}), fundamentales para la vida marina. Muchos organismos marinos (como corales, moluscos y ciertos tipos de plancton) utilizan los iones carbonato para construir sus conchas o esqueletos de carbonato cálcico ($CaCO_3$). Cuando el pH disminuye y los iones carbonato escasean, estos organismos tienen más dificultades para calcificarse. En casos extremos, sus estructuras pueden, incluso, empezar a disolverse.

Este mecanismo afecta a toda una cadena trófica marina, aunque el caso más paradigmático es el de los corales. Los corales constructores de arrecifes viven en simbiosis con unas microalgas llamadas *zooxantelas*. Estas algas llevan a cabo la fotosíntesis y suministran energía a los corales a cambio de protección. Para formar sus esqueletos, los corales extraen del agua los iones calcio (Ca^{2+}) y carbonato (CO_3^{2-}), combinándolos en una red cristalina de carbonato cálcico.

Al disminuir la concentración de CO_3^{2-} por la acidificación, los corales no solo encuentran más difícil construir su esqueleto, sino que este puede llegar a disolverse si el pH cae demasiado. Además, el estrés ambiental (incluida la acidificación) puede hacer que los corales expulsen a sus zooxantelas, lo que se conoce como *blanqueamiento coralino*. Al perder estas algas, los corales pierden su color y, lo que es más importante, su fuente principal de energía, lo que pone seriamente en peligro su supervivencia.

La acidificación de los océanos, aunque menos visible que otros impactos del cambio climático, es uno de los problemas ambientales más relevantes del presente. Desde el inicio de la era industrial, el pH medio del océano ha descendido de 8,2 a aproximadamente 8,1. Esta variación de apenas una décima equivale a un aumento del 30 % en la acidez, ya que el pH se mide en escala logarítmica.

Los ecosistemas de arrecifes coralinos son muy sensibles a esta alteración. Al ser estructuras complejas que tardan siglos en formarse, su destrucción representa una pérdida ecológica, climática y económica de primer orden. Los arrecifes no solo son el hábitat de una cuarta parte de las especies marinas conocidas, también protegen las costas de la erosión y son fuente de recursos para millones de personas. Por eso, saber en qué consiste la química ácido-base resulta clave para comprender este fenómeno ambiental y para desarrollar soluciones de mitigación.

Sin embargo, para contarlo bien, hay que hacerlo visible, de colores. Ilustro el fenómeno de acidificación soplando por la pajita en un vaso lleno de agua. Estoy cargando el agua de CO_2, volviéndola más ácida. Para hacerlo visible, añado al agua una punta de espátula de polvo de azul de metileno. Se tiñe de azul. Al soplar, el color azul se va desvaneciendo poco a poco, más cuando más hago borbotear el agua, hasta volverse verde y después amarillo, casi incoloro. Ese cambio de color se ve como un cambio de pH. Se ve, se entiende, se cree.

Hay sustancias que se usan como indicadores de pH porque cambian de color según la acidez o la basicidad del medio, debido a una reacción ácido-base en su propia estructura molecular. Químicamente, un indicador es una molécula que existe en equilibrio entre dos formas estructurales (llamadas *tautómeros* o *especies conjugadas*), una forma protonada (cuando hay más H^+ en la solución, es decir, en medio ácido) y una forma desprotonada (cuando hay menos H^+, es decir, en medio básico). Cada una de estas formas absorbe la luz de forma distinta, lo que hace que se vean de diferente color.

Por ejemplo, la fenolftaleína, que es un indicador de pH clásico, en medio ácido (pH <8,2) está en su forma protonada, es incolora; y en medio básico (pH>8,2) pierde un protón y se convierte en su forma aniónica, de color rosado o fucsia. Cada indicador tiene su propio intervalo de viraje, que es el intervalo de pH en el que cambia de color. Esta propiedad los hace útiles para visualizar de forma sencilla y rápida si una solución es ácida, neutra o básica.

Aunque el azul de metileno no es un indicador de pH clásico, sí puede usarse en ciertas condiciones para visualizar la acidificación del agua. Lo que ocurre con el azul de metileno al añadir CO_2 al agua tiene una explicación química compleja, aunque fascinante, ya que implica varios fenómenos a la vez: la química ácido-base del CO_2 en agua y la química redox del azul de metileno. Porque el azul de metileno no pierde ni gana protones, pero sí se oxida o se reduce según la acidez que lo rodee.

El azul de metileno es una molécula redox muy sensible: cambia de color según su estado de oxidación. Si está oxidado es azul y se está reducido es verdoso, amarillo o incoloro. En presencia de un reductor suave (como el agua del grifo), el azul de metileno puede estar parcialmente reducido, y ese equilibrio redox se ve afectado por el pH. A medida que aumentan los H^+ (baja el pH), la forma reducida se estabiliza con más facilidad. El equilibrio se desplaza y se produce un cambio de color de azul a verdoso o amarillento.

El azul de metileno es, químicamente, cloruro de metiltionina, un compuesto orgánico de tipo tiazina. Fue sintetizado por primera vez en 1876 por el químico Heinrich Caro. Al año siguiente se patentó; fue la primera patente otorgada a un colorante derivado del alquitrán. Caro trabajó desde muy joven en el mundo de los pigmentos y se convirtió en un gran experto en el uso de la anilina como base para sintetizar tintes textiles. Su trabajo fue clave para perfeccionar la producción del codiciado púrpura de Perkin. También trabajó como investigador en la famosa empresa química BASF y ayudó a obtener alizarina a escala industrial en 1969. La alizarina es un colorante rojo que se extraía de la raíz de una planta llamada *rubia*, uno de los tintes más utilizados y valiosos de la época. Este desarrollo se logró solo cuatro años después de la fundación de la empresa BASF, lo que la catapultó al mercado internacional. Caro fue uno de los químicos más importantes en la historia de los pigmentos: colaboró en la síntesis del primer colorante índigo sintético (el azul de los tejidos vaqueros) y desarrolló otros pigmentos famosos, como el verde malaquita y el tinte fluorescente auramina.

El azul de metileno, pese a ser un pigmento azul que se pensó para uso como tinte textil, apenas se ha utilizado con este propósito. Una de las propiedades más provechosas del azul de metileno es su química redox; la facilidad con la que este compuesto se oxida y se reduce ha sido muy útil en medicina. Uno de sus usos principales es el tratamiento de la metahemoglobinemia, una enfermedad por la que la hemoglobina no es capaz de transportar oxígeno en la sangre. La hemoglobina tiene un átomo de hierro que atrapa el oxígeno y lo transporta; para ello, el hierro tiene que estar «poco oxidado», en forma de hierro ferroso. Si el hierro está «muy oxidado», como hierro férrico, no puede atrapar el oxígeno. La metahemoglobinemia se caracteriza por que la hemoglobina tiene el hierro «muy oxidado», por eso no cumple su función. El papel del azul de metileno es corregir esto: convierte el hierro férrico en hierro ferroso y recupera así el correcto funcionamiento de la hemoglobina. Este compuesto también se ha utilizado para tratar envenenamientos por cianuro e intoxicaciones con drogas tipo *poppers* (alquilnitrilos). Además, se usa en cirugía como tinte para marcar y rastrear los tejidos que se deben extraer, o en biología como tinción celular para preparaciones microscópicas. Otra de sus propiedades derivadas de su química redox es que es un excelente antifúngico y antimicrobiano, por lo que se usa en acuicultura para tratar las enfermedades provocadas por hongos.

Dispongo de apenas dos minutos para explicar todo esto en el programa de hoy. Entro en directo desde casa. Tengo un montaje de iluminación, cámara y micrófono delante de mí que ocupa medio despacho. Que quede elegante, que quede profesional. Que suene bonito; sobre todo, bonito. Explico rápidamente que parte del CO_2 que emitimos a la atmósfera se disuelve en el océano y que, al hacerlo, reacciona con el agua y se transforma en un ácido, el ácido carbónico. Esto acidifica el agua en general, lo que provoca que especies marinas calificadoras como corales y bivalvos pierdan la capacidad de calcificar, de formar sus conchas. Señalo que esto es un desastre medioambiental. «La acidificación oceánica parece un fenómeno complejo, pero se puede visualizar fácilmente y de forma muy bonita. Mirad, aquí tengo un vaso de agua. Si yo cojo esta pajita y soplo, el CO_2 que sale de mi respiración reacciona con el agua y la vuelve ácida casi al instante. Para que lo veáis, voy a usar una sustancia que cambia de color según la acidez del agua. Es el azul de metileno, un pigmento que alteró la historia de la química, del arte, de la medicina, y que inspiró uno de los poemas más maravillosos del mundo». Añado una punta de espátula de azul de metileno al agua y la disuelvo con ayuda de la pajita. «¿Veis?, ahora es azul. Si el agua se volviese ácida, se pondría de color amarillo». Comienzo a soplar por la pajita. Estoy añadiendo CO_2 al agua. Sigo soplando. El agua comienza a ponerse verde. «Mirad el cambio de color. El agua se va poniendo amarilla». Cojo el vaso, lo levanto y lo muestro a cámara para que se vea más cerca. «Esto es lo que está pasando en nuestros océanos». Dos minutos exactos. Y el programa pasa a otro tema de inmediato.

Como escribió Carlos Marzal en su poema «Azul de metileno»: «Difunda en silencio la inquietud que tiene la hermosura inesperada».

48

Cuando me incorporé al trabajo después de dar a luz a Emilio me invitaron a participar como ponente en un evento sobre cómo la ciencia y la tecnología puede ayudar a estrechar las desigualdades sexuales. Acudir al evento suponía viajar y pasar al menos una noche lejos de mi hijo en plena lactancia. Emilio tenía pocas semanas y yo aún no sabía cuánto tiempo podía estar lejos sin que el cuerpo me recordara que seguía siendo su alimento. Propuse hacer mi intervención online para, precisamente, demostrar que la tecnología es una herramienta poderosa para equilibrar esas desigualdades. Después de darle muchas vueltas, la organización desestimó mi propuesta: o viajaba o prescindían de mí. Finalmente contrataron a otra persona para ocupar mi lugar. Obviamente no invitaron a una madre reciente.

Esto que me ha ocurrido en un trabajo de carácter puntual también ocurre en trabajos continuados. Con la maternidad se pierde el turno y, como dice el refranero español: el que fue a Sevilla perdió su silla. Un hombre puede volar a Madrid para grabar un programa de televisión durante el último trimestre de embarazo de su mujer. Puede hacerlo también durante el periodo de lactancia exclusiva de su hijo, incluso durante el posparto de su mujer. Si el hombre quiere, no tiene por qué perder el turno. Estas diferencias biológicas son el punto de partida sobre el que se construyen muchas desigualdades sociales. Aunque cada trabajo tiene sus peculiaridades, las dificultades de la mujer en la ciencia son esencialmente las mismas.

Escribo esto desde el hartazgo que me producen las entrevistas en las que reiteradamente me preguntan por qué a las niñas no les interesa la ciencia o por qué se sienten menos capaces. Siempre tengo que explicar que ninguna de esas cosas es cierta. Para empezar, hace décadas que hay más alumnado femenino en carreras científicas. Medicina, biología, farmacia, química o veterinaria rondan el 70 %. Exceptuando matemáticas y alguna ingeniería, el resto de las carreras científicas en España están copadas por mujeres. Además, desde la primaria hasta la universidad las chicas tienen mejor rendimiento académico y menor abandono escolar.

El mito de que las niñas no se sienten capaces se difundió a partir de una interpretación errónea de un estudio en niños y niñas de seis años,[18] que en realidad mostraba que los niños sobreestimaban las capacidades atribuidas a su propio sexo, no que las niñas se infravalorasen. Ese matiz se perdió, pero el titular quedó.

Enseñar ciencia es enseñar a leer datos, a dudar de los titulares y a entender los límites de los estudios. Si no, acabamos usando la ciencia para reforzar prejuicios en lugar de para combatirlos.

Algo parecido ocurre cuando se analizan las diferencias en la elección de estudios científicos entre hombres y mujeres. Un amplio estudio comparativo internacional mostró que en los países con mayores índices de igualdad de género las diferencias en la elección de disciplinas científicas no desaparecen, e incluso suelen ser más acusadas que en países con menor igualdad formal.[19] Es lo que se ha denominado *paradoja de la igualdad de género*: cuanto mayor es la libertad individual y la seguridad material, más tienden las elecciones académicas a reflejar inclinaciones personales que, lejos de homogeneizarse, acentúan la concentración de hombres y mujeres en campos distintos. Los datos no encajan con la explicación simplista de que el problema esté únicamente en la falta de oportunidades o en una supuesta inhibición femenina temprana.

Siempre me ha parecido revelador que se perciba como un problema que haya pocas mujeres en algunas carreras científicas y no que haya pocos hombres en otras. No hay campañas insistentes para convencer a los niños de que estudien estas disciplinas. La alarma social se activa cuando la elección femenina no coincide con aquello que históricamente han escogido los hombres. Es ahí donde se esconde un sesgo machista que rara vez se formula de manera explícita: se toma lo masculino como escala de éxito, como modelo aspiracional, como medida de lo valioso. Las elecciones que no se ajustan a ese patrón se leen como un fracaso.

Se debería de dejar de jerarquizar las disciplinas como si unas fueran de primera y otras de segunda. Ninguna disciplina científica es mejor que otra. Del mismo modo que la ciencia no es mejor elección que cualquier otra forma de conocimiento.

El problema no está en la elección inicial, sino en lo que ocurre después. La precariedad, la falta de conciliación, la maternidad, los techos de cristal y la expulsión silenciosa de las mujeres de los puestos de poder son las verdaderas barreras. Insistir en que el problema está en las niñas es una forma cómoda —y bastante cobarde— de no afrontar los problemas estructurales del mundo adulto.

Por eso me incomoda que el debate público insista en preguntarse por qué las niñas no eligen ciencia, como si el problema residiera en una supuesta falta de vocación infantil. La cuestión relevante es qué ocurre en el mundo adulto cuando esas niñas se convierten en mujeres y quieren ejercer su profesión sin renunciar a la maternidad. La brecha no nace en la curiosidad, sino en la organización social del trabajo y en la distribución desigual de los cuidados. Mientras no miremos ahí, seguiremos señalando en la dirección equivocada, como si el origen del problema estuviera en el cuaderno de ciencias de primaria y no en las estructuras laborales que penalizan los tiempos biológicos.

También se habla con frecuencia de la necesidad de referentes femeninos para que las niñas se animen a estudiar carreras científicas. Es una idea bienintencionada, pero la realidad es que el sexo del referente apenas tiene influencia.[20] La curiosidad no es masculina ni femenina. El asombro tampoco. Cuando divulgo ciencia, no lo hago con la aspiración de convertirme en modelo para un grupo concreto de niñas, sino con la esperanza de ser útil a cualquiera que sienta interés, sea niño o niña. Si alguna vez soy referente, me gustaría serlo para ambos. Reducir la identificación a una cuestión de sexo implica asumir que las niñas solo pueden admirar a mujeres y los niños solo a hombres, y esa premisa me parece más empobrecedora que liberadora.

Por eso aparezco deliberadamente en televisión con un aspecto asociado a la feminidad más estereotipada mientras explico espectroscopía, orbitales y enlaces químicos. Hay una ética detrás de esa estética. Lo hago para señalar que lo tradicionalmente femenino no tiene menos valor por ser femenino y tampoco necesita parecerse a lo masculino para legitimarse. No es un disfraz irónico ni una provocación; es una afirmación de coherencia. Soy doctora en Química y puedo llevar un vestido con cancán. Igual que lo estereotípicamente masculino se utiliza para conferir un estatus, yo muestro el estereotipo femenino como símbolo de prestigio. Quien lo percibe como contradicción está revelando hasta qué punto aún asociamos el prestigio a lo masculino.

Si pudiera mandarle un mensaje a una niña que siente curiosidad por la ciencia, pero duda si es realmente para ella, le diría que no hay nada que demostrar. Que no tiene que estudiar una carrera para corregir una estadística ni para romper ningún estereotipo. Que estudiar ciencia —o no hacerlo— es una elección personal, no una causa colectiva. Que estudie lo que le dé la gana. Y que desconfíe de cualquiera que le diga que tiene que elegir mejor. Le diría que la ciencia es para ella si le gusta, si siente la necesidad de saber más ciencia, si cuanto más sabe más bonita le parece. Algo que se puede aplicar a la ciencia o a cualquier cosa. Le diría que estudie la disciplina en la que haya encontrado belleza y sentido.

49

Escribo a mi editor y le digo que ya tengo la idea para el próximo libro. Voy a escribir un diario de laboratorio. El diario de laboratorio es una herramienta de trabajo común para todos los científicos. Se trata de un informe escrito en el que se detallan todas las actividades del día a día que se van desarrollando en el laboratorio. En él se registran los resultados, los errores, las conjeturas, las conclusiones y las reflexiones relacionados con los experimentos que se están llevando a cabo. El objetivo del diario de laboratorio es llevar un registro exhaustivo, de tal manera que, si un científico tuviese que continuar con la investigación de otro, pudiese acceder a toda la información y continuar los experimentos desde el punto exacto en el que se dejaron.

Los diarios de laboratorio se denominan *diarios* por dos razones: se escriben cada día, indicando la fecha al inicio de cada entrada, y, además, se consideran un documento confidencial. A menudo también se les llama *cuadernos de laboratorio*, porque suelen ser cuadernos físicos, de papel, generalmente con tapa dura para resistir las condiciones del laboratorio, páginas numeradas y con trama para facilitar el dibujo de tablas y gráficos. En la actualidad, por seguridad, los datos más relevantes del diario de laboratorio se van volcando de forma periódica en un formato digital.

El diario de laboratorio que voy a escribir va más allá del laboratorio. No voy a publicar mi diario de laboratorio real, sino el diario de laboratorio de una vida corriente. Quiero que sea un diario, pero un diario sin orden cronológico, como quien rescata las entradas más iluminadas de su vida. No me refiero a grandes hazañas, sino a las cosas asombrosas que he descubierto en lo cotidiano. Al fin y al cabo, el asombro es la sublimación del conocimiento.

Lo más ordinario de esa vida, como lo que concierne a la sucesión de trabajos relacionados con la ciencia que he tenido, desde profesora hasta investigadora y presentadora de televisión, no será el hilo conductor evidente. Es interesante desde el punto de vista narrativo porque esa historia se irá construyendo a trompicones, con saltos en el tiempo. Solo al final del libro uno puede componer el puzle cronológico de la biografía. Sin embargo, el hilo conductor de verdad, por el que cada entrada del diario sucede a la anterior, serán las ideas. Estas aparecerán enmarañadas con vivencias y conceptos científicos que se interconectan con creencias fuertes. Las ideas no avanzan al mismo ritmo que la flecha del tiempo. Las ideas a veces retroceden, aceleran, se frenan, quedan estancadas o dan un salto estratosférico. Las ideas son las que darán orden al diario, y serán el hilo conductor porque representan lo elemental.

Escribir un diario que no está ordenado por el tiempo, sino por las ideas elementales sobre la vida, es algo sugerido, podría decirse que copiado, de la química. Los elementos químicos se llaman *elementos* por lo que tienen de elemental. La palabra *elemento* en química proviene de una larga tradición filosófica y lingüística que asocia la idea de elemental con lo más básico, esencial e irreducible. Etimológicamente, viene del latín *elementum*, que ya se usaba en la Antigüedad para referirse a los componentes fundamentales de algo, en especial de la materia o del conocimiento.

El término *elementum* no tiene un origen claro, pero algunos filólogos lo relacionan con el orden de las letras del alfabeto latino (L, M, N), entendidas como los «bloques básicos» del lenguaje, al igual que los elementos químicos lo son de la materia. Para los filósofos griegos, lo elemental eran los cuatro principios básicos de la naturaleza: tierra, agua, aire y fuego; y se los llamaba *stoikheia*, que también significa 'componentes fundamentales', como las letras del alfabeto. Los romanos tradujeron *stoikheia* como *elementa* y consolidaron la idea de que los elementos son las unidades básicas a partir de las cuales se compone todo.

Cuando nació la química moderna en los siglos xvii y xviii, se retomó esta idea para denominar *elementos* a las sustancias puras que no pueden descomponerse en otras más simples por medios químicos ordinarios. Es decir, lo más básico, lo esencial, lo elemental. Por ejemplo, el oxígeno es un elemento porque no se puede descomponer químicamente en nada más sencillo, y, sin embargo, participa en la formación de cosas tan diversas como el agua o la madera. Por eso, en lenguaje corriente, cuando decimos que algo es «elemental», nos referimos a lo fundamental, necesario, básico. Y, cuando decimos que algo es «elemental», estamos usando una palabra con la misma raíz filosófica que «esencial»: lo que constituye la esencia de las cosas.

Hoy existen 118 elementos químicos reconocidos oficialmente. Son los elementos de la materia, sus piezas elementales, esenciales. Están organizados en la tabla periódica según su número atómico (el número de protones en su núcleo) y cada uno tiene propiedades químicas únicas. De ellos, 92 son elementos naturales (es decir, se encuentran en la naturaleza: desde el hidrógeno, con número atómico 1, hasta el uranio, número 92) y 26 son elementos sintéticos (han sido creados en laboratorios mediante reacciones nucleares, como el tecnecio [43] o el oganesón [118], el último elemento reconocido por la IUPAC (Unión Internacional de Química Pura y Aplicada, oficialmente incorporado en 2016).

Del mismo modo que la materia tiene sus elementos, la vida también tiene los suyos. Hay elementos universales, como la belleza, la justicia y el bien. Y otros elementos personales que más bien constituyen un credo propio, como la familia, el paisaje, el sentido, la atención o Dios. Este libro será como una tabla periódica de elementos vitales. Así se lo cuento a mi editor: «Creo que no solo este libro, sino que todos los libros se deberían escribir con la voluntad de crear una tabla periódica de elementos vitales». En realidad, esta voluntad está presente no solo en los libros, sino en todo lo que hago. Es una actitud.

Meses después, tras más de 80.000 palabras escritas, vuelvo a reunirme con él. Ha leído el borrador y la editorial ya tiene varias propuestas para la portada. Me enseña una que aún es un bosquejo, pero veo en ella lo que puede llegar a ser. Se muestran unos bloques que representan una selección de elementos químicos destacados de la tabla periódica, aunque, en lugar de elementos químicos, hay conceptos rescatados del borrador del libro, elementos como la familia, la casa, la música, el verano. Hay siete. No sé si es casualidad. El número siete tiene esa cualidad dionisíaca. Siete notas, siete colores. Y siete eran los elementos constitutivos de cada periodo de la ley de las octavas de John Newlands, la antesala de la tabla periódica moderna. La idea me gusta. Le propongo elegir siete elementos vitales. Y relacionar cada uno de ellos con un elemento químico real, como un ejercicio de semiótica, similar al de mi tesis doctoral, en el que cada material lleva atribuido un significado. Una relación tan obvia como Dios y el elemento químico oro (Au), y otras más enrevesadas como que el bien es el hierro (Fe), que es el elemento más abundante de la Tierra, o que la belleza es el nitrógeno (N), que es el elemento más abundante del aire, un fluido inerte que lo impregna todo. O que el hidrógeno (H), que es el elemento primigenio, el elemento más elemental porque solo posee un protón en su núcleo, es para mí la verdad. Hago una lista y elijo siete. Descarto *virtud* y *voluntad* porque están incluidas en *sentido*. Descarto *justicia* porque es sinónimo de *verdad* y de *bien*. Descarto *amor* porque es sinónimo de *Dios* y de *familia*. Y así voy creando una lista que se transforma en un mapa ideológico. Incluso las entradas del diario que resultan más reivindicativas, como las que tratan sobre la sostenibilidad de los materiales o el valor sagrado de la educación, contienen los mismos elementos que las entradas que parecen más íntimas y autobiográficas. Todas conforman un ensayo en defensa de. En defensa de la atención, la belleza, la verdad, el bien, el sentido, Dios y la familia. Ahí están los siete elementos.

50

«Esos artículos que estás publicando son una tesis doctoral en potencia». Me lo dijo a través de un mensaje de texto. Yo no era consciente. Yo simplemente quería publicar artículos de divulgación originales sobre un tema que me apasiona y del que quería saber más: la relación de la química con los materiales empleados en arte. Moisés, un profesor de Química Física de mi facultad, me envió aquel mensaje después de publicar un artículo sobre el artista Mondrian. Estuve varias semanas estudiándolo, reuniendo información sobre el origen de los colores primarios, rompiéndome la cabeza hasta encontrar la razón por la que Mondrian había decidido utilizar solo los colores azul, amarillo y rojo, por qué solo pintaba horizontales y verticales, nunca diagonales, y por qué, al fin y al cabo, sus cuadros más famosos parecían píxeles a gran escala. La respuesta me asaltó mientras me estaba dando una ducha. Preguntarme por qué sus cuadros parecían píxeles era en sí mismo una respuesta.

Mondrian siempre había sido un paisajista, pero estaba obsesionado con retratar lo esencial del paisaje, así que redujo su paleta a tres colores primarios y las formas a líneas verticales y horizontales. Los píxeles de una imagen son así: tres cuadrados, cada uno de un color primario. No son los mismos que escogería Mondrian porque los colores primarios de una pantalla no son iguales que los de una pintura. La luz no se mezcla igual que la materia. La luz sustrae los colores, mientras que la materia los adiciona. Por eso, la suma de los colores primarios de la luz da como resultado la luz blanca y la suma de pinturas de colores primarios da como suma el color negro. Cuando conseguí enlazar todas estas ideas, la obra de Mondrian comenzó a tener sentido desde todos los puntos de vista, incluido el científico, que siempre está influyendo en todas las cosas, inevitablemente.

Cuando ya tenía esto atado, me pregunté dónde estaba la química. Es cierto que hay química en la percepción de color, empezando por que los sensores de color que tenemos en los ojos son moléculas sensibles a la luz que cambian de forma y envían así una señal química al cerebro que se interpreta como visión en color. Esas moléculas presentes en los conos de la retina ocular son las opsinas. En los ojos hay tres tipos de opsinas. Cada una es especialmente sensible a un color: rojo, verde y azul. Se puede decir que vemos en tres colores y el cerebro es el que los mezcla e inventa todos los demás. Esos tres colores son los colores primarios de la luz, los mismos que componen los píxeles de cualquier pantalla.

Así que los colores primarios (y, por tanto, la visión en color) comienzan con la química de las opsinas. Sin embargo, esta noción no terminaba de encajar en mi búsqueda por relacionar la química con la ciencia de materiales. Entonces, me pregunté con qué pintaba Mondrian. Con pintura al óleo. Y me surgió una pregunta mucho más fundamental: ¿de qué está hecha la pintura? No la pintura de Mondrian, sino cualquier pintura. Qué lleva la pintura al óleo, la pintura acrílica, la acuarela, el *gouache*, la encáustica... Cuál es su composición química. Era una pregunta elemental, pero la respuesta no era tan fácil de encontrar. En los manuales de pintura no suele aparecer la composición química de las pinturas, ni siquiera en los más técnicos. La respuesta estaba diluida en esos libros entre jerga de artistas. Tuve que traducir palabras como *pigmento, aglutinante, carga* o *disolvente* al lenguaje químico, porque la equivalencia entre el argot químico y el artístico es más limitada de lo que parece y a veces una misma sustancia puede actuar en una pintura como carga y en otra como pigmento. Resolver aquel galimatías me llevó mucho tiempo (un tiempo que, efectivamente, coincidía con el que le podría estar dedicando a escribir una tesis doctoral).

Toda aquella investigación ahora la puedo concentrar en unas cuantas frases que resumen qué es la pintura. Tanto tiempo, tanto trabajo leyendo y preguntando, ahora se puede condensar en un pequeño párrafo. Así funciona el conocimiento: cuando no sabes de algo, el vacío parece descomunal; sin embargo, cuando adquieres ese conocimiento, ocupa poco y parece ligero.

Siempre que hablo de pintura hago un inciso para explicar su composición química, algo que no lleva ni dos minutos decir ni dos minutos leer: la pintura se compone sobre todo de dos cosas: pigmento y aglutinante. El pigmento es la sustancia que da color. Antiguamente eran minerales de colores molidos; hoy muchas de esas sustancias son sintéticas, réplicas de minerales de colores que se hacen en el laboratorio. El aglutinante es lo que convierte un pigmento en polvo en pintura y, además, le da nombre a la técnica. Así, la pintura al óleo se hace con pigmentos mezclados con aceite; la pintura acrílica se hace con pigmentos mezclados con acrílico; la encáustica, con pigmentos mezclados con ceras, etc. Los disolventes sirven para modificar la fluidez de la pintura y, en ocasiones, para alterar los tiempos de secado. Por ejemplo, la pintura al óleo se puede mezclar con disolventes orgánicos como la trementina, y la pintura acrílica se puede mezclar con agua. Para que la pintura tenga más cuerpo, se le añade carga. La carga suele ser un mineral de color blanco (por ejemplo, el carbonato de calcio). A veces, las sustancias que actúan como carga sirven también como pigmentos (como en las pinturas de color blanco). Y este es el resumen de la química de la pintura. Así dicho parece muy sencillo, pero esta explicación tan clara no está escrita en casi ninguna parte. Por eso la incluyo en todos mis textos sobre pintura y en todas mis conferencias, porque es algo que se presupone que todo el mundo sabe, pero en realidad casi no se conoce. Nadie se va a ofender si en una conferencia se explica algo que ya conoce; en cambio, lo hará si se da por sabido algo que no lo es. Esa es una de mis máximas en la divulgación científica.

Moisés tenía razón cuando me envió aquel mensaje. Lo que yo estaba haciendo era una investigación original, ya que conectaba mundos inconexos y generaba nuevos conocimientos de química, de arte y de divulgación científica. Yo tenía la pulsión de seguir investigando esas conexiones y divulgar los hallazgos. Quería seguir envuelta en la belleza. La belleza estética, la de las cosas bonitas; y la belleza epistémica, la del conocimiento. Moisés me convenció para convertir todo aquello en una tesis. Él mismo la dirigiría. Buscó la manera, nada fácil en el encorsetado sistema académico actual, de encajarla en una línea de investigación en curso. Tuve que expandir mi investigación hacia la ciencia y la tecnología medioambiental, lo que derivó en que la selección de materiales empleados en arte debía de ser especialmente sensible a la degradación ambiental: la luz, el agua, la temperatura... Tenían que oxidarse, resquebrajarse y corromperse de algún modo, y los artistas debían de haber tenido esto en cuenta, de forma consciente o no. Mi tesis está cargada de pinturas, pero también de hormigones, bronces y aceros corroídos. Entré a formar parte de un grupo de investigación dedicado a la reactividad química y a la fotorreactividad, que consiste en estudiar la influencia de la luz en los cambios químicos. Y, tras más de una década investigando y publicando resultados, acabé defendiendo la tesis que me convertiría en doctora en Química.

51

Inmediatamente después de matricular mi tesis doctoral, me compré la corona que llevaría durante su defensa. Las tesis doctorales se defienden, lo que significa que, una vez terminada la investigación y plasmada en una disertación escrita, hay que defenderla ante un tribunal. El tribunal debe estar formado por personas expertas en los campos de investigación de la tesis y han de ser, a su vez, doctores. Esas personas juzgarán el trabajo, lo puntuarán y decidirán si el autor es merecedor del título de doctor.

El doctorado es la máxima titulación académica y está enfocada en la investigación original y en la generación de nuevo conocimiento. Así que la cosa era tan importante como para llevar corona.

La corona es el accesorio soberano, el de mayor gloria y distinción, por lo que compré una para la ocasión. Estuvo guardada durante varios años, hasta que por fin llegó el día del estreno: el de la defensa de la tesis. No es una corona de oro, sino una corona de plexiglás dorado.

Una parte fundamental de mi tesis versa sobre la interpretación simbólica de los materiales. No significa lo mismo una corona de oro que una de plástico. El oro es un material valioso que se usa para representar que algo es valioso, tanto desde el punto de vista terrenal como desde el punto de vista espiritual. El oro representa la opulencia y lo divino. Pero una corona es una corona. Quería expresar, mediante un objeto tan sencillo, una dicotomía semiótica entre material y forma.

Escogí el plástico (en concreto, el plexiglás) porque su invención fue parte del auge de la química industrial de principios del siglo XX, coincidiendo con el periodo artístico sobre el que hice la tesis. El plexiglás se usó como símbolo de modernidad, transparencia y artificialidad en el arte y la literatura de la época. Algunos artistas minimalistas utilizaron los metacrilatos (entre ellos, el plexiglás) para jugar con la luz y el espacio. Se podría decir que los materiales acrílicos, en su conjunto, funcionaron como un parteaguas técnico en el mundo del arte, empezando por la pintura acrílica. La pintura acrílica es la base del grafiti y fue una pieza clave para el expresionismo abstracto porque se puede salpicar un lienzo con pintura acrílica que, al secar, no dejará ningún cerco alrededor. Es una pintura al agua, pero, cuando el agua se evapora durante el secado, las partículas acrílicas (formadas por copolímeros de ácido acrílico, ácido metacrílico y acrilatos) se fusionan y forman una capa plástica continua y resistente, ideal para pintar murales que perduren.

La pintura acrílica es una emulsión en agua (es decir, está formada por pequeñas partículas de polímero dispersas en agua que forman una película al secarse), mientras que el plexiglás es un acrílico sólido y rígido. Ambos son materiales acrílicos, o sea, derivados del ácido acrílico y del metacrílico.

La historia del plexiglás también comenzó con una tesis doctoral. El químico Otto Röhm, cofundador de la empresa Röhm & Haas, publicó en 1901 su tesis sobre polímeros acrílicos. Aquellos materiales eran todavía blandos y pegajosos como para ser útiles, aunque sirvieron para sentar las bases químicas de estos nuevos plásticos. En 1928, Röhm y su equipo lograron por fin polimerizar el metacrilato de metilo en una forma sólida, clara y resistente. Habían inventado el polimetilmetracrilato. En 1933, registraron la patente con el nombre comercial de Plexiglas®. A la vez, empresas como Imperial Chemical Industries y DuPont desarrollaban versiones paralelas (Perspex y Lucite, respectivamente). Todos eran materiales transparentes que venían a sustituir al vidrio.

El plexiglás es más transparente que el vidrio. Es más ligero, pesa aproximadamente la mitad. Tiene mayor resistencia al impacto y no se astilla en fragmentos peligrosos. Apenas amarillea a la intemperie y resiste mejor la radiación ultravioleta. Y es termoplástico, por lo que se puede modelar, cortar y mecanizar a temperaturas muy bajas en comparación con el vidrio. Estas propiedades lo convirtieron en un material estratégico durante la Segunda Guerra Mundial: se usó para fabricar cúpulas transparentes en aviones de combate, torretas, parabrisas y periscopios. Hay anécdotas documentadas de pilotos británicos con fragmentos de polimetilmetracrilato en el cuerpo tras impactos. Los cirujanos notaron que el material no generaba rechazo, lo que lo hizo popular en cirugía ocular, para lentes intraoculares, y para uso protésico en general.

Además, el plexiglás se puede colorear con facilidad mediante pigmentación en masa, usando colorantes solubles durante la polimerización, se puede tintar en superficie y laminar con películas de color. Gracias a su capacidad de transmitancia y a su estructura amorfa, permite obtener colores intensos, brillantes y translúcidos, lo que lo hace muy apreciado en arte, diseño y señalética. También es hipoalergénico, así que es un material ideal para bisutería. Hay muchos motivos por los que era el material ideal para mi corona.

La llamo corona, aunque en realidad es una diadema. Se coloca como una diadema, pero, puesta, luce como una corona cuyos florones tienen, precisamente, forma de flor. Una flor plana como la que dibujaría un niño, con un estambre central de color negro y cinco pétalos dorados alrededor. Una pieza hecha con un corte limpio y complejo que solo un láser CO_2 puede conseguir: el láser vaporiza la plancha de plexiglás a lo largo del trazo indicado en un archivo vectorial y así consigue un borde brillante y pulido. El estambre está perfectamente ensamblado a los pétalos con cloruro de metileno, un pegamento especial para acrílicos que funde ligeramente el material para crear uniones limpias y duraderas.

Me puse corona porque el doctorado es algo bien serio. Y la elegí de plexiglás porque un momento tan solemne merece que todo, desde la forma hasta el material, tenga sentido.

52

Se podrían trazar dos líneas paralelas entre la historia del arte y la historia de la ciencia. Algunos avances científicos y tecnológicos propiciaron el surgimiento de nuevas técnicas artísticas y movimientos que de otra manera no habrían sido posibles. Por ejemplo, la invención de la fotografía, además de establecerse rápidamente como un nuevo medio artístico, también condicionó la evolución de la pintura. Los pintores empezaron a preocuparse más por las teorías del color, por cómo unos colores afectan a los colores circundantes, por cómo funcionan nuestros ojos y por cómo nuestra mente interpreta el color. Así, los impresionistas revolucionaron la pintura a finales del siglo XIX: dejaron de pintar cosas y empezaron a pintar la luz de las cosas. Porque ningún paisaje es igual por la mañana que al atardecer. La luz es la que pinta la realidad.

A la fotografía se le sumó otro avance tecnológico que transformó la forma de pintar: el tubo de aluminio para pintura. Fue el primer envase que servía para conservar la pintura al óleo, evitando que se secara al entrar en contacto con el aire. Antes los pintores solo pintaban en el taller; preparaban las pinturas al óleo al momento, mezclando pigmentos con aceites. El tubo de aluminio para pintura les permitió salir del taller, llevarse sus pinturas y pintar en cualquier lugar. Así surgió el plenairismo, o pintura al aire libre, tan característico de los impresionistas.

Más adelante se inventó la pintura acrílica, una pintura en la que el aglutinante garantizaba un secado más rápido que el óleo, que mantenía la fidelidad del color del pigmento tras el secado y, más importante, la conservación de la pintura en condiciones adversas, útil para pintar a la intemperie. La pintura acrílica, al secar, forma un filmógeno, como una piel plástica que mantiene el pigmento adherido y que facilita la superposición de nuevas capas de pintura. Esta nueva técnica desarrollada por los químicos para satisfacer una demanda industrial resultó ser clave para la gestación del muralismo en los años veinte del siglo xx.

Las pinturas que más se solían usar antes para pintar a la intemperie eran los frescos, que tenían una vida bastante corta. El fresco consiste en aplicar el pigmento diluido en agua sobre el mortero fresco con el que se enlucían las paredes, de tal manera que el pigmento quedaba integrado en la pared. Sin embargo, los pigmentos quedaban expuestos a la atmósfera, terminaban reaccionando químicamente con compuestos en estado gaseoso y alteraban su color. Los compuestos azufrados volátiles de zonas costeras e industriales reaccionan con pigmentos tan comunes hace años como el blanco de plomo y lo convertían en sulfuro de plomo, que es de color marrón.

La pintura acrílica trastocó la forma clásica de pintar. Algunos artistas comenzaron a experimentar con las posibilidades plásticas de este nuevo medio, en ocasiones prescindiendo del pincel y dejando que la pintura goteara o se deslizara sobre el lienzo, lo que favoreció a movimientos como el expresionismo abstracto. Además, la tecnología del aerosol que se desarrolló a finales de los años veinte, junto con la pintura acrílica que ya existía, dio paso al uso del espray de pintura acrílica, técnica que sentó las bases del grafiti moderno.

Esta relación entre ciencia y arte también se estableció a la inversa. La ciencia (en concreto, una disciplina de la química conocida como *ciencia de materiales*) ha ido evolucionando a demanda de los artistas, desarrollando nuevos pigmentos, aglutinantes y materiales necesarios para el arte.

Los escultores integraron los nuevos materiales en sus obras. Así, en el siglo XX se empezaron a crear esculturas de hormigón, aceros patinables y polímeros que conviven con materiales clásicos como la madera, el mármol o el bronce. Los materiales comenzaron a formar parte del código de comunicación de las obras de arte. La semiótica del arte, que es la disciplina que se encarga de estudiar los símbolos en el arte, no solo analiza las formas, sino que ahora debía tener en cuenta que el bronce no significa lo mismo que el hormigón o la madera. Una madera de pino puede simbolizar la muerte o la humildad, y el oro puede simbolizar el poder, el lujo o la divinidad.

La ciencia como herramienta para el arte y la cultura científica como parte esencial en la interpretación de las obras de arte son los dos vínculos fundamentales entre la ciencia y el arte. Llevo más de una década dedicándome a la investigación de estos vínculos. Existen más modos de relacionar la ciencia y el arte; sin embargo, estos son los dos únicos vínculos que honran cada forma de conocimiento por lo que es. Por ejemplo, las técnicas propias del arte se suelen usar también para ilustrar contenidos científicos. En este caso no se trata de arte, sino de ilustración científica. Una ilustración o un modelo de una molécula o de una célula a menudo se sirve de las técnicas propias del arte aunque no es arte, puesto que responde a un criterio de utilidad. Eso no es ni mejor ni peor, solo son disciplinas distintas. Del mismo modo, el arte también se ha usado para decorar la comunicación científica, pero sin criterio artístico alguno. Se utiliza el arte para adornar textos y conferencias solo porque sus formas o sus colores acompañan al contenido, lo que denota poco respeto y poco conocimiento del arte

Estoy de acuerdo con la tesis de Charles Percy Snow en *Las dos culturas*: la falta de entendimiento entre las ciencias y las humanidades supone un deterioro cultural para ambas. Por eso, para establecer relaciones entre disciplinas, es fundamental conocerlas a fondo y no caer en el error de subestimar una con respecto a la otra o adulterar su propósito original. No hay formas de conocimiento que sean más valiosas o mejores que otras.

Tanto la ciencia como el arte forman parte de la cultura y son formas de conocimiento que nos permiten ver con mayor nitidez lo bueno, lo bello y lo verdadero.

53

En septiembre se estrenan los zapatos del nuevo curso escolar y se compran los lápices, las gomas de borrar y los bolígrafos. Se mezcla la ilusión del debut con el miedo del principiante, una sensación que me acompaña desde la infancia. Hasta que no se camina un trecho, uno no sabe si los zapatos nuevos van a hacer rozaduras o van a amenizar el paseo. Aunque desde hace unos años mi agenda empieza en enero y no en septiembre, ese sabor a nueva etapa está en el aire y encrespa el pelo. En septiembre llueve cuando todavía hace calor, hay más aerosoles flotando, huele a otoño y a verano, huele a ozono, a dimetilsulfuro, a geosmina y a petricor. Esas moléculas enmarañan la melena, lo que no deja de ser el síntoma de unas ideas también enmarañadas. Son unas moléculas que viajan de la atmósfera a la tierra hasta ahogarse en la nariz, que es el camino más corto a la memoria.

El olor que anuncia la lluvia es metálico. Huele a electricidad. La principal molécula responsable es el ozono, un gas formado por tres átomos de oxígeno en lugar de los dos átomos que forman el oxígeno que respiramos. Los rayos de tormenta rompen el oxígeno diatómico en dos y dejan átomos sueltos ávidos de encontrar pareja. Estos átomos sueltos, en cuanto encuentran una molécula de oxígeno, se unen a ella y convierten un dueto estable en un trío odorífero.

Siempre que hay tormenta se forma ozono en la troposfera. Sin embargo, no todas las tormentas se ven y se oyen con relámpagos y truenos. Hay tormentas que ocurren en las nubes, a cinco kilómetros por encima de nuestras cabezas. Las nubes tormentosas, los cumulonimbos, están formadas por minúsculos cristales de hielo colocados en un gradiente de densidad: arriba los más ligeros y abajo los más pesados. Los cristales más ligeros suelen tener carga eléctrica positiva, mientras que los más pesados la tienen negativa. Esta diferencia de potencial provoca rayos; algunos alcanzan la Tierra, que está cargada positivamente, a razón de cien rayos por segundo.

Cuando comienza a llover, huele a tierra mojada. Esa descripción es también el origen etimológico de la palabra *geosmina*. La geosmina es un compuesto de tipo alcohol. De hecho, hay personas a las que les recuerda al alcohol etílico. Sin embargo, la geosmina tiene una estructura química compleja que la hace más perceptible a nuestros receptores olfativos. Si hay una molécula de geosmina flotando entre doscientas mil partículas de aire, la notamos. Forma parte del lenguaje olfativo de la evolución de las especies: los camellos son animales especialmente sensibles a este compuesto, así que la geosmina les dibuja en el aire el trayecto hacia el agua.

La geosmina es producida por una bacteria, *Streptomyces coelicolor*, que, al hidratarse con el agua de lluvia, pone a funcionar su metabolismo. En el campo, donde la lluvia huele más profunda, hay hongos y cianobacterias que también producen pequeñas cantidades de geosmina. Sin embargo, en las ciudades, la geosmina se descompone a causa de la acidez ambiental, donde el aire está más cargado de óxidos de azufre, de nitrógeno y de carbono.

Después de la lluvia, el olor se vuelve vegetal y enjuagado. Es el petricor. La composición de este aroma se describió en 1964 en un artículo científico.[21] Los investigadores recogieron el vapor de agua que emanaba de las rocas tras la lluvia y lo destilaron en busca de compuestos aromáticos. Encontraron que un conjunto de aceites volátiles daba como resultado el rastro de perfume que deja la lluvia.

Las investigaciones sobre los olores de septiembre continúan. Uno de los estudios científicos más recientes y de mayor impacto fue el publicado por el MIT (Massachusetts Institute of Technology) en 2015.[22] En él, los investigadores estudiaron cómo se forman los aerosoles cuando la lluvia impacta contra el suelo. Hasta ese momento, se pensaba que la mayoría de los aerosoles que están en el aire provenían del rocío marino, del choque de las olas contra el litoral, y que, por eso, en zonas costeras, donde el mar es más fiero, huele tanto a mar. El principal compuesto aromático de los aerosoles marinos es el dimetilsulfuro. También contienen sales como los cloruros, que se perciben con la lengua (eso nos hace confundir el sabor con el olor). Los investigadores encontraron que, además de aerosoles marinos (que son partículas flotantes del orden de micrómetros), la lluvia también produce aerosoles de diferente tamaño y composición según el tipo de superficie de impacto y su porosidad. Estudiaron los aerosoles que producen las gotas tras impactar contra el asfalto, el pavimento o la tierra. Dependiendo del suelo que la lluvia moje, se elevarán diferentes aerosoles perfumados.

El mapa de olores de septiembre se dibuja con un trazado químico. Huele ligeramente diferente en cada paisaje. Esa mezcla de lluvia y calor macera con sutileza en el aire y en la tierra y emana al tiempo el aroma del presagio y la nostalgia. Esas moléculas, que anidan en la nariz y viajan raudas al cerebro, son la materia de la que se compone el arraigo.

54

Lleva la palabra *cenizas* tatuada en la muñeca. Creo que es por un poema de Alejandra Pizarnik, pero no sé si es el de «el mundo está demacrado», o «La jaula», que termina con el verso «yo me visto de cenizas», o el de «aquellas palabras por las que vivo». Pizarnik habla de cenizas igual que Rosalía de Castro habla de «lo que queda». Las cenizas son químicamente eso, una metáfora hecha de materia. Las reacciones químicas de combustión nunca son perfectas, siempre dejan un rastro sólido llamado *ceniza*. Hay una parte que se pierde en el aire, principalmente como gases de dióxido de carbono y agua que vuelven rápido al ciclo de la vida. Pero las cenizas permanecen como sólidos que recuerdan que ahí ha habido un cuerpo.

Las cenizas se componen de metales en forma de óxidos, nitratos y carbonatos. Son una mezcla alcalina que hemos utilizado desde hace miles de años para fabricar jabones, cementos y pátinas. Desde antes de conocer la intimidad química de su fórmula, vimos cómo la ceniza reaccionaba con las grasas, protegía la madera de la putrefacción y se endurecía al ser mezclada con agua y cal.

El Miércoles de Ceniza se celebra en la misa con la imposición de una cruz de ceniza bendecida en la frente. Representa el inicio de la Cuaresma, el cuadragésimo día antes de la Pascua de Resurrección. Esa ceniza procede de la quema de los ramos del Domingo de Ramos del año anterior, así que es rica en potasio, calcio y magnesio, elementos esenciales para las plantas. La ceniza representa el duelo, la muerte, o «el paso a la otra orilla» de los católicos; por eso, la imposición de las cenizas se considera un rito de afirmación de la fe. Así se sugiere en el Génesis 3:19: «Acuérdate de que eres polvo y al polvo volverás». Es una figura retórica que David Bowie recuperó en la canción *Ashes to Ashes* («Cenizas a las cenizas») como metáfora de la muerte (en este caso, del abismo al que conducen las drogas, que es como la muerte en vida).

Las cenizas pueden ser negras, grises, blancas o anaranjadas, lo que da una idea de su composición, de la composición de la materia que ha ardido e incluso de la temperatura alcanzada en la combustión.[23] El color de las cenizas se usa para analizar la gravedad de los incendios forestales. Un lecho de cenizas rojas indica que la temperatura máxima alcanzada por las llamas no superó los 300 °C; más allá de esa temperatura, se vuelven negras o grises, y, por encima de los 500 °C, las cenizas del monte son blancas. Esto permite predecir cómo será la recuperación de un ecosistema quemado, cuál será la biodisponibilidad de los elementos esenciales, ahora transformados por las llamas en minerales, y cómo afectará el agua a la escorrentía y a la lixiviación del suelo.

Es probable que los primeros jabones se produjesen de manera accidental tras una escorrentía de cenizas que alcanzó los restos de grasa de algún animal miles de años antes de Cristo. Las sustancias alcalinas, como las cenizas, reaccionan con los triglicéridos en una reacción química de saponificación. Los ácidos grasos se separan del glicerol por el grupo ácido y se conectan a los metales de las cenizas. Esas nuevas sustancias que se han formado son jabones: tienen la capacidad de limpiar, de envolver la suciedad en micelas que el agua puede arrastrar.

Lavarse con jabón fue uno de los avances en salud pública más importantes de la historia. Incluso antes de que Louis Pasteur descubriese la existencia de los microbios a mediados del siglo XIX, los médicos que se lavaban las manos para asistir a los partos conseguían con ese sencillo gesto reducir drásticamente la mortandad en el área de maternidad. El químico Ernest Solvay descubriría en esa época un modo eficiente de hacer sosa, el compuesto alcalino que más se utiliza en la actualidad para fabricar jabón, una técnica moderna que ya no depende de obtener cenizas quemando madera.

La mezcla de cenizas con agua se conoce como *lejía de ceniza*. Es una mezcla tan alcalina que, además de limpiar, desinfecta (las membranas celulares de los microbios se destruyen a un pH tan elevado). La expresión *hacer la colada* tiene su origen en el uso de cenizas como blanqueantes. Después de lavar la ropa con jabón, se solía añadir una mezcla de agua con ceniza (que se filtraba con un colador) para blanquearla.

Se descubrió que la mezcla de cenizas con agua y cal se endurecía como una piedra, un hallazgo que sirvió para fabricar los primeros cementos. En la actualidad, como parte de la economía circular, se pueden incorporar cenizas residuales al hormigón y así reducir las emisiones derivadas de la fabricación de cementos.

Después del agua, el hormigón es el material más empleado del mundo. Todos los componentes del hormigón son materiales de origen natural que tienden a agotarse más de lo que se regeneran. Transformarlos en hormigón tiene un coste ecológico elevado. El cemento se obtiene tras calcinar piedra caliza y arcilla. El gasto energético es muy alto y las materias primas son recursos naturales que se extraen de canteras. Además, en este proceso industrial se produce una cantidad ingente de CO_2, aproximadamente una tonelada de CO_2 por cada tonelada de cemento. Por otro lado, los áridos son arena y grava, también son materiales naturales que provienen de canteras. Hay que lavarlos y triturarlos hasta que tengan la forma y el tamaño deseados, lo que también consume mucha energía. El agua no se puede sustituir, pero los áridos y los cementos sí, al menos parcialmente. Los áridos se pueden sustituir por residuos, como escombros, o por plásticos difíciles de reciclar, como el poliestireno expandido (más conocido como *poliexpán*). Y parte del cemento se puede sustituir por materiales pulverulentos, como por ejemplo el *filler de rechazo*, que es un residuo generado en la fabricación de asfaltos y que no se puede incorporar a la mezcla bituminosa. También se puede sustituir parte del cemento por cenizas. Las que más se utilizan son las cenizas que salen de las calderas de biomasa de la industria maderera, donde usan los troncos limpios, y todo el sobrante del árbol lo reaprovechan como combustible para sus calderas, como para cocer la madera con la que se fabrican los tablones de aglomerado.

Las cenizas se han empleado en diferentes técnicas de arte. Funcionan como un vestido conservador de los materiales que cubren. La ceniza obtenida de la combustión de la madera, rica en carbón grafito, sirve para proteger a la madera de la degradación biológica. A menudo, la ceniza se mezcla con aceites y con ella se patina la madera para protegerla de los agentes ambientales. Así se trataba antiguamente la madera de las embarcaciones. Resulta simbólico que lo que queda tras la muerte sirve para proteger a lo vivo. Por eso, mi hermano Christian utiliza esta técnica atávica de conservación en un sentido poético para patinar la madera de sus obras de arte (por ejemplo, en su famosa escultura *Como tizón quemado*).

Todos llevamos cenizas tatuadas en la piel. Las cenizas son lo que queda de lo que fuimos, un rastro que llevamos en herencia, que atraviesa el pasado desde cualquier momento anterior a este, que transcurre por toda la historia de la humanidad, hasta alcanzar la gran explosión que dio origen al universo. O, como escribiría Pizarnik, cuando «la noche se astilló en estrellas».

55

En una vida paralela, yo estaría trabajando en el sector de los neumáticos. Seguramente habría desarrollado mi tesis doctoral (también compaginándola con el trabajo, como he hecho en esta vida) sobre alguna innovación de las gomas que se usan en los neumáticos. O tal vez sobre los metales de las lonas. O sobre algún método de revalorización del caucho, o sobre la incorporación de algún aditivo que le confiriese mayor resistencia a la fotoabrasión, por aquello de permanecer en el grupo de investigación de fotorreactividad en el que he hecho la tesis de esta vida. Seguro que acabaría convirtiéndome en una experta en la ciencia de los neumáticos, porque mi carácter es así. Llevo el «Hagas lo que hagas, hazlo con pasión» tatuado en cada uno de mis actos. Me imagino en congresos del motor y en ferias de química. Me imagino con una vida parecida a la que llevo, pero con talleres a mi cargo. Menudo frenesí, menuda responsabilidad y menudo orgullo habría sido poder mantener el legado de mi padre.

Su idea era dejarnos a mi hermano y a mí un negocio en herencia, un negocio dedicado sobre todo a los neumáticos, que es a lo que él se ha dedicado casi toda su vida. Su carrera profesional ha sido ejemplar, es de esas historias aspiracionales de las que se hacen películas. Comenzó a trabajar muy joven en un taller para ayudar económicamente a su madre cuando enviudó, lo que se suele llamar «empezar desde abajo». Aprendió el oficio y, poco a poco, empezó a destacar. Era el mecánico que cambiaba los neumáticos con mayor destreza y velocidad. Acabó convirtiéndose en encargado de taller. Y, con el tiempo, se hizo socio del que había sido su jefe. Y, con el tiempo, acabó teniendo su propio taller. Y, con el tiempo, llegó a tener varios talleres. Dio trabajo a decenas de personas durante mucho tiempo, y esa era para él la parte más valiosa de todas. Acudía a las ferias del motor de toda España, se estudiaba los avances que llegaban al mercado, se convirtió en un experto de prestigio. Llegó a dar clase en las escuelas de formación profesional, cuando él ni siquiera pudo tener estudios. Incluso, mantuvo una sección semanal, dedicada a los neumáticos, en la radio autonómica. Mi hermano y yo lo escuchábamos en directo desde casa y lo grabábamos en cintas para que él se escuchase después. «No sabía que tenía tanto acento gallego», decía. En la radio se nota más. Era un divulgador. Se podría decir que esa fue la parte de su trabajo que heredé.

El momento más próspero de la empresa transcurrió durante mi adolescencia. Él quería que mi hermano y yo continuásemos con el negocio al terminar la carrera. Debíamos tener una carrera universitaria, eso lo tenía claro. Pero, después, trabajaríamos en la empresa familiar. Aunque a mí me fascinaban los neumáticos y, además, admiraba a mi padre, me molestaba que él decidiera mi futuro profesional. Yo qué sé si me iba a gustar gestionar talleres o si valía para ello. La idea de heredar un empleo, más que una suerte, me parecía una jaula. Se me estaba privando de la libertad de elección. Ahora veo esos pensamientos como un pecado de juventud. Ignoraba lo difícil que es el mundo laboral; y, sobre todo, no comprendía el valor de un legado. Tampoco era capaz de imaginar esa vida paralela que ahora me resulta tan obvia. No tenía los conocimientos como para entretejer la química que tanto me gustaba con el negocio de los neumáticos. No veía relación entre ese mundo profesional y las cosas que a mí me gustaban. Yo estaba descubriendo la literatura, la filosofía, la ciencia, y nada de eso guardaba para mí relación con los talleres. Por eso, cuando decía aquello que dicen casi todos los padres a sus hijos —«Todo este trabajo lo hago por vosotros»—, yo contestaba a la defensiva —«No es verdad, lo haces por ti»— con una muestra de ingratitud y desconocimiento propios de la edad.

Con los años y la experiencia, supe reconocer que haber heredado el negocio habría sido una suerte. Imagínate llegar a la edad adulta con un colchón de ese calibre, con esa seguridad en la retaguardia. Las cosas habrían sido más fáciles que empezar desde abajo.

La empresa dejó de funcionar antes de que yo acabase la carrera, mucho antes, ahogada en una etapa que asfixió a innumerables pequeñas y medianas empresas del país. La nuestra fue una de ellas. Aquello fue una lección de vida. Porque, aunque mis padres me contaban las penurias económicas que pasaron ellos y mis abuelos, no se aprende lo mismo de oídas que de vivencias.

Eso que para mi padre fue dolorosísimo, para mí fue una enseñanza vital. Él había logrado generar riqueza, que muchas familias viviesen de lo que él había construido. Aquello duró un tiempo, menos de lo que él habría querido, pero es que absolutamente todas las empresas duran un tiempo, ninguna es eterna. Lo que permaneció es su ejemplo. Lo que mi hermano y yo heredamos es su ejemplo.

Todo mi trabajo como divulgadora está salpicado por los neumáticos de mi padre. En casi todos mis libros, en muchas de mis intervenciones en la radio y en la televisión, en muchas de mis conferencias, divulgo sobre ciencia de materiales a través de los neumáticos. Hay un pedazo de esa vida paralela en mi vida actual. Y es que, aunque la vida no transcurra para un hijo como un padre se la espera, siempre queda una impronta. Es como en los materiales. Incluso los materiales elásticos, que por definición son los que se deforman al aplicar una tensión y recuperan su forma original al liberarla, tienen un punto de histéresis. Histéresis es el fenómeno por el cual un material no responde de forma instantánea al cambio que se le aplica, sino que retiene parte del efecto incluso después de que ese cambio haya cesado. Es decir, hay una memoria en su comportamiento.

Los neumáticos están hechos fundamentalmente de caucho, que es una goma, un material elástico que, aunque recupere su forma, también tiene su punto de histéresis. Los neumáticos dejan huella, pero el camino también deja una huella en ellos, lo que para mí representa una metáfora de vida.

La elasticidad del caucho se debe a que es un polímero con una estructura molecular móvil (con capacidad de movimiento). Un polímero es, a escala química, como un collar de cuentas en el que cada cuenta es un conjunto de átomos apretadamente enlazados. Las cuentas serían los monómeros y el collar de cuentas sería el polímero. Puede ser un collar rígido, con las cuentas muy juntas, o puede ser un collar flexible. Las gomas son como un collar de macarrones, aunque con los macarrones cocidos. Los polímeros de una goma son largas cadenas de monómeros entrelazadas que, al ser estiradas, se alinean durante un tiempo, pero luego recuperan su configuración aleatoria gracias al movimiento térmico. En la mayoría de los casos, estas cadenas están ligeramente entrecruzadas y forman una red tridimensional que les confiere cohesión y capacidad de recuperación. El término *goma* suele aplicarse a los elastómeros, tanto naturales como sintéticos. Así, los polímeros se pueden clasificar en plásticos (no recuperan su forma original al dejar de aplicar una fuerza deformadora) y elásticos (sí recuperan su forma original cuando la fuerza deformadora cesa). Las gomas son polímeros elásticos o elastómeros.

El caucho natural es la primera goma conocida. Se obtiene del *Hevea brasiliensis*, un árbol originario del Amazonas cuya savia lechosa (el látex) contiene partículas de poli(cis-isopreno) dispersas en agua. Estas macromoléculas, cuando se coagulan, dan lugar a un pegajoso sólido blando que posee una elasticidad asombrosa, pero también inestabilidad térmica. Con el calor se funde, y con el frío se endurece y resquebraja.

El uso del caucho se remonta a las culturas mesoamericanas, como los olmecas, los mayas y los aztecas, quienes lo empleaban para fabricar pelotas, sandalias y revestimientos impermeables. Sin embargo, fue en el siglo XIX cuando este material adquirió relevancia industrial. El momento clave fue la vulcanización, un proceso descubierto en 1839 por Charles Goodyear. Consiste en calentar caucho con azufre para crear enlaces cruzados (puentes de disulfuro) entre las cadenas de polímeros, lo que estabiliza la estructura y le otorga resistencia al calor, al frío y a la deformación permanente. Este avance transformó el caucho en un material útil para todo tipo de aplicaciones técnicas, incluyendo la incipiente industria de los neumáticos.

Los primeros neumáticos eran simplemente bandas de goma maciza montadas sobre ruedas, utilizadas en bicicletas y carruajes. En 1888, John Boyd Dunlop patentó el neumático inflable, una cámara de aire encerrada en una cubierta de goma que proporcionaba amortiguación y mejor tracción. Este invento coincidió con la expansión de la bicicleta y, poco después, del automóvil. La elasticidad del caucho permitió absorber impactos y mejorar la adherencia al terreno, lo que revolucionó el transporte.

Pero la expansión de la industria automovilística pronto desbordó la capacidad de producción de caucho natural. Durante la Segunda Guerra Mundial, el bloqueo de las plantaciones asiáticas impulsó la investigación en cauchos sintéticos. Así nació el *buna* (de butadieno y sodio [de símbolo químico Na]), y más tarde el caucho de estireno-butadieno, que aún hoy es uno de los más utilizados en neumáticos. Estos materiales se obtienen por polimerización en emulsión de monómeros derivados del petróleo. Aunque no igualan en elasticidad al caucho natural, ofrecen mejor resistencia al desgaste y estabilidad térmica y permiten formulaciones más controladas.

Químicamente, los neumáticos actuales son sistemas compuestos muy complejos. No están hechos solo de goma, sino de múltiples componentes: cauchos naturales y sintéticos, cargas de refuerzo (como negro de carbono o sílice), plastificantes, antioxidantes, agentes de vulcanización, resinas adhesivas y fibras textiles y metálicas. Cada elemento tiene una función específica y está formulado con precisión para optimizar el rendimiento, la seguridad y la durabilidad. Por ejemplo, el negro de carbono mejora la resistencia a la abrasión y le da el característico color negro. La sílice, incorporada en los años noventa, facilita la adherencia en mojado y reduce la resistencia a la rodadura, lo que mejora la eficiencia energética.

Un neumático moderno está formado por varias capas estructurales: la banda de rodadura, que entra en contacto con el suelo; las lonas metálicas, que le confieren rigidez y estabilidad; los flancos, que proporcionan flexibilidad lateral, y el talón, que asegura el anclaje a la llanta. Esta arquitectura interna es fruto de décadas de investigación química, física e ingenieril.

En cuanto a los avances más punteros, hoy se trabaja en neumáticos con materiales más sostenibles, como biopolímeros, aceites vegetales, sílice obtenida de residuos de cáscara de arroz o nanomateriales de grafeno. También se investiga en neumáticos inteligentes, capaces de monitorizar su propio desgaste, temperatura y presión, conectados al sistema electrónico del vehículo. Algunos modelos experimentales son capaces de autorregenerarse mediante materiales que cicatrizan microfisuras gracias a la movilidad de las cadenas poliméricas.

Incluso el reciclamiento ha tomado un papel protagonista: nuevas tecnologías permiten recuperar el caucho de neumáticos usados mediante pirólisis o descomposición térmica y generan aceites, gases y carbono reciclado para su reutilización industrial. También se trabaja en el uso de aditivos químicos que permiten devulcanizar el caucho, es decir, romper los enlaces de azufre para reconfigurar el material y devolverle parte de su elasticidad original.

La historia del neumático, en definitiva, es un ejemplo asombroso de cómo la química transforma un recurso natural en una pieza tecnológica esencial: desde el látex crudo de los árboles tropicales hasta los compuestos de alta precisión que ruedan hoy en autopistas. La evolución del caucho ha sido la evolución de nuestra movilidad. Y, con ella, también ha evolucionado nuestra comprensión de los materiales.

No es casual que, en muchas lenguas, las palabras que se refieren a *goma* o *caucho* estén asociadas a conceptos de flexibilidad y resistencia. La goma, además de un tipo de material, es una metáfora de adaptación: se estira sin romperse, se deforma y vuelve a su ser. Tal vez esa es la razón por la que el caucho ha servido durante siglos como símbolo de progreso. Solo se puede considerar progreso aquello que prospera, y quien prospera es quien sabe adaptarse. Es progreso aquello que se perpetúa o cambia la forma de entender las cosas y que, con el tiempo, va incorporando mejoras, va adaptándose al entorno. Por eso, el progreso no se puede entender como un punto de inflexión de una función, sino como la función completa, el trazado completo, la historia completa. El progreso es, por definición, un legado, algo que se deja o transmite a los sucesores, sea cosa material o inmaterial. Mi padre formó parte de la historia de los neumáticos y, sobre todo, fue y sigue siendo parte de mi historia, una historia inevitablemente ligada a los neumáticos. Si su negocio se hubiera mantenido en activo unos años más, mi vida habría sido la vida paralela. Una vida en la que también habría escrito algo parecido a esto.

56

Paseando por el cementerio de San Amaro, me encontré con la puerta del panteón de la familia Silveira convertida en un terruño. No es una hipérbole: el hierro se ha transformado en tierra naranja de óxido de hierro, y el bronce, en tierra de color turquesa. Para un arquitecto, sería un ejemplo perfecto de lo que sucede cuando combinas metales que forman un «par galvánico»: que todo el conjunto se corroe. En cambio, para un químico, el cobre y el hierro de la puerta forman una «pila eléctrica» promovida por la humedad y la salinidad ambiental de la zona, tan próxima al mar. Este fenómeno en arquitectura se llama *par galvánico*, y, aunque signifique lo mismo que *pila eléctrica*, es una terminología más divulgativa.

El fenómeno par galvánico es el que está detrás de que una farola de estructura metálica compuesta por dos partes, a veces colocadas en épocas diferentes, se deteriore rápidamente. O que un balcón de hierro forjado se corroa en cuanto se le colocan nuevos ornamentos de un metal diferente. O que una puerta se desintegre meses después de instalar un nuevo tirador. Las pocas farolas modernistas que quedan en algunas ciudades han sufrido este fenómeno cuando los apliques para bombillas incandescentes se han sustituido por nuevos apliques led asistidos por pequeños paneles fotovoltaicos. No solo la usual mezcla de diseños de mal gusto es un problema, sino que la mezcla de materiales también puede ocasionar daños irreversibles si no se hace adecuadamente.

Hay materiales que tienden a oxidarse con más facilidad que otros. Para que un material se oxide, otro tiene que sufrir la reacción química contraria (que se llama *reducción*). Las dos, oxidación y reducción, son reacciones de transferencia de electrones. Cuando un metal se oxida, está perdiendo electrones, y cuando un metal se reduce, está ganado electrones. El movimiento de electrones forma, por definición, una corriente eléctrica. Por eso, las pilas eléctricas están formadas por un material que tiene tendencia a cederle electrones al otro. La pila se agota cuando uno de los materiales se oxida o se reduce por completo. El material que se oxida constituye el ánodo de la pila (polo negativo) y el material que se reduce constituye el cátodo de la pila (polo positivo).

La primera pila eléctrica, inventada por Alessandro Volta en 1800, estaba formada por el apilamiento de discos de zinc y cobre separados por fieltro impregnado en salmuera. La palabra *pila* viene de ese *apilamiento*. El traspaso de electrones de un material a otro necesita de un medio. Este medio se llama *electrolito* y con frecuencia está formado por una sal disuelta en agua. En la pila de Volta, era salmuera. En aquel momento todavía no se entendía la intimidad química de ese proceso, no se comprendía en detalle por qué el apilamiento de esos metales producía un voltaje; el caso es que funcionaba. Más adelante, en 1836, el químico J. F. Daniell presentaría la famosa pila Daniell, en la que después se basarán las pilas más populares de la historia. Esta pila tiene la cualidad de mantener los dos metales separados, cada uno en una disolución de su propia sal, y conectados a través de un hilo conductor externo que permite la libre circulación de electrones, lo que se traduce en corriente eléctrica. De ese modo, la química está detrás del funcionamiento de cualquier pila eléctrica.

La clave de las pilas está en escoger los materiales adecuados para cada electrodo. Para eso hay que conocer la tendencia que tiene cada material para oxidarse o reducirse. Este dato se conoce como *potencial estándar de reducción*, que viene a ser el voltaje necesario (o producido) para que un material se reduzca en contacto con otro material estándar (por convenio, se ha escogido como estándar el electrodo de hidrógeno). Así, haciendo uso de una tabla de potenciales de reducción, se puede prever con una simple suma qué es lo que ocurrirá si dos metales se ponen en contacto en las condiciones adecuadas: cuál se va a oxidar, cuál se va a reducir, qué voltaje se va a producir y si la reacción redox (oxidación y reducción) acontecerá de forma espontánea.

Hay mezclas de metales que se hacen para conseguir todo lo contrario: que un metal proteja al otro de la corrosión. Las mezclas entre metales se denominan *aleaciones*. Algunas son muy conocidas precisamente por su estabilidad, por eso se siguen usando tanto en escultura como en arquitectura. Así, el bronce es una aleación de cobre con estaño, más estable que el cobre por sí solo. El acero es hierro con carbono; y si, además, contiene cromo, la aleación se llama *acero inoxidable*.

La puerta del panteón combina hierro con cobre. Haciendo los cálculos con los potenciales de reducción de cada metal, se puede prever que se formará una pila o par galvánico, de tal manera que los dos metales acabarán corroyéndose. El aire húmedo y cargado de sal de la costa atlántica funciona como un electrolito que facilita la reacción. Por eso, para el diseño es tan importante conocer la química de los materiales, porque una mezcla que pudiera parecer inocua, incluso estética, podría acabar en desastre.

En química, como en casi todo, no basta con que dos piezas encajen. Importa si funcionan, cómo envejecen, si soportan el paso del tiempo. Ocurre lo mismo con las ideas: algunas combinaciones parecen inocuas, incluso bellas, hasta que el tiempo, la humedad adecuada y el contexto revelan que no eran estables. No todo lo que encaja bien a primera vista está hecho para durar.

57

¿Qué es lo primero que te viene a la cabeza cuando piensas en el futuro? Esta es la pregunta con la que he empezado la conferencia de esta mañana. Sé que hay dos clases de respuesta o, más bien, dos clases de personas. Hay algunas que lo primero en lo que piensan con respecto al futuro es en el cambio climático, la resistencia a los antibióticos, más pandemias, la escasez de agua y de alimento, la pobreza... Sin embargo, hay otras que piensan en energías limpias, materiales sostenibles, una vacuna para el alzhéimer, nuevos tratamientos para los cánceres... Mis padres, que nacieron en los años sesenta, de niños imaginaban un futuro con robots que podrían hacer las tareas domésticas, coches voladores de conducción autónoma, teletransportadores y viajes turísticos a Marte. Me pregunto si hasta los más optimistas, arrastrados por el pesimismo imperante, hemos perdido la ambición. Me pregunto qué contestarían los niños hoy en día, si hemos sabido preservar sus esperanzas innatas o, por el contrario, hemos socavado sus ilusiones de tanto hablarles de la relevancia de ser sostenibles, de conservar la biodiversidad y de las mil y una tareas que los adultos tenemos por delante para, precisamente, proteger su futuro.

Están quienes conciben el futuro como un paisaje en ruinas, devastado por los excesos humanos, especialmente en lo medioambiental. Y están quienes, sin negar los problemas, confían en nuestra capacidad para afrontarlos y superarlos. Catastrofistas y esperanzados. Dos actitudes ante el mundo que dicen mucho más de nuestra relación con la ciencia, la tecnología y con nosotros mismos que del futuro en sí.

Los catastrofistas viven instalados en la desconfianza. Desconfían de los avances científicos, de cualquier proyecto industrial y de las instituciones encargadas de regularlos. En esencia, desconfían de las personas. Creen que el hombre es un lobo para el hombre. Todo les parece sospechoso, insuficiente o directamente perverso. Su posición es casi siempre reactiva: se oponen, denuncian, alertan... pero rara vez proponen.

En el trasfondo de este discurso se percibe con frecuencia un sentimiento de culpa profundamente arraigado: la idea de que el ser humano es una especie invasora, una anomalía en una naturaleza que, de no ser por nosotros, funcionaría en perfecto equilibrio. Es una culpa que recuerda más a un catolicismo rancio y mal entendido —el del castigo y la expiación de los pecados— que al mensaje central del cristianismo. Aunque en el Evangelio de Juan aparece la noción de juicio, no se trata de un Dios airado que castiga, sino de la consecuencia de rechazar la luz: «La luz vino al mundo, pero los hombres prefirieron las tinieblas». Muy distinta es esta imagen de la que presenta Jesús una y otra vez, la de un Dios que no es juez que condena, sino un padre, alguien que acoge y ama incondicionalmente.

Frente a esta visión está la de los esperanzados. La de los que ven luz en lugar de tinieblas. Confían en la ciencia y en la tecnología como herramientas para afrontar los problemas reales del presente. No apuestan por detener el mundo, sino por hacerlo mejorar. Son propositivos: imaginan y defienden proyectos industriales capaces de generar bienestar y, al mismo tiempo, de garantizar una sostenibilidad que no es solo medioambiental, sino también social y económica.

La pregunta filosófica que más influye en las políticas medioambientales es qué lugar ocupa el hombre en la naturaleza. Los esperanzados no se ven a sí mismos como una anomalía ecológica, sino como parte de la naturaleza. Comprenden que en la naturaleza existen múltiples formas de relación entre especies: competencia, depredación, comensalismo, parasitismo y, por supuesto, simbiosis. Y entienden que la nuestra es, esencialmente, una especie simbiótica. Transformamos el entorno para hacerlo habitable; alteramos ecosistemas, y con ello creamos nuevos equilibrios, igual que hace cualquier otra especie.

Desde esta mirada, la industria es una de las expresiones más refinadas de nuestra civilización. Hay una belleza indiscutible en una central nuclear, en una refinería, en una cementera o en una acería. Solo hay que conocerlas de cerca para apreciar en ellas la belleza del conocimiento acumulado, del conocimiento en acto, del ingenio humano llevado a la práctica, de la capacidad de convertir leyes físicas y químicas en bienestar tangible. Apreciar lo dado —la naturaleza— no es incompatible con valorar la belleza de lo creado —la obra humana—. Es, de hecho, una cuestión de sensibilidad.

También es una cuestión de amor propio, entendido como reconocimiento de lo bueno y lo bello que somos capaces de hacer. Y de amor al prójimo, porque el desarrollo sostenible es, en esencia, un compromiso ético con el bienestar de todos, especialmente de quienes más dependen de que la energía, los alimentos y los recursos sean accesibles y seguros.

La contraposición entre catastrofistas y esperanzados remite a una vieja discusión filosófica sobre la naturaleza humana: si el ser humano es malo por naturaleza, como defendía Hobbes, y necesita ser contenido para no destruirlo todo, o si es bueno en origen, como sostenía Rousseau. Buena parte del catastrofismo ambiental bebe, consciente o inconscientemente, de esta visión extrema. La idea de una naturaleza armónica frente a un ser humano esencialmente perturbador. Frente a ello, cabe una posición más sensata, que reconoce su capacidad tanto para dañar como para comprender, corregir y crear.

Por supuesto, en ambos extremos hay caricaturas. Catastrofistas que solo saben protestar, y esperanzados que más bien son ingenuos que creen que todo tiene una solución fácil e inmediata. Por eso suelo utilizar la expresión *optimismo sensato*. *Sensato* porque es un optimismo prudente, cuerdo y de buen juicio, fundamentado en hechos. La ciencia nos permite hacer una aproximación cierta a los problemas y, a la vez, es un manantial de soluciones. Y ahí es donde la divulgación científica cobra todo su sentido: dar a conocer los avances científicos, los entresijos técnicos de la industria, y explicar cómo funcionan realmente la ciencia y la tecnología es, probablemente, la mejor forma de transformar el miedo en comprensión y la desconfianza en esperanza.

No hay mayor muestra de esperanza en el futuro que desear tener un hijo. Y no hay mejor forma de robustecer la ilusión por el futuro que dedicarse a la ciencia. Sin embargo, la confianza de la sociedad en la ciencia ha tenido sus altibajos, sobre todo para quienes no se dedican a ella.

La percepción de la ciencia más como una amenaza que como una fuente de bienestar comenzó a gestarse entre los años setenta y ochenta, hasta alcanzar en los últimos años la cota más alta de desconfianza. Este fenómeno se conoce como *efecto Frankenstein*.

Tengo varias conjeturas para explicar esta deriva. Las que considero más relevantes son: el descubrimiento del impacto medioambiental del desarrollo industrial, accidentes y errores del sector científico que tuvieron graves consecuencias a finales del siglo XX; la incultura científica, que afecta a más de la mitad de la población; la emoción como alternativa a la razón; la escasez de profesionales con formación científica en los medios de comunicación; la inverosímil tendencia de un sector de la divulgación de descalificar la actividad científica; decisiones políticas de gran impacto social y económico que se han desviado del consenso científico, o que solo las malas noticias son noticia. He escrito esta retahíla de conjeturas del tirón porque es algo que tengo muy claro y sobre lo que he reflexionado mucho, pero quiero dejarlo por escrito en este diario y explicar, brevemente, cada una de ellas.

Hoy disfrutamos de mejor calidad de vida que nunca. Nos mantenemos más jóvenes y con mejor salud que nuestros antepasados, gracias, sobre todo, a la ciencia y a la tecnología. Sin embargo, solo la mitad de los españoles cree que los beneficios de la ciencia y la tecnología son mayores que sus perjuicios.[24] Salvo excepciones, estos datos han ido empeorando con el paso de los años. Además, una de cada diez personas cree que los problemas del medio ambiente se deben al desarrollo de la ciencia y la tecnología; algo totalmente descabellado, pero así estamos.

También hay un importante desajuste con respecto a quién se

le otorga credibilidad en temas medioambientales. Según los últimos estudios, los datos ofrecidos por las instituciones académicas (centros de investigación y universidades) y por el IPCC (Grupo Intergubernamental de Expertos sobre el Cambio Climático), que son representantes del consenso científico, son los que gozan de mayor credibilidad por parte de la ciudadanía.[25] Sin embargo, algunas organizaciones ecologistas que a menudo se desvían del consenso científico gozan de la misma credibilidad que las instituciones y las autoridades científicas. Por debajo están los gobiernos y, en último lugar, está la credibilidad de las empresas.

Una de las explicaciones a todo esto es la incultura científica. Más de la mitad de la población reconoce que no entiende las noticias sobre ciencia. Además, las encuestas revelan que hay carencias graves en el conocimiento de conceptos científicos básicos (por ejemplo, cuál es la diferencia entre un virus y una bacteria, qué es el número π, qué es un transgénico, qué es la inteligencia artificial, qué es un plástico o qué es el efecto invernadero). Aunque conocer los conceptos científicos básicos es importante, también lo es conocer cómo funciona el sistema científico. Entender qué es la verdad para la ciencia, cómo se llega al consenso científico, podría mitigar las incoherencias relativas a la credibilidad de las fuentes.

Otra de las explicaciones de esta tendencia a percibir la ciencia como amenaza es que en los años sesenta y setenta se empezaron a conocer los efectos medioambientales del desarrollo industrial. Se descubrieron la lluvia ácida y sus consecuencias, el agujero de la capa de ozono, y en los años ochenta se llegó al consenso sobre el origen y las consecuencias del calentamiento global. Las bombas lanzadas sobre Hiroshima y Nagasaki fueron la imagen del poder destructor de la ciencia. Más adelante, el accidente de la central nuclear de Chernóbil terminó de perfilar el temor generalizado sobre todo lo que concierne a la física nuclear. En los años sesenta se descubrió que algunos fármacos con talidomida contenían un enantiómero que causó malformaciones en los bebés. En los años ochenta se detectaron los primeros casos de encefalopatía espongiforme en vacas y la adulteración del aceite de colza provocó una de las mayores crisis alimentarias. Todos estos acontecimientos concentrados en un periodo de tiempo tan breve predispusieron hacia la desconfianza en la ciencia.

Aunque al mismo tiempo se produjeron grandes avances en materia de salud (sobre todo, en salud pública, seguridad alimentaria o seguridad laboral), las malas noticias han ocupado más espacio en los medios de comunicación que las buenas. En la actualidad, este sesgo está aún más acentuado: solo las malas noticias son noticia. Esto es así porque la normalidad es que todo funcione correctamente. Las cosas se hacen bien en general. Los sectores científicos y tecnológicos (como la industria farmacéutica, alimentaria o agrícola) funcionan hoy mejor que nunca, con una creciente preocupación por el cuidado de la salud humana, animal y medioambiental. Por eso solo las malas noticias son noticia, porque son lo excepcional. Además, estas son las que generan más impacto, es decir, las que captan más atención y atraen más tráfico para los medios de comunicación.

El atractivo de las malas noticias también ha sido aprovechado por cierto sector de la divulgación científica, que ha buscado notoriedad a base de descalificar la labor científica. Se han hecho populares los trabajos acerca de las sombras del sector farmacéutico, del lado oculto de la industria alimentaria o de los engaños de cualquier otro sector científico y tecnológico. Aunque en todos los sectores se cometen errores, y la ciencia y la tecnología no son una excepción, dedicarse a señalar los problemas de forma reiterada es como tener al enemigo en casa. Así que la divulgación científica no siempre sirve para mejorar la percepción social de la ciencia, sino que esta tendencia amarillista está contribuyendo a empeorarla. Son el caballo de Troya de la ciencia. Con la de cosas maravillosas que se hacen en ciencia, alguno solo quiere recrearse en lo que no se ha hecho bien. A estos personajes les preocupa más su notoriedad que contribuir al bien común. Si los propios científicos son quienes se dedican a desacreditar la ciencia, no es de extrañar que haya tantas personas que desconfíen de ella, que haya negacionistas, paranoicos de la conspiración o movimientos anticiencia en general. Todas las estupideces que se han publicado contra sectores tan regulados como la industria alimentaria o la farmacéutica (bajo el paraguas de un escepticismo mal entendido) también han contribuido a dinamitar la percepción social de la ciencia y a que tanta gente viva con la sospecha constante del engaño.

«Es más fácil engañar a la gente que convencerlos de que han sido engañados». Lo más irónico de esta afirmación es que es una de las citas más famosas atribuidas a Mark Twain, aunque no hay constancia de que la haya pronunciado ni escrito nunca. La frase que más se le parece está en su autobiografía publicada en 1906 y dice: «*How easy it is to make people believe a lie, and hard it is to undo that work again!*», cuya traducción podría ser: «¡Qué fácil es hacer que las personas crean en una mentira y qué difícil es deshacer ese trabajo!».

Algo similar escribió Frédéric Bastiat en sus *Sofismas económicos* (1859): «Ellos pueden expresar en pocas palabras una verdad a medias, pero nosotros, para desmontar esa media verdad, nos vemos obligados a elaborar largas y áridas disertaciones». Esta desproporción entre el esfuerzo requerido para engañar y el requerido para deshacer el engaño es lo que en el siglo XXI se ha popularizado con el nombre de «principio de asimetría de la estupidez», cuyo enunciado sería: «La cantidad de energía necesaria para refutar una estupidez es un orden de magnitud mayor que la necesaria para producirla».

Las falsedades o las verdades a medias gozan de buena acogida. La razón es que las ideas simples no requieren de paciencia ni de erudición, ofrecen respuestas asequibles a cuestiones complejas. Además, si en la mentira hay un ápice de verdad, esta funciona como un embudo. Esa verdad puede ser un dato cierto o puede ser un disfraz: algo que aparenta ser, pero no es.

Hay disfraces de muchos tipos. Un lenguaje aparentemente culto sirve para adornar lo vulgar y lo simple, y también para apartar de la conversación a la mayoría. Así funcionan las «neolenguas» de la posmodernidad. A base de prefijos, de repetición de palabras inusuales y de atribución de nuevos significados, crean una lengua que funciona como un laberinto. No son cultismos, solo lo aparentan. Pero con esa trampa han logrado que algunos no se atrevan a participar en el debate porque creen que ignoran de qué se habla, cuando lo que de verdad ignoran es una lengua inventada *ad hoc*. Luego usas una de esas palabras fuera de sus reglas y no sabes a qué colectivos has ofendido. Pretenden apropiarse del lenguaje de la ciencia (cuántico, molecular, espectro, sexo, químico...) para darse una pátina de credibilidad. El delirio ha llegado hasta el punto de que empieza a haber científicos que han dejado de usar palabras de nuestra jerga para no ser malinterpretados. Rendirse así es un error. Los científicos debemos proteger nuestro lenguaje para que estos delirios no se cuelen por la puerta de atrás. Reconozco que cuando leí a Deleuze, que malentendía palabras como *mol*, *molécula* o *rizoma*, me entró la risa. Cuando hablan en el idioma de uno, se detecta muy fácilmente a los impostores.

Los discursos vacíos se disfrazan con conceptos científicos, pero también con alusiones cultas. Estas trampas siempre usan la misma treta: presentan como literal y verdadero aquello que en realidad es una abstracción. Ese es su embudo. Esto no es nada nuevo ni original. En el libro *Sobre verdad y mentira en sentido extramoral* (1873), Nietzsche ya lo había dejado por escrito: «El hombre tiene una invencible inclinación a dejarse engañar y está como hechizado por la felicidad cuando el rapsoda le narra cuentos épicos como si fuesen verdades, o cuando en una obra de teatro el cómico, haciendo el papel de rey, actúa más regiamente que un rey en la realidad».

Ha habido tal cantidad de engaños sobre temas científicos cristalizados en forma de ley que, en lugar de invertir tanta energía en refutar un daño ya hecho, debemos adelantarnos a él. En cuanto detectamos que se publican estupideces sobre una nueva tecnología o un nuevo descubrimiento científico, hay que actuar con celeridad: refutando el engaño, pero sobre todo divulgando en positivo. De hecho, lo ideal es anticiparse a los bulos que van a surgir, porque la solución no es desmentir bulos, sino anticiparse a ellos para que no lleguen a cuajar. Si se conoce bien cómo funciona la percepción social de la ciencia y cuál es el nivel de cultura científica, podemos prever qué desinformación se va a generar y anticiparnos a ella. Y explicar, con información veraz, clara y proporcional. Y olvidarse al fin de mantener un perfil bajo. Eso ya no funciona. Hay que ser proactivos, no reactivos. Cuando somos reactivos, hemos perdido la primera batalla y el camino en adelante será más difícil.

Otra de las explicaciones, relacionada con todas las anteriores, es que la desinformación no solo campa a sus anchas en las redes sociales y en algunos medios de comunicación, sino que llega a alcanzar la categoría de norma. Uno de los ejemplos más ilustrativos son algunas políticas medioambientales, más preocupadas por satisfacer a la opinión pública que por alinearse con el consenso científico. El desorbitado precio de la energía que estamos sufriendo en la actualidad es consecuencia de malas decisiones tomadas décadas atrás, como la de desplazar la energía nuclear y mantener la dependencia de los combustibles fósiles. También tendremos que lidiar en un futuro no muy lejano con las consecuencias de las normativas sobre materiales como los plásticos. El impacto medioambiental de sustituir el plástico de envases por otros materiales lo sufriremos en un par de décadas si las normativas siguen como hasta ahora, contrarias al consenso científico.

El problema es que la arbitrariedad de las decisiones de las Administraciones en materia científica es percibida por parte de la sociedad como si fuesen decisiones tomadas por la comunidad científica. La consecuencia es que el impacto económico y social de las malas decisiones políticas se entienden como resultado del capricho de los científicos. Un ejemplo de esto fueron las sucesivas leyes del tabaco. Todos los bares y restaurantes que se reformaron para albergar una zona separada para fumadores pronto tuvieron que soportar que se acabara prohibiendo fumar dentro de sus establecimientos. Lo mismo está ocurriendo con la regulación de fitosanitarios o la oposición al uso de algunas tecnologías de ingeniería genética en agricultura, que está asfixiando al sector e impidiendo que sea competitivo y sostenible. Por eso, algunas personas temen a la ciencia, como si cualquier descubrimiento u ocurrencia con supuesto fundamento científico tuviese el poder de llevar a la ruina un negocio entero.

Por todo esto, se necesitan profesionales con formación científica para garantizar que las decisiones políticas estén de verdad alineadas con el consenso científico. Además, es fundamental evaluar el impacto económico y social de esas decisiones, para que el remedio no sea peor. Asimismo, se necesitan más científicos en los medios de comunicación que sirvan de brújula, y también de filtro contra la desinformación, para generar una opinión pública de calidad. La comunidad científica tiene su responsabilidad. Debemos ser honestos y transparentes y llevar la evidencia científica por bandera, aunque eso implique ir en contra de modas y prejuicios.

Los científicos tenemos el deber moral de defender la verdad, aunque hacerlo nos granjee enemigos. No porque cada cual tenga sus intereses, sino porque hay materias científicas en las que hay tanto desconocimiento general, se han manoseado y tergiversado tanto, que hablar sobre ellas es peliagudo. Defender algo tan claro para un científico como la importancia de los plásticos, los transgénicos, la inteligencia artificial o la energía nuclear para lidiar con éxito con el cambio climático es, hoy en día, una tarea agotadora.

Poco a poco, las emociones han ido ganando terreno a la racionalidad. Esto ha pasado factura a la percepción social de la ciencia, ya que esta se ha asociado tradicionalmente a la racionalidad y a los ideales ilustrados. Por eso, el desprecio a la razón ha derivado en un menor predicamento social de la ciencia. Ver la ciencia como una amenaza es un síntoma. La consecuencia es que ahora hay hechos científicos que se juzgan desde la moralidad o, en el peor de los casos, desde las emociones, en lugar de hacerse desde la racionalidad propia del ejercicio científico. El movimiento *woke*, que a principios del siglo XXI se manifestó como una lucha consciente y comprometida frente a las injusticias sociales, ha derivado en dogmatismo ideológico, hipersensibilidad y censura moral. Los hechos ya no se validan en función de criterios racionales, sino de criterios emocionales; es decir, un hecho científico puede resultar ofensivo o inmoral y eso se asume como criterio de invalidez. Por ejemplo, algo tan sencillo de explicar en una clase de Biología de educación secundaria como qué es el sexo (explicar qué son los cromosomas sexuales y en qué consiste la expresión genética de genes ligados a estos cromosomas) y concluir que el sexo en los humanos es una cuestión biológica binaria (salvo excepciones, los humanos son machos o hembras), se ha convertido en un campo de minas fuera de las aulas. Hoy en día hay que ser muy valiente (o muy ingenuo) para divulgar acerca del sexo biológico en humanos. Este hecho biológico es percibido por algunas personas como una ofensa. Creo que sobrentienden que si algo es biológico es que es inalterable. Otros temas sensibles, como la violencia machista, también es un campo de minas para la ciencia, sobre todo para la biología evolutiva. Los comportamientos humanos están en parte determinados por la biología. También influye la sociedad y la cultura (aunque estos factores son, a fin de cuentas, subproductos de nuestra propia biología). Admitir la componente biológica no es una justificación ni de la desigualdad sexual ni de la violencia. De hecho, comprender la naturaleza biológica de los actos permite un abordaje más preciso y riguroso y, por tanto, contribuye a dar mejores soluciones.

La química no tiene voluntad. La biología tampoco. Los hechos son los que son y punto. Por eso no se debe usar la ciencia para *justificar* los comportamientos irresponsables, la desigualdad o la violencia. La ciencia sirve para *comprender* estos fenómenos en profundidad y abordar estos problemas con más tino. Este creciente desprecio por la ciencia es, en esencia, un desprecio a la razón. Por fortuna, no son mayoría; solo son los que más gritan. Entonces, toca alzar la voz, para que los que discretamente estamos del lado de la razón nos reconozcamos.

Uno de los problemas de atribuir voluntad a un hecho científico, o de juzgar su validez de acuerdo con criterios morales, es que hay ciencia que se ha dejado de hacer. Hay campos de investigación que se han quedado sin financiación porque el conocimiento que pueden llegar a generar resulta controvertido. Del mismo modo, la divulgación de algunos hechos científicos también está en entredicho. Hay hechos cuya difusión puede causar una importante repercusión social, sanitaria, incluso moral. Podemos optar por negarlos, por divulgarlos o por ocultarlos. La oscuridad (en contraposición etimológica a *ilustración*) acostumbra a presentarse como un acto de responsabilidad. En ocasiones, llamamos responsabilidad a lo que en realidad es censura.

Para ponernos en situación, imaginemos que un dato disparatado es cierto. Por ejemplo, que se ha comprobado por métodos científicos que las personas de color son intelectualmente inferiores a las blancas (esto no es así, pero sirve de ejemplo). ¿Qué hacemos con este dato? ¿Es posible divulgarlo de forma responsable? ¿Lo responsable sería ocultarlo? Si optásemos por censurarlo, la razón a la que se apelaría es la responsabilidad social. Se ocultaría para prevenir un mal mayor, como dotar de argumentos a los movimientos racistas. No obstante, si un hecho así fuese cierto, no tendría por qué hacer peligrar la igualdad de derechos y oportunidades. Un Estado de derecho debería garantizarlos, sean cuales sean las capacidades intelectuales de los individuos de esa sociedad. De la misma manera, el Estado procura que las personas con algún tipo de discapacidad intelectual no sean discriminadas por ello. Sí, pero. Vaya dilema.

Cuando un hecho contradice aquello en lo que se sustentan nuestras ideas y nuestros valores, nos coloca ante el espejo. Sigamos con el ejemplo. Si el hecho probado fuese el contrario, que las personas de color son intelectualmente superiores a las blancas, con toda seguridad este dato se divulgaría sin problemas y sin tanto dilema moral de por medio. Esto nos lleva a una reflexión que esconde una realidad todavía más incómoda: la condescendencia por la que decidimos qué hechos científicos divulgamos. También revela algo peor.

La realidad es que este tipo de situaciones se dan con cierta frecuencia, sobre todo en la actualidad, y sobre todo en ciencias. Hay datos científicos que generan acalorados debates sobre la idoneidad de su divulgación. No hay debate sobre su veracidad, sino sobre la conveniencia de sacarlos a la luz.

Por ejemplo, es un hecho conocido por la comunidad científica que la eficacia de la vacuna de la gripe suele ser baja.[26] Algunos años fue solo del 10 % y otros alcanzó máximos del 60 %. La divulgación de este hecho es controvertida porque hay quien opina que puede disuadir a grupos de riesgo de vacunarse, puede poner en entredicho la efectividad de las vacunas en su conjunto o puede usarse como argumento antivacunas. Quien defiende su divulgación argumenta que la información debe estar a disposición de todos y que ocultar estos datos es una forma de censura. También se puede llamar responsabilidad social. O condescendencia. Al fin y al cabo, ocultar esta información nos da la medida de lo poco preparada que pensamos que está la sociedad para asumir este hecho y esperar que actúe de forma responsable. También nos da la medida de cómo creemos que algunos medios de comunicación podrían informar de este hecho o alarmar sobre él.

Con respecto a temas de salud, hay otros muchos hechos cuya divulgación está sujeta a controversia, como la insuficiente efectividad del cribado o diagnóstico precoz en algunos tipos de cáncer[27] o el uso deliberado de placebos como método terapéutico efectivo.[28] Hechos cuya divulgación podría hacerse de forma tendenciosa e irresponsable a fin de desprestigiar el sistema sanitario.

Otro ejemplo que ha suscitado acalorados debates entre comunicadores de la ciencia son las diferencias halladas entre los cerebros de hombres y mujeres.[29] Hay quien considera estos hechos como un ataque que podría hacer peligrar la igualdad sexual. También hay quien los niega tildándolos de neurosexismo, es decir, negando que sean hechos y defendiendo que solo se trata de la lectura estereotipada de los datos. La realidad es que las diferencias entre los cerebros masculino y femenino tienen interés científico, de igual manera que ha resultado muy esclarecedor el estudio de las diferencias metabólicas, hormonales o de las de cualquier órgano entre hombres y mujeres. Tanto es así que la inclusión de las mujeres en estudios clínicos supuso un gran adelanto en medicina, ya que se pudieron ofrecer tratamientos adaptados a sus necesidades. Los estudios de las diferencias entre hombres y mujeres se celebran como parte del progreso médico (las de cualquier órgano, excepto las del cerebro).

El miedo a la divulgación de estos hechos de nuevo nos coloca ante el espejo. ¿Qué es lo que genera tanta preocupación? ¿Qué es lo que está en juego: la credibilidad del sistema científico o la del Estado de derecho? La igualdad de derechos y oportunidades en ningún caso debe depender de la igualdad biológica entre individuos. Si esto es lo que algunos pretenden, tienen asegurado el fracaso. La igualdad de derechos y oportunidades debe garantizarse por encima de cualquier diferencia biológica, esté localizada en el cerebro, en el páncreas o en los genitales.

Debates de naturaleza similar llegaron a provocar fisuras en el sistema científico. El caso más sonado aconteció en 2017, cuando la revista *Mathematical Intelligencer* retiró un artículo científico por presión de una asociación feminista. El estudio en cuestión concluía que la inteligencia de los varones presenta mayor variabilidad que la de las mujeres. Es decir, que entre los varones hay más genios, pero también más inútiles. Y que las mujeres presentan un nivel de inteligencia más homogéneo. No se detectó ningún error científico en la investigación, ni de método, ni fraude académico, que son las razones por las que un estudio se retiraría de una revista científica. El artículo fue revisado por pares y aceptado, y, aun así, decidieron retirarlo. De nuevo, que un hallazgo científico resultase ofensivo o inmoral se interpretó como un criterio de veracidad.

Después de haber escrito todo esto, parece que el mundo está dando la espalda a la racionalidad. Sin embargo, reitero que yo mantengo el optimismo. La ciencia se abre camino por la fuerza. Recientemente, hemos logrado frenar una pandemia en tiempo récord, gracias a todo el conocimiento científico que habíamos generado sobre las vacunas. Y hace más de veinte años que tenemos constancia de que la capa de ozono se está recuperando, algo que hemos conseguido gracias a tres cosas. Primero, la descripción química del mecanismo de reacción por el cual los gases de tipo CFC destruyen el ozono, que fue crucial para entender el problema y ponerle freno. Segundo, un acuerdo internacional para reducir las emisiones de CFC, el famoso Protocolo de Montreal. Y tercero, el sector químico ya había desarrollado una familia de sustancias candidatas a sustituir de forma rápida y eficaz a los CFC. La ciencia (y, en concreto, la química) nos ha permitido hacer frente a problemas gravísimos que han hecho peligrar la vida de los seres humanos en numerosas ocasiones. Por eso, también soy sensatamente optimista con el cambio climático. No sé si llegaremos a mitigar por completo este problema. Yo confío en la ciencia para lidiar con ello. Sin embargo, confío menos en la voluntad de aplicar los conocimientos científicos para lograrlo.

En el último informe del IPCC, que es el panel que representa el consenso científico sobre el cambio climático, se mencionan dos posturas como formas válidas de mitigarlo: una es el decrecentismo y la otra es el desarrollo sostenible. Ambas posturas tienen algunas cosas en común, aunque también numerosas incompatibilidades, sobre todo en lo que concierne al crecimiento económico y a qué se entiende por progreso y bienestar.

A grandes rasgos, se podría decir que el desarrollo sostenible es tecnoptimista. Por el contrario, el decrecentismo sería tecnopesimista. Los primeros confían en que la ciencia y la tecnología nos permitirá lidiar con el calentamiento global sin desarticular el bienestar socioeconómico, mientras que los segundos abogan por parar las máquinas y redefinir el bienestar.

El decrecentismo, acrecimiento o teoría del decrecimiento defiende, entre otras cosas, reducir el consumo y la producción global y adoptar medidas de racionamiento energético. Es, además, una teoría que rechaza el crecimiento económico, se opone a la economía liberal y se considera anticapitalista. Propone otras formas de medir el bienestar, independientes del producto interior bruto. Afirma que la conservación del medio ambiente no es posible sin reducir la producción, asumiendo que ya se ha superado la capacidad de regeneración natural del planeta.

El decrecentismo se considera contrario al desarrollo sostenible, pues lo tildan de oxímoron: si hay desarrollo, este no puede ser sostenible. Es habitual entre sus defensores escuchar afirmaciones del tipo: «No puede haber un crecimiento infinito en un planeta con recursos finitos». Los decrecentistas más entusiastas a menudo decoran esta afirmación con alusiones a las leyes de la termodinámica. Esa afirmación es falaz y se puede desmontar con un argumento sencillo: la mayoría de los paneles solares actuales tienen una eficiencia energética de en torno al 30 %, es decir, transforman en energía aprovechable el 30 % de la energía solar que llega hasta ellos. Sin embargo, los paneles solares de tercera generación aumentarían la eficiencia hasta el 40 %. Es cierto que todavía hay mucho margen de mejora, pero la lectura importante de esto es que la innovación científica y tecnológica permite obtener mayor rendimiento a partir de los mismos recursos. En eso consiste el desarrollo sostenible.

El desarrollo sostenible aboga por una sociedad en la que las condiciones de vida y los recursos se utilicen para continuar satisfaciendo las necesidades humanas sin socavar la integridad y la estabilidad del sistema natural. También se puede definir como el desarrollo que satisface las necesidades del presente sin poner en peligro la capacidad de las generaciones futuras.

Es muy fácil hablar de parar o decrecer cuando crees que a ti no te va a cambiar la vida de forma significativa. Prefieren ignorar que los recortes afectarán, como siempre, a las clases sociales más desfavorecidas. Quienes opinan que el decrecimiento es una opción bondadosa, lo hacen porque el bienestar nunca ha sido una preocupación para ellos.

No obstante, dejar de consumir como zombis no es sinónimo de decrecer. Hay que ser muy precisos con el lenguaje para evitar malentendidos y tergiversaciones interesadas. El desarrollo sostenible tampoco va de seguir consumiendo 62 millones de toneladas de ropa de algodón reciclado al año. Hay razonamientos más allá de las semánticas manipuladoras. El consumo responsable es común al decrecimiento y al desarrollo sostenible.

El desarrollo sostenible va de usar la ciencia y la tecnología para proporcionar energía limpia y agua potable a todo el planeta, no de comprar una camiseta a la semana hecha de botellas recicladas.

El desarrollo sostenible lleva implícita una etiqueta de progreso y bienestar. También de crecimiento económico. La innovación científica y tecnológica se considera la clave para lograr hacer un uso responsable y eficiente de los recursos.

Como química ligada a la innovación científica, opino que el desarrollo sí puede ser sostenible y que es la mejor forma de mitigar el cambio climático sin poner en peligro el bienestar. La ciencia de materiales, la física nuclear, la inteligencia artificial o la genética son campos de conocimiento fundamentales para lidiar con el cambio climático. Hay muchos ejemplos.

La ciencia de materiales es un campo de la química que nos está permitiendo obtener desde refrigerantes sólidos hasta plásticos fotoselectivos. En unas décadas gastaremos más energía en enfriar que en calentar. El problema de los refrigerantes fluidos es que son fluidos, pueden escapar a la atmósfera y contribuir así al calentamiento global y a la destrucción de la capa de ozono. Los refrigerantes sólidos vienen a resolver esos problemas.

El agua es potable gracias a la química. Además, en los países en desarrollo se usan materiales que potabilizan el agua por contacto, mediante fotocatálisis.

Otros materiales aliados son los plásticos. Por ejemplo, los invernaderos nos permiten cultivar de forma más eficiente, aprovechando mejor los recursos hídricos y el terreno. Se usan plásticos fotoselectivos, que son transparentes a la radiación solar fotosintética y opacos a la infrarroja, de modo que conservan el calor al mismo tiempo que seleccionan la radiación que las plantas necesitan para crecer. Son inertes, no desprenden partículas contaminantes, son duraderos (resisten hasta cuatro campañas bajo el sol) y son reciclables.

Los plásticos también sirven para conservar mejor los alimentos y prolongar su vida útil, lo que reduce el gasto energético derivado de su conservación, sobre todo durante el transporte. También reducen el desperdicio alimentario.

Los plásticos han servido para aligerar los vehículos, desde aviones hasta coches utilitarios. Sabiendo que el transporte es el principal emisor de gases de efecto invernadero, reducir su peso ha sido clave para reducir emisiones. Gracias a los plásticos tenemos hogares mejor aislados, lo que se traduce en un enorme ahorro energético en calefacción y en aire acondicionado.

La inteligencia artificial (IA) permite desde el uso y reparto eficiente de la energía hasta la optimización de cultivos. La IA permite cruzar infinidad de datos en tiempo récord, de modo que se puedan tomar decisiones rápidas con mayor probabilidad de éxito. Aplicado al modelo energético, la IA reduce las pérdidas de energía, prevé cuándo y dónde se necesitará más energía y, de haber sobrantes, los derivará a actividades útiles. Aplicada a la agricultura, sirve, por ejemplo, para calcular con exactitud cuánta agua de riego se necesita en cada momento. En ambos casos, la IA nos ayuda a optimizar los recursos y a evitar el despilfarro.

La genética permite seleccionar alimentos más nutritivos y sostenibles. Gracias a los conocimientos en ingeniería genética se han obtenido frutas, verduras o cereales que requieren menor cantidad de terreno, de agua, de calor, de radiación solar e incluso de fitosanitarios. También se han obtenido frutos con mayor aporte de nutrientes y vitaminas esenciales que de otro modo serían difíciles de obtener. El cereal más conocido es el arroz dorado, un arroz con vitamina A.

Gracias a la física nuclear tenemos centrales nucleares que proporcionan energía en abundancia y limpia con respecto a emisiones, siendo una de las fuentes de energía más eficientes que conocemos. La energía nuclear, sumada a las energías renovables, nos harían menos dependientes de los combustibles fósiles.

Cuanto más difíciles son los retos a los que nos enfrentamos, más necesaria es una apuesta rotunda por la investigación científica y la innovación. Las alertas catastrofistas, el decrecimiento o parar máquinas no es la solución. Trabajar sí. Toca trabajar, no toca rendirse, no toca paralizarse por temor.

Mi conferencia de hoy arrancó con una pregunta aparentemente sencilla: cómo imaginamos el futuro. En realidad, es una pregunta sobre las expectativas, si se inclinan hacia el miedo o hacia la esperanza. Y sobre la influencia de la ciencia en esa inclinación.

Hay un desequilibrio entre la información que se comparte sobre los retos medioambientales —*retos* es el eufemismo de moda para referirse a los *problemas*— y la que se comparte sobre sus soluciones. Voy más allá: se habla más de la ciencia como respuesta a un problema que de la ciencia como una fuente de asombro y posibilidades en sí misma.

Por eso planteaba también si hemos sabido preservar en los jóvenes la mirada esperanzada que tenían de niños o si, en nuestro intento de que sean más conscientes y comprometidos, hemos engendrado una generación atemorizada, neurotizada. La idea más perversa que se ha infundido en los jóvenes es el miedo al futuro.

De ahí la importancia de la divulgación científica. Va más allá de prestigiar la ciencia o de compartir el placer del conocimiento. Es necesario mostrar sus avances porque, además de ofrecer soluciones, la ciencia abre oportunidades. Y con ello algo aún más arrebatador y trascendente: nos proporciona un optimismo sensato. Porque lo revolucionario hoy en día no es hacer que el pesimismo sea convincente, sino hacer que el optimismo sea posible.

58

No hay banda

Nos diluimos siendo el atavío de las calles;
las caras son como fanales rotos,
el rebumbio de unos cuerpos que ni se rozan.

Cae la gente como copos
en su sigilo ensimismado.
Nos servimos siendo manufactura invisible,
la carcajada inédita de una especie separada
de pesares que comulgan solos
desde la indiferencia de la desconfianza
y el trajín.

59

Manu y yo estábamos cruzando en coche el puente de A Illa de Arousa, el único puente que, desde 1985, comunica la isla con el municipio de Vilanova de Arousa en tierra firme. Casi dos kilómetros de carretera a ras del agua. Es el primer puente del mundo en su longitud construido sin juntas de dilatación, así que el recorrido estaba libre de saltos y ruidos. Las juntas son los pequeños espacios que se dejan sin cerrar en el piso de los puentes para permitir, con el cambio de temperaturas, la dilatación y la contracción de los materiales constructivos. Al entrar en el puente empezó a sonar *Sailing*, de Christopher Cross: «*Well, it's not far down to paradise, at least it's not for me. And, if the wind is right, you can sail away and find tranquility. Oh, the canvas can do miracles. Just you wait and see. Believe me*» («Bueno, el paraíso no está lejos, al menos para mí. Y, si el viento acompaña, puedes navegar y encontrar tranquilidad. Oh, el lienzo puede hacer milagros. Solo tienes que esperar y mirar. Créeme»). Me puse a llorar. Manu me miró, me pidió perdón e inmediatamente puso otra canción, la de la cabecera de la serie *Los vigilantes de la playa*, con lo que pasé de las lágrimas a la risa en un santiamén.

Manu sabe que no soy capaz de escuchar a Christopher Cross sin emocionarme. Y menos en un viaje en coche. Me produce nostalgia de los que hacía de pequeña con mis padres y mi hermano, sobre todo por las Rías Baixas, que era nuestro destino habitual. No es una nostalgia normal porque todos seguimos felizmente vivos. Tampoco es nostalgia de mi propia infancia, porque la rememoro con entusiasmo siempre que tengo ocasión. Mi infancia, al igual que el resto de mi vida, ha sido poderosamente alegre. No termino de entender qué clase de nostalgia me produce, pero sé que la emoción se corresponde con la nostalgia porque la siento como una tristeza melancólica por el recuerdo de algo que ahora no tengo. No es que me afecte que esos días no puedan repetirse. Creo que lo que me afecta es que no voy a generar un recuerdo así de bonito en nadie. Me doy cuenta de que hay canciones que no puedo escuchar porque he decidido no tener hijos. Y esa decisión me causa una nostalgia anticipatoria. La nostalgia de algo que no voy a poder vivir. Miro para Manu canturreando la canción de la serie y miro al retrovisor de dentro del coche. Los asientos traseros están dolorosamente vacíos para mí. Tal vez la decisión de no tener hijos ha sido una pésima decisión. Quizá ya no pueda cambiarlo. Quizá sea tarde, biológicamente tarde. Quizá no pueda tener hijos, quizá nunca pude y esa decisión fue en realidad un latido de mis entrañas pidiéndome no desear aquello que no puedo tener. Si no puedo tener hijos, al menos no habrá sido mi decisión. Y, si el viento acompaña, podré navegar y encontrar tranquilidad.

60

Cuando me quedé embarazada, pude volver a escuchar a Christopher Cross sin llorar.

61

Cuando pienso en cómo serían mis padres cuando yo era tan pequeña que ni los recuerdo, me los imagino como John Travolta y Kristie Alley en *Mira quién habla* (1989), así de guapos (bueno, mis padres siempre han sido guapos, tanto o más que John Travolta y Kristie Alley) y, sobre todo, con la ligereza de vivir de esos personajes. Como si ser padres de una niña como yo fuese algo fácil y divertido. Como si tener una hija que apenas come, y que lo poco que come lo vomita, fuese algo que se vive como una anécdota entretenida. Los imagino así, aunque sus caracteres no encajarían en absoluto con esa levedad vital. Ni siquiera con veintitantos años, que todo parece más fácil que con casi cuarenta (más por la ingenuidad que por la energía). Pero mis padres nunca han sido ingenuos. La vida los hizo convertirse en adultos sin apenas vivir la adolescencia. Sin embargo, puedo imaginarme a mi madre vestida con un peto y llevándome en autobús, o a mi padre con pantalones vaqueros ceñidos y charlando conmigo en el coche mientras conduce, como si yo pudiese comprender todo lo que dice, igual que en la película. Todo así de alegre, como en una comedia ligera. Aunque los días normales se parecen poco a las comedias ligeras. Y menos los días normales con hijos pequeños. Sin embargo, me empeño en verlos así, en una mezcla de ficción con retazos de historias reales que me han contado. En esas escenas, yo soy una niña con el chándal rosa que tanto furor causaba en los ochenta, cuando las niñas tan pequeñas no llevaban chándal.

Recurro a esa idealización en los momentos de mayor trajín maternal, para restar importancia a las cosas que realmente no son importantes. Esa idealización que hoy me reconforta, en el pasado era un objetivo inalcanzable. Una razón (aunque no la más relevante) por la que pasé tantos años pensando que no sería madre es porque mis padres pusieron el listón muy alto. Todas sus elecciones con respecto a mi educación fueron correctas, por eso siempre he sido una persona tan alegre, una alegría que se perpetúa desde la infancia hasta hoy y se manifiesta en una lúcida despreocupación en el vivir. Aunque las razones más importantes que durante tanto tiempo me llevaron a decir que no quería ser madre están en el ambiente social de mi generación, que son como moduladores epigenéticos de la expresión de nuestro ADN. La epigenética estudia cómo ciertos factores (la alimentación, el cuidado materno, el entorno social o incluso el trauma) modifican la expresión génica sin alterar la secuencia del ADN. Es decir, la epigenética no cambia lo que eres, pero sí cómo se interpreta lo que está escrito en tu ADN. El entorno de mi generación fue como un factor epigenético que presionaba a las mujeres a no ser madres. En general, las madres (y, sobre todo, las abuelas) nos animaban a viajar, a conocer a muchas personas antes de atarnos a una, a estudiar fuera, a vivir lejos, a no engancharnos a un trabajo durante mucho tiempo. Nos animaban a vivir muchas experiencias antes de empezar a vivir como lo hace todo el mundo: cerca de la familia y ampliando la familia. Es como si nos animasen a vivir antes de la vida. Todas aquellas cosas que ellas pensaban que se habían perdido y que no querían que sus hijas se las perdieran. Son vivencias que para mí ahora tienen un valor anecdótico, aunque en su momento me creí que eran las cosas por las que la vida valía la pena. Nuestras madres y abuelas cayeron en la trampa de las renuncias precoces, y mi generación cayó en la trampa de renunciar a la vida plena a cambio de una experiencia de juventud eterna. Estoy convencida de que nuestras nietas (y, con suerte, nuestras hijas) recibirán un consejo diferente que las orientará hacia un tipo de vida más tradicional, más parecido al de mi madre o al de mi abuela.

Afortunadamente, nunca quise vivir lejos de mi familia. Alejarme de mi abuela, de mis padres o de mi hermano me parecía más una condena que una experiencia vital. Pero había que demostrar que eras una mujer independiente. Demostrar no sé a quién ni para qué. Y menos aún entiendo ahora que la «independencia» que se nos inculcaba fuese algo positivo si en realidad era un sinónimo de soledad: no te cases, no tengas hijos, no compres una casa, no tengas arraigo por nada ni por nadie. Es decir, no hagas nada que dé sentido a tu vida que no seas tú misma. Y me creí durante un tiempo que eso era lo moderno, lo transgresor, lo feminista, lo liberador, en lugar de aceptar que todo eso era una pobre incitación al individualismo. Y que en nada de aquello había alegría de vivir, ni profundidad. Por suerte, hay moduladores epigenéticos reversibles, y, cuando esa presión del entorno se fue diluyendo como un simple pecado de juventud, lo esencial de la vida recuperó la categoría de obviedad. Igual que las proteínas guardianas del genoma que detienen la replicación celular cuando detectan daños en el

ADN, activando su reparación o induciendo a la muerte celular si el daño es irreparable. La biología es tan feroz que tiende a imponerse. Lo civilizado no es una domesticación de lo biológico, sino que es pura biología en acto. Lo convencional es una manifestación biológica.

62

El tráfico fluye
desde el hogar hasta la gran playa
desde ti
me arropa el río honesto.

Albergas la sonrisa oportuna
pintas con ella el equilibrio
la elegancia de saber vivir
en lo blanco
con la sutileza ponderada del instinto
haces fluir mi tráfico
desde el albor hasta el esplendor permanente
desde ti
me arropa el río honesto.

Fluyo contigo desde que soy
producto y parte
de tu paseo
de esta suerte anímica
que es transitar por aquí en tu regazo.

Tu viaje suaviza su alrededor
y a mí me amarra
desde el hogar hasta la marea salvaje

no hay embates suficientes
capaces de frenar
tu río honesto.

63

Los jueves tenemos una cita ineludible con los matrimonios amigos. La expresión *matrimonios amigos* tiene algo de rancio y a la vez de aspiracional. Mis padres quedaban todos los viernes con sus mejores amigos que, a su vez, también eran un matrimonio. Era una rutina que mantuvieron desde antes de tener hijos hasta que los hijos nos adentramos en la adolescencia. Los mejores amigos de mis padres son mis padrinos. Según la tradición católica, los padrinos de bautismo tienen como misión ser modelo de vida, transmitir la fe y servir de referencia moral y educativa para sus ahijados. Pero mis padres me explicaron que Julio y Celia eran mis segundos padres, cuya función como padrinos era cuidarme si alguna vez les pasaba algo y no podían hacerse cargo de mí. Mis padrinos eran mi familia de repuesto. Esa misión requiere de un compromiso mayor que el tradicional. Y era un compromiso real. Cuando mi abuelo enfermó gravemente, mis padrinos nos acogieron a mi hermano y a mí durante un verano. Dormíamos en su casa, nos apuntaron a patinaje, a tenis, a aerobic, nos llevaban a la playa, nos hacían churros para desayunar y se encargaban de que tuviésemos la ropa limpia y planchada. Fueron nuestros padres durante varias semanas. Supieron llenar de luz los días más oscuros de nuestra infancia.

Desde pequeña, puse en mi lista de deseos de adulta tener matrimonios amigos. Aunque surgió de manera natural. Los matrimonios amigos son la pandilla de amigos del colegio y sus prolongaciones. Prolongaciones en forma de amigos de amigos que se hicieron durante la universidad, en forma de novias que acabaron siendo esposas y, en algunos casos, también en forma de hijos. Los hijos han alterado los jueves y los horarios en general, pero la sensación de que será un ritual permanente sigue latiendo entre nosotros.

Los rituales me reconfortan. Hacer las mismas cosas, la repetición, quedar en los mismos sitios, seguir los mismos recorridos, ir a comer o a cenar determinados días de la semana a los mismos lugares, quedar con las mismas personas, repetir el destino de vacaciones, es como ampliar los límites del espacio y del tiempo que resultan ajenos y hacerlos propios. Todo el tiempo es presente. Todos los lugares son mi casa.

Mis padres llamaban *ir de vinos* a la cita de los viernes con mis padrinos. Mi hermano y yo usábamos la misma expresión porque era el único nombre que tenía ese ritual. Resulta cómico que unos niños de primaria se refieran a los planes con sus padres como ir de vinos. Una vez lo dije en clase y la profesora solicitó una reunión urgente con mis padres. Ir de vinos ni siquiera implicaba tomar vino. Significaba quedar en Zumolandia sobre las ocho de la tarde y luego ir a cenar pulpo *á feira*. La expresión formaba parte del idioma familiar. Cada familia tiene un idioma propio, con palabras inventadas y con polisemias imposibles.

Hay un sabor lúcido y entrañable en las expresiones *matrimonios amigos* e *ir de vinos*. Es el sabor de la plenitud de una vida corriente, de saberse con la fórmula de la alegría vital. Por eso, para mí el pulpo *á feira* con amigos va más allá de una tradición de mi tierra: es un saber elemental heredado de mis padres.

El saber y el sabor, que son la misma cosa, confluyen en el pulpo *á feira* en forma de aminoácidos libres, cloruro sódico, carotenoides y ácido oleico. Un sabor que evoca las costumbres y los aciertos. Todos ellos emanan de la sencilla receta del pulpo *á feira*. Miento: las recetas sencillas esconden una complejidad química cuyo conocimiento las hace aún más sabrosas. Hay que cocer el pulpo en agua, si se quiere acompañado con patatas cocidas o cachelos, y se sirve sobre un plato de madera donde se le añade sal gorda, aceite de oliva y pimentón. Parece sencillo. Sin embargo, cuando uno hace el pulpo en casa nunca queda igual que en la *pulpeira*. Por supuesto, influye la pericia del cocinero con el punto de cocción, pero lo más importante es el famoso «cueces o enriqueces». No es lo mismo cocer un pulpo que cocer varios a la vez porque el agua se enriquece, las sustancias solubles del pulpo se concentran en el agua de cocción y la temperatura se mantiene constante y homogénea en toda la olla.

Al cocer el pulpo, lo primero que se observa es un cambio de color: pasa de ser grisáceo a adquirir colores que van del rosa al morado. Esos colores se deben a un tipo de compuestos presentes en el pulpo que se llaman *carotenoides*. En concreto, el tipo de carotenoides del pulpo son las astaxantinas. Se han caracterizado hasta tres astaxantinas diferentes, todas de colores próximos al rojo. Estos compuestos también están en algunos crustáceos y bivalvos y se revelan tras la cocción. Cuando el pulpo está vivo, el carotenoide permanece oculto porque está ligado a las proteínas; por eso se ve de color gris, pardo o azulado. Cuando el pulpo se cocina, la proteína se desnaturaliza, pierde su estructura y libera las astaxantinas. Las astaxantinas libres se ven de color rojo. Además, las astaxantinas sufren diferentes cambios químicos durante este proceso (por ejemplo, la transformación de enolatos en hidroxicetonas que muestran coloraciones ligeramente diferentes). El pulpo obtiene estos pigmentos de la dieta; en concreto, del zooplancton, que es rico en derivados de la astaxantina.

La pérdida estructural de las proteínas durante la cocción también se nota en la textura. El colágeno de la carne del pulpo se hidroliza parcialmente. El pulpo pasado de cocción queda blando y deshilachado, mientras que, si está poco hecho, queda duro y *correúdo*. Para evitar esto, hay una práctica tradicional que consiste en mazar al pulpo, golpearlo contra las rocas una vez capturado. De esa manera, se rompen las fibras de la carne y el pulpo quedará más tierno. Hay otros métodos que tienen el mismo resultado, como congelarlo antes de cocinarlo. Como el pulpo contiene mucha agua, al congelarlo se forman cristales de hielo que rompen las fibras de la carne.

Otra práctica habitual para evitar que la piel se separe del pulpo durante la cocción consiste en asustarlo. Asustar al pulpo significa meter y sacar al pulpo del agua hirviendo tres veces antes de dejarlo cocer. De ese modo se consigue que la superficie se cocine antes que el centro de la carne y que se provoque una contracción que, teóricamente, mantendrá la pieza de pulpo bien cohesionada. Sin embargo, este rito solo es útil cuando no se logra que la temperatura del agua se mantenga constante.

El agua de cocción del pulpo se suele emplear para cocer también las patatas. Como las astaxantinas son compuestos solubles en agua, pasan al caldo, y del caldo pasan a teñir las patatas. Junto a los pigmentos, todos los compuestos aromáticos del pulpo solubles en agua también pasan a las patatas, por eso quedan tan sabrosas. Los cefalópodos, como el pulpo, contienen cantidades relativamente altas de aminoácidos libres (por ejemplo, glutamato) y nucleótidos derivados del ATP que, tras la cocción, contribuyen al sabor umami.

El componente protagonista de la química de la cocción de la patata es el almidón, un carbohidrato formado por la unión de dos monosacáridos: amilosa y amilopectina. Durante la cocción, la patata se hidrata, absorbe más agua, lo que provoca que los gránulos de almidón aumenten de tamaño unas cien veces respecto a su tamaño inicial. Con el calor se rompe el ordenamiento de las moléculas de amilosa y amilopectina del gránulo y pequeñas moléculas de amilosa se escapan del interior. Estas forman una red que atrapa a las moléculas de agua y a los gránulos de almidón y forman una pasta viscosa que da como resultado la reconocible textura de la patata cocida. Este proceso químico se denomina *gelatinización*.

Tradicionalmente, el pulpo *á feira* se cocinaba en ollas de cobre. Aunque el cobre es más caro que el hierro, es más ligero, conduce muy bien el calor y mantiene la temperatura durante más tiempo. Sin embargo, por seguridad alimentaria, en la actualidad las ollas de cobre tienen un recubrimiento interno de otro metal, que suele ser hierro o acero, de modo que los alimentos no tocan el cobre. El cobre puede resultar tóxico, sobre todo cuando se pone en contacto con alimentos ácidos, ya que se puede oxidar y formar compuestos venenosos como el cardenillo.

Una vez que el pulpo está bien cocido, se trocea con unas tijeras y se sirve sobre una cama de patatas o directamente sobre un plato de madera. Se añade sal (compuesta por cloruro sódico, que actúa como potenciador del sabor marino y realza el resto de sabores mediante la ósmosis, que consiste, a efectos prácticos, en concentrar aquello que más sabe), aceite de oliva virgen (con un alto contenido en ácido oleico, que actúa como disolvente de compuestos orgánicos, así que es una especie de vehículo de sabor) y pimentón (que aporta carotenoides y fenoles que saben a humo de color rojo en la nariz).

El pulpo *á feira* se sirve sobre madera y se come con utensilios de madera. Aunque este material puede ser un nido de bacterias en cualquier cocina, su uso tradicional tiene una razón de ser, y es que la madera absorbe muy bien el agua del pulpo, pero no absorbe tan bien el aceite. De esa manera, al terminar el plato con el aceite de oliva y el pimentón (el pimentón es soluble en el aceite, pero no en el agua), no se formará un charco inmiscible de agua y aceite, sino que el aceite, el pimentón y la sal gorda se mantendrán barnizando al pulpo. De ahí también nace la costumbre de comer el pulpo con palillos de madera en lugar de con cubiertos de metal.

El pulpo *á feira* es un plato tradicional, lo que significa que en él hay una ceremonia perenne que conecta pasado, presente y futuro. Hay más maneras de preparar el pulpo, pero esta, a la gallega, es soberana por lo que tiene de ciencia y de identidad. Mi idilio con el pulpo *á feira* tiene, además, una patria más profunda que la tierra. Me conecta con mis padrinos, con las costumbres heredadas, con los placeres cotidianos que se perpetúan entre generaciones y que saben a una vida con sentido. Saben, de sabor y de saber.

64

Celia y yo

Los recuerdos que nos pertenecen
son de un rosa anaranjado,
y van más allá de mí,
como si la amistad fuese un don heredable.

He tenido la suerte
de vivirte a veces,
de oír tu párvula entonación
que lo hace todo más cremoso.

Cuando hablo de ti
recuerdo con énfasis el aroma
del gel Sanex entre la hierba,
de los churros del desayuno,
del protector solar,
de las toallas que colgaban del tobogán
haciendo de cabaña.

Cuando hablo de ti
pienso en las cenas de los viernes,
en una noche en la que seguías conservando
tu densa luz naranja.

Eres de ese tipo de gente
que describe la vida con limpidez
y la contagia.

Cuando hablo de ti
siento que he tenido suerte.

65

La calle huele a lumbre, a castañas y al perfume fresco de las dalias. Las floristerías están a rebosar con los preparativos del Día de Difuntos. Hoy es un día festivo que se celebra llevando flores al cementerio por la mañana, limpiando la lápida de la familia al resguardo de los cipreses, comiendo huesos de santo y calentando las manos con un cucurucho de papel de periódico lleno de castañas asadas. Estas tradiciones son las que nos unen con la propia infancia, con nuestros abuelos, con los abuelos de nuestros abuelos, y nos mantienen los pies en la tierra.

El Día de Todos los Santos se celebra el 1 de noviembre, una fecha marcada por la astronomía. La Tierra atraviesa un punto intermedio entre equinoccios y solsticios. Durante los equinoccios, la Tierra tiene los dos polos situados a la misma distancia del Sol; los dos hemisferios reciben la misma cantidad de luz y el día y la noche tienen la misma duración en casi todo el planeta. Esto ocurre dos veces al año, por eso en el hemisferio norte la primavera comienza en marzo, y el otoño, en septiembre. Durante los solsticios ocurre que un hemisferio está más próximo al Sol y recibe el máximo de luz mientras que el otro hemisferio recibe el mínimo. Esto sucede porque el eje de rotación de la Tierra está inclinado. El solsticio de verano sucede en junio en el hemisferio norte, cuando los días son más largos; el solsticio de invierno acontece en diciembre, cuando hay más horas de oscuridad. El 1 de noviembre está a medio camino entre el otoño y el invierno, se nota que las noches crecen y los días encogen, de ahí que el 1 de noviembre marcase el inicio del nuevo año celta. Se cree que ese es el origen de la festividad pagana del Samaín, que celebra la noche de transición entre el año viejo y el nuevo. Entonces se creía que, en ese momento en el que la oscuridad se adueñaba de los días, los muertos descendían al reino de los vivos. Para espantarlos encendían hogueras, para amansarlos les ofrecían alimento y para pasar desapercibidos se disfrazaban. Estos rituales del Samaín podrían ser el origen de la fiesta norteamericana de Halloween, que etimológicamente procede de la forma escocesa All Hallows' Eve, que significa 'víspera de los Santos'.

El Día de Todos los Santos es una solemnidad cristiana en la que se celebran no solo los beatos o santos que están canonizados y tienen su día propio, sino todos aquellos que no lo están, pero que han servido de estímulo y ejemplo para los cristianos. Al día siguiente, el 2 de noviembre, se celebra el Día de Difuntos en memoria de los fallecidos. A menudo, estas dos fechas se confunden porque se aprovecha el día no laborable para hacer la visita al cementerio.

La costumbre de llevar flores al cementerio se remonta a los tiempos en los que los fallecidos se velaban en las casas durante días. Antes de que existiesen las técnicas de embalsamamiento o que estuviesen al alcance de todos, el olor de la descomposición de los cuerpos se enmascaraba quemando incienso y cubriendo al difunto con flores que perfumaban el ambiente y hacían más agradable la vigilia. Esas mismas flores se utilizaban en el entierro para decorar la tumba. Aquella costumbre se afianzó con el paso de los años, no solo durante la vigilia y el entierro, sino que engalanar los sepulcros con flores se convirtió en una práctica constante con la que conmemorar a los antepasados. El Día de Difuntos se celebra acicalando las lápidas, fregando la piedra, lustrando el metal y adornándola con las flores más pomposas de la temporada.

Los cipreses son los árboles de los cementerios. No solo los guarnecen, sino que los protegen. Son árboles muy longevos y de hoja perenne que no necesitan cuidados especiales. Soportan bien los cambios bruscos de temperatura y su verdor oscuro no varía con las estaciones, de ahí que simbolicen la eternidad. La altura de los cipreses sirve como cortavientos; se plantan cerca de los muros para proteger las construcciones del cementerio y resguardar a los visitantes. Y lo más importante: sus raíces crecen hacia abajo, verticalmente y en línea recta, de modo que al crecer no dañan las lápidas ni levantan los caminos.

En esta época, los cementerios se llenan de crisantemos, violetas y dalias, por eso estas flores se asocian con los difuntos. Son las flores que en noviembre alcanzan la plena floración. También hay una razón biológica en el uso de violetas, y es que resisten muy bien el frío y las heladas propias de esas fechas. El color predilecto de las flores de este día es el morado. Es un color que tradicionalmente se ha asociado al poder porque resultaba muy costoso obtener pigmentos de ese color (antes de que se descubriese el púrpura de Perkin, el primer colorante sintético). Sin embargo, el violeta ha tenido una connotación de duelo desde la Antigüedad y su color oscuro se asimila al de la sangre derramada. Quizá por eso, Hades, el dios del inframundo en la mitología griega, raptaba a Perséfone mientras recogía violetas. Durante la Cuaresma y el Adviento, los sacerdotes visten casulla morada para simbolizar la penitencia, un atuendo que también usan en las misas de difuntos.

El dulce típico de estas fiestas son los huesos de santo. La razón es la misma por la que en esos días se comen castañas para celebrar el magosto (porque es la época de recogida) y por la que se comen y se decoran las calabazas (para darle salida al excedente de producción que se alcanza en esta época del año). Los huesos de santo son un tipo de mazapán que se hace con huevos, azúcar y almendras. La temporada la marcan las almendras, porque en septiembre suele terminar la recogida. También en esas fechas comienza la venta de turrón de Jijona y de Alicante, que es una forma de conservar la almendra a lo largo del año. Tradicionalmente, los huesos de santo se rellenan con yema, una preparación que se hace en caliente ligando yemas de huevo con almíbar al punto de hebra elaborado con azúcar y agua. Ahora también se rellenan con cabello de ángel, chocolate, praliné...

El propósito de este dulce era alejarse de la forma tenebrosa de tratar la muerte propia de la cultura celta y ofrecer una imagen acogedora de los difuntos, más acorde con la concepción católica de la muerte como transición a la vida eterna. Se cree que fue un monje benedictino quien elaboró por primera vez estos dulces en el siglo XVII. Les dio una simpática forma de hueso de tibia con su tuétano dentro. Se hicieron populares gracias a que Francisco Martínez Montiño, el jefe de cocina de Felipe II, publicó en 1611 la receta en su famoso libro *Arte de cocina, pastelería, bizcochería y conservería*.

Todas las tradiciones que atraviesan estos días especiales tienen un origen que puede explicarse desde disciplinas diferentes (la biología, la química, la teología, la astronomía, la historia...). Unas nutren a otras, rellenan lagunas y expanden los conocimientos que ya se tenían. Por eso, mantener y honrar las tradiciones es una forma de respetar a todas las formas de conocimiento que nos han precedido y nos han convertido en quienes somos. En la tradición está nuestra genuina identidad, la que nos ha sido dada por nacer en un lugar y en una familia.

66

Lo más bello que he visto en un microscopio no tenía forma. Una mancha de luz que cambiaba de color al mover la muestra. Cristales de sulfuro de cadmio. Puntos cuánticos. Es como uno imagina que se vería el alma de las cosas. Que hay cosas que existen solo cuando alguien las ilumina.

Escribo *alma* y *cuántico* en un mismo párrafo y me saltan las alarmas. La palabra *cuántico* se ha vuelto sospechosa. Lo cuántico se ha convertido en un adjetivo mágico, una palabra talismán que se usa para envolver de misterio lo que no se entiende. Una palabra para vender la nada. Y, sin embargo, pocas cosas hay más concretas, más rigurosas y más profundamente bellas que la cuántica. Su verdadero asombro reside en el detalle, en la matemática precisa, en la lógica desconcertante de un mundo tan pequeño que no se deja ver, pero que sostiene todo lo que vemos.

Los puntos cuánticos han servido para colorear vidrios y cerámicas desde el inicio de los tiempos. Los artesanos y los artistas saben que hay pigmentos cuyo color varía según el grado de molienda. Hay verdes que se vuelven azules en el mortero, hay amarillos que se vuelven naranjas durante el vidriado. Los ceramistas suelen tener cuadernos en los que apuntan los colores que obtienen con cada compuesto, en qué horno, a qué temperatura y tras cuánto tiempo de cocción. Es un recetario que registra su experiencia de años. Como cualquier receta familiar, adquiere la categoría de legado. Esos cuadernos se custodian como oro en paño.

En la actualidad, se usan puntos cuánticos para iluminar sondas médicas y endoscopios, como biomarcadores para imagen médica, para catalizar reacciones químicas, para aumentar la eficiencia de los paneles solares y para enriquecer el color y el contraste de las pantallas QLED. La Q de QLED viene de *quantum dots*, que en español se traduce como 'puntos cuánticos'.

Los puntos cuánticos son cristales semiconductores del tamaño de nanopartículas. La palabra *cristal* significa que es un conjunto de átomos dispuestos en un arreglo geométrico concreto, es decir, átomos ordenados. La palabra *nanopartícula* se refiere al tamaño, que está en la escala de los nanómetros (un nanómetro [nm] es la milmillonésima parte del metro). Para hacerse una idea de lo pequeño que es esto, un cabello humano tiene un grosor de unos 100.000 nm y el diámetro de un átomo es de unos 0,2 nm.

Lo curioso del mundo nanométrico es que se comporta de forma diferente que el mundo de las cosas grandes (las que se ven y se tocan). Hay determinados principios y leyes que describen de manera perfecta el funcionamiento de las cosas grandes, pero no sirven para describir el de las cosas tan pequeñas. Cuando un material se encuentra a escala macroscópica (como un trozo de metal o un cristal), la mayoría de sus átomos están en el interior, rodeados por otros átomos y enlazados firmemente a ellos. Solo una pequeña fracción queda en la superficie, en lo que se llaman *caras libres*, es decir, con enlaces sin saturar. Sin embargo, cuando ese mismo material se reduce al tamaño de unos pocos nanómetros (la escala de los nanomateriales), la proporción se invierte: ahora la mayoría de los átomos están en la superficie y muy pocos quedan en el interior. Esa diferencia cambia por completo sus propiedades. A nivel nanoscópico, los materiales pueden volverse mucho más reactivos, adquirir colores distintos, modificar su punto de fusión o incluso cambiar su comportamiento eléctrico. Todo esto sucede porque las leyes del mundo nano no son exactamente las mismas que las del mundo macro. A esa escala, los efectos de la superficie dominan sobre los del interior y la materia se comporta de forma insospechada. Por eso, a veces se hace uso de la física clásica y otras hay que adentrarse en la cuántica. Esto es lo que ocurre con los puntos cuánticos, de ahí su nombre. La palabra *punto* hace referencia a las dimensiones del cristal. Hay cristales tridimensionales, bidimensionales, unidimensionales y cerodimensionales. Los puntos cuánticos son cristales de cero dimensiones.

La palabra *semiconductor* tiene que ver con el color. El color sigue siendo un campo de estudio científico. El color de las cosas se describe como la parte de la luz que no absorben, la que reflejan. Sin embargo, el proceso por el cual las cosas se quedan con una porción de la luz y desprenden otra es algo muy complejo, también muy bello. El color depende de la composición, del tamaño, de la temperatura, de la geometría y disposición de los átomos (si estos siguen un orden en un cristal o, por el contrario, están desperdigados en un sólido amorfo como el vidrio). Pero, en todos los casos, los protagonistas del fenómeno del color son los electrones. Los electrones son las partículas con carga negativa que están bailando en la superficie de los átomos. Ocupan pistas de baile que se llaman *orbitales*. Dependiendo de lo frenético que sea el baile de los electrones y de lo que les cueste encontrar pareja para bailar, la danza de los electrones es lo que desprende luz de colores.

Uno de los modelos que describe el baile de color de los electrones es la «teoría de bandas». Es como los bailes de instituto de las películas, con los chicos a un lado de la pista y las chicas al otro. Los chicos serían los electrones de la «banda de valencia» y las chicas serían la «banda de conducción». Cuanto más alejadas están las bandas entre sí, más energía costará a los electrones llegar hasta la banda de las chicas. La energía que necesitan para ir de una banda a otra la obtienen de la luz. La luz azul tiene más energía que la verde; la verde, más que la amarilla; la amarilla, más que la roja. La luz visible se ordena de mayor a menor energía en el «espectro electromagnético», igual que el arcoíris. Así, si un electrón necesita absorber luz azul para alcanzar la banda de conducción, se quedará con esa porción de la luz y reflejará el resto, por lo que emitirá luz roja.

La teoría de bandas permite clasificar los materiales en conductores (las dos bandas están pegadas), semiconductores (las bandas están separadas, pero los electrones son capaces de ir de una a otra si se les proporciona la energía suficiente) y aislantes (la separación entre bandas es insalvable). Los puntos cuánticos son cristales formados por semiconductores.

Algo muy valioso de los puntos cuánticos es que se puede ajustar su tamaño para modificar a voluntad el salto entre las bandas. Al hacerlo, también se modifica la energía de la luz que necesitan absorber los electrones para saltar de la banda de valencia a la banda de conducción, así que esto significa que, al cambiar el tamaño de los puntos cuánticos, también se puede cambiar su color.

Este fenómeno de cambio de color según el tamaño de los puntos cuánticos lo describió el físico Alexei I. Ekimov en la década de 1970 mientras estudiaba el color de unas vidrieras. Encontró que el color se debía al cloruro de cobre, un cristal semiconductor que se usa para dopar el vidrio y dotarlo de color. Algunas muestras de vidrio tenían cristales de cloruro de cobre de 2 nm, y otras, de 30 nm. Cuanto más pequeños eran los cristales, más luz azul absorbía el vidrio. En 1981, Ekimov publicó su descubrimiento. Al mismo tiempo, en otro laboratorio, el químico Louis Eugene Brus estaba investigando cómo afecta el tamaño de los cristales de sulfuro de cadmio a la capacidad de aprovechar la energía solar para activar reacciones químicas. Se dio cuenta de que, al reducir el tamaño de los cristales, en vez de absorber luz amarilla, empezaban a absorber luz azul. Este descubrimiento se publicó en 1983.

La limitación que se habían encontrado Ekimov y Brus era cómo controlar el tamaño de los puntos cuánticos. Podían medirlos, incluso sintetizarlos, pero no conseguían hacer que los cristales creciesen al tamaño justo que querían. El siguiente gran avance para los puntos cuánticos fue el aportado por el químico Moungi Bawendi, que en 1993 logró sintetizar cristales nanométricos con un control preciso del tamaño.

Bawendi y sus compañeros desarrollaron la producción de coloides liofílicos monodispersos, una técnica que de forma coloquial se suele llamar *síntesis por inyección en caliente*. Esta consiste en inyectar un reactivo capaz de formar cristales en un disolvente que se encuentra a una temperatura altísima, lo que provoca que parte de la mezcla se volatilice. De ese modo, la concentración de la disolución aumenta muy rápido, por lo que el reactivo comienza a apelmazarse y forma cristales. Al reducir la temperatura, el crecimiento de los cristales se detiene; así que, mediante el control de la temperatura, se controla también el tamaño de los cristales con un nivel de precisión exquisito.

Al poder sintetizar cristales de cualquier tamaño, también se pudieron estudiar las propiedades ópticas de los puntos cuánticos y elegir el color a su antojo. Cuando se descubrió cómo están conectados el tamaño y el color, este conocimiento se pudo aplicar a todo tipo de disciplinas, del arte a la medicina. Ekimov, Brus y Bawendi fueron galardonados en 2023 con el Premio Nobel de Química por el descubrimiento y la síntesis de puntos cuánticos. Al intervenir en la danza cuántica de los electrones, logramos que su pista de baile se ilumine con el color que queramos.

67

Emilio desayuna a nuestro lado un plátano *esmagado* y miga de pan tostada con aceite de oliva. Desmenuza el pan con sus seis únicos dientes y lo engulle. Toma un par de trozos y se cansa. Pide zumo de naranja. Coge la cuchara y come un par de bocados de plátano. Y se cansa de desayunar. Quiere tocar mi taza de café con leche. Es una taza de Sargadelos, le digo. Tenemos tres, una está esperando a que crezcas. Señala los dibujos con un gruñido alegre. Es azul sobre blanco. Azul cobalto. Señala mi tostada con aceite, le gusta más la mía que la suya, aunque sean exactamente iguales. ¿No quieres comer más? Qué poco ha desayunado. Voy a quitarte el mandilón de comer. Está muy guapo con ese mandilón amarillo, dice Manu. Mi madre dice que no le favorece, que es un amarillo mostaza que le apaga la piel. ¡Pero si es casi del color de su pelo, por eso le queda tan bonito! Parece un trocito de trigo, dice Manu. Un trocito de trigo, repito yo. Qué verso tan bonito. Emilio parece un trocito de trigo.

Todo está teñido de amarillo. Emilio y los árboles del exterior. Esta semana ha sido el equinoccio de otoño, un rito que cada año transcurre por las mismas fechas en el hemisferio norte, en el instante en el que la Tierra pasa por el punto de su órbita desde el cual el centro del Sol cruza el ecuador celeste. Cuando esto sucede, el día y la noche duran casi lo mismo, de ahí la etimología de equinoccio (*aequinoctium*), que en latín significa 'noche igual'. Hay fenómenos que acontecen periódicamente y nos recuerdan que la repetición es la savia de la memoria.

El color del paisaje engalana esta ceremonia con colores ocres. Las hojas de los árboles van perdiendo la clorofila verde y dejan al descubierto los pigmentos amarillos y naranjas que habían estado latiendo debajo durante el verano. La clorofila es un pigmento verde porque es un compuesto que absorbe casi toda la luz visible y solo refleja la de color verde. Su estructura química es casi idéntica a la hemoglobina que transporta el oxígeno en nuestra sangre, aunque, en lugar de contener un átomo de hierro en el centro, contiene un átomo de magnesio; por eso, la sangre es roja y la clorofila es verde. Con la energía de la luz que absorbe, la clorofila es capaz de transformar el dióxido de carbono y el agua en azúcares y oxígeno; es decir, la clorofila nutre el aire para hacérnoslo respirable y nos alimenta con sus frutos cargados de azúcar. Este complejo proceso químico en el que el agua y el dióxido de carbono se separan en un baile de átomos para luego volverse a juntar de un modo nuevo se llama *fotosíntesis*. El prefijo foto- denota que es un proceso regido por la luz.

Cuando las horas de luz se acortan, llega el frío y las primeras lluvias, la formación de nueva clorofila se frena. Esto sucede porque, al haber menos luz, se forma un callo en el pecíolo (lo que une el tallo a la hoja). El callo tapona la nervadura (el tejido vascular de la planta por la que circula la savia), formada por el xilema y el floema, que son como las venas y las arterias de la planta. Por el xilema circula la savia bruta que va de las raíces a las hojas; y por el floema circula la savia elaborada, rica en azúcares de la fotosíntesis, que va de las hojas a las raíces. Cuando la circulación se interrumpe, la cantidad de clorofila disminuye y revela otros pigmentos menos intensos que ya estaban ahí, ocultos bajo el verdor.

El primer color en aparecer es el amarillo, que se debe a los pigmentos flavonoides. Son sustancias antioxidantes con un suave sabor dulce. Los naranjas proceden de los carotenos, otros pigmentos antioxidantes que también colorean las zanahorias y los tomates. Los carotenos tienen un sabor punzante, más bien un olor robusto, como a té y a rosas rojas.

Las hojas de color rojo, a veces tan rojo que es morado, solo aparecen en una de cada diez especies. Tiene su explicación en las antocianinas, unos pigmentos que actúan como los filtros solares de las hojas. Son compuestos tan complejos que solo algunos árboles son capaces de sintetizarlos, como los carballos, los arces, los cerezos o los ciruelos. Al contrario que los flavonoides y los carotenos, que siempre están presentes, aunque no se los vea, y que se sintetizan en los cloroplastos, las antocianinas se sintetizan en las vacuolas y solo hacia el final del verano, cuando ya se ha degradado la mitad de la clorofila. En este momento, la cantidad de fosfato que circula de las hojas al tallo es menor, lo que provoca que el proceso de descomposición de los azúcares cambie, y esto lleva a la producción de pigmentos de antocianina. Cuanto más brillante sea la luz de este periodo, mayor será la producción de antocianinas y más luminoso será el color rojo de las hojas.

A medida que avanza el otoño, las hojas de los árboles caducifolios se desprenden y dejan el suelo alfombrado de marrón. Esto sucede cuando el callo del pecíolo bloquea por completo la circulación de la savia y separa la hoja del tallo. Este proceso de abscisión está regulado principalmente por dos fitohormonas, el etileno y el ácido abscísico. Antes de que la hoja se desprenda, la planta extrae de ella todos los compuestos útiles y se deshace de los inútiles, es decir, funciona como un sistema excretor. Todos los pigmentos se degradan, excepto los taninos que se encuentran en la pared celular. Los taninos son unos polifenoles de color marrón. Tienen un sabor amargo y seco, a madera mojada. Es el sabor de los colores del otoño.

El ornamento de este ritual está pintado con flavonoides, carotenos, antocianinas y taninos. Son compuestos que, además de color, tienen su propio aroma y sabor y que, al manifestarse, modifican la textura de las hojas y transforman un follaje verde y esponjoso en otro delgado y crujiente. Uno piensa en el verano mirando hacia arriba, hacia las copas de los árboles, y piensa en el otoño mirando hacia los zapatos. La química pone nombre a este paisaje tan saturado, con moléculas que, con sus colores, nos hacen saber que ahí ha habido mucha luz.

68

Somos unos niños que han crecido solo por fuera.

69

Hoy he ido a dar un paseo por el barrio de las Flores, uno de mis barrios favoritos de la ciudad. Este barrio se gestó durante la década de 1960 como respuesta a la rápida expansión urbana y a la demanda de vivienda asequible en A Coruña. Su nombre proviene de que la zona, antes de urbanizarse, albergaba una gran plantación de flores que abastecía la ciudad. La idea original era crear un conjunto residencial moderno, funcional y planificado que no solo albergase viviendas, sino que ofreciera los servicios básicos para la vida corriente. Fue un proyecto promovido por la Obra Sindical del Hogar para dar solución a los trabajadores relacionados con las nuevas industrias de la ciudad. Entre los arquitectos que intervinieron en el barrio destacan José Antonio Corrales, Andrés Fernández-Albalat, Ignacio Bescansa, Jacobo Losada y José Luque Sabrini. Cada uno de ellos diseñó una «unidad vecinal» coherente dentro del conjunto arquitectónico. Corrales, por ejemplo, diseñó la Unidad Vecinal n.º 3 (también conocida como Dragados, la empresa constructora de esas viviendas), que se basó en los principios de la Carta de Atenas de Le Corbusier y en el urbanismo moderno y funcionalista. Fue galardonado por ello con el Premio Nacional de Arquitectura.

En el barrio predominan los bloques de vivienda de mediana altura, pasarelas, calles sin apenas tránsito rodado interno, zonas verdes y orientación pensada para la ventilación y el soleamiento. Hay una evidente influencia del constructivismo ruso y de la arquitectura racionalista. El diseño del barrio, aunque en primera instancia orientado a viviendas para trabajadores, también incluye un reducido número de casas unifamiliares lujosas. Con ello se pretendía cubrir los diferentes niveles de trabajadores de la industria, desde operarios rasos hasta directivos. La inclusión de viviendas unifamiliares con jardín y mayor superficie puede entenderse como una manifestación arquitectónica aspiracional: mostrar que incluso un barrio para trabajadores podía ser moderno y con calidad de vida. El barrio de las Flores es hoy considerado una joya arquitectónica de A Coruña, un ejemplo de vivienda moderna y de urbanismo sensible al contexto social.

Las calles llevan nombres de flores y las plazas tienen nombres de árboles. El barrio es uno de los pulmones verdes de la ciudad; sin embargo, las calles Petunias, Tulipanes, Girasoles o Violetas no coinciden con el tipo de floración que uno se encuentra. En abril, el verde predominante del barrio se vuelve amarillo. El campo se llena de margaritas africanas *(Arctotheca calendula)*, *xestas* o retamas *(Cytisus scoparius)*, *chorimas* (las flores del toxo, *Ulex europaeus*) y dientes de león en la fase de capítulo de color amarillo *(Taraxacum officinale)*. Las higueras empiezan a gestar sus frutos y desprenden un olor dulce y prieto, y las pequeñas flores del durillo *(Viburnum tinus)* impregnan el aire con su aroma blanco voluptuoso. El color amarillo brota con el aumento de la temperatura y las horas de luz, anunciando que vuelven los días de playa y las empanadas al sol.

Amarillo que te quiero amarillo.

Tiño de amarillo el famoso «Verde que te quiero verde» del *Romance sonámbulo* de Lorca para evocar la vida en lugar de la muerte. Porque estas flores silvestres se sirven de los pigmentos de color amarillo para seducir a los polinizadores y así perpetuar su estirpe.

La mayoría de los pigmentos de color amarillo de estas flores son, químicamente, carotenoides: unos pigmentos orgánicos (basados en la química del carbono) formados por isoprenos unidos uno tras otro. Según su composición, hay dos clases de carotenoides: carotenos y xantófilas. Los carotenos no contienen oxígeno en su composición (solo átomos de carbono e hidrógeno), mientras que las xantófilas sí.

El color de los carotenoides va desde el color amarillo pálido de la prímula o flor de San José hasta un color rojo oscuro como el de los pimientos morrones. Los artistas llamaban *primrose* ('prímula') al pigmento amarillo claro que se extraía de esa flor. La etimología proviene del latín *primulos* ('primero'), que se refiere a la primera floración de la primavera.

El color de los carotenoides depende de su estructura química. El esqueleto principal de estos pigmentos está formado por átomos de carbono unidos entre sí mediante enlaces simples y dobles. El color depende de la cantidad y de la posición de enlaces dobles que haya (lo que se conoce como *conjugación*). Cuantos menos enlaces dobles conjugados tenga, más azulado (o incluso blanco) será el pigmento; mientras que, si tiene un elevado número de enlaces dobles conjugados, será más anaranjado o rojizo. Por ejemplo, el licopeno que da color al tomate tiene once enlaces dobles conjugados; el alfa-caroteno de las calabazas es de color naranja y tiene diez enlaces dobles conjugados; la luteína del maíz es de color amarillo y tiene diez, y el fitoflueno, que tiene cinco, es incoloro.

Los electrones que habitan en los enlaces dobles conjugados son los responsables del color. Estos electrones absorben energía de la luz visible (la que percibimos como color). Si absorben la energía de la luz azul, el pigmento lo veremos del color complementario al azul, que es el naranja; si absorben la energía de la luz verde, el pigmento lo veremos de color rojo. Así que las flores de color amarillo que tiñen el paisaje primaveral del barrio contienen carotenoides que absorben la luz violeta, que es el color complementario del amarillo.

El color de los pigmentos carotenoides ofrece información acerca de cómo es su estructura química: cuántos enlaces dobles conjugados hay, si esos enlaces están en anillos (átomos de carbono unidos formando un ciclo), si hay grupos hidroxilo o metoxilo, que también afectan levemente al color, etc. Por eso, para estudiar esto, los químicos empleamos técnicas como la espectroscopía ultravioleta-visible, una técnica que nos indica qué tipo de luz y qué cantidad absorbe cada pigmento.

Estudiar los colores de las flores también permite analizar cuáles resultan más atractivas para los polinizadores. No se sabe si los polinizadores perciben los colores como los humanos, pero sí que los principales grupos de polinizadores (himenópteros como las abejas, dípteros como las moscas, lepidópteros como las mariposas y aves como los colibríes) tienen sistemas visuales diferentes a los nuestros. Técnicas como la espectroscopia de reflectancia permiten calcular cómo de llamativo es cada pigmento para los polinizadores y cómo algunos son especialmente sensibles a diferencias de color que resultan invisibles a nuestros ojos.

Los pétalos amarillos son para los polinizadores como una estridente llamada de atención. Son flores que algunos catalogan de maleza, tan cotidianas y abundantes que pasan desapercibidas. Algunas (como los dientes de león o las margaritas africanas) crecen por todas partes, entre las grietas del hormigón, donde el asfalto se pierde bajo el pavimento, en los jardines de barrio y, sobre todo, donde la ciudad termina, en la frontera.

Son flores amarillas que señalan las fricciones entre lo construido y lo salvaje, entre lo que se mira y lo que no. Por eso me resulta simbólico que crezcan a montones en el barrio de las Flores. Ese lugar es como una grieta arquitectónica entre el paisaje natural y el industrial. Una grieta que se viste de amarillo para celebrar la vida que nos proporciona lo dado y lo creado.

70

En clase todos teníamos el estuche con la docena de ceras Plastidecor. El color carne estaba colocado entre el crayón naranja y el amarillo, aunque bien podría estar al lado del de color rosa. Esto es así porque el color carne se obtiene mezclando los pigmentos rojo, blanco y amarillo. Me servía para hacer autorretratos, puesto que tengo la piel pálida de los rubios, la del color «carne»; pero no me servía para retratar a Rubén, que era de color marrón.

El crayón marrón se fabrica con un pigmento más que el de color carne. Además de rojo, blanco y amarillo, el marrón contiene pigmento de color negro. El mecanismo por el cual la mezcla de pigmentos produce todo un espectro de colores se describe por medio del «modelo de síntesis sustractiva de color». Se llama *sustractiva* porque el color que se observa es el de la luz que no se absorbe, la que se refleja. Así, una naranja se ve de color naranja no porque emita luz naranja (de lo contrario, sería visible en la oscuridad), sino porque absorbe toda la luz excepto la de color naranja, que es la que alcanza nuestros ojos.

Al mezclar diferentes pigmentos para fabricar un crayón o cualquier otra pintura, el color final es el resultado de la mezcla sustractiva. Si se mezclan en las proporciones adecuadas los colores primarios, el resultado será una pintura de color negro, que lo absorbe todo y no refleja nada. Con los pigmentos ocurre lo contrario que con los colores luz: que al mezclarlos se rigen por el «modelo de síntesis aditiva», puesto que la mezcla de los colores primarios de la luz da como resultado la luz blanca.

Durante la educación primaria se aprende que, además de la pintura blanca y negra, solo hacen falta botes de pintura de color azul, rojo y amarillo para hacer mezclas con las que obtener cualquier color. Esos tres colores son los primarios del modelo tradicional de coloración, que es el que han empleado la mayoría de los artistas a lo largo de la historia.

Los Plastidecor son pinturas que se fabrican mezclando diferentes pigmentos con un aglutinante de parafina. La parafina es un compuesto orgánico, basado en la química del carbono, y se compone de una mezcla de hidrocarburos alcanos de entre veinte y cuarenta átomos de carbono unidos uno tras otro, como un collar a escala atómica. Se identificó por primera vez en 1830 como un derivado del petróleo, aunque también se puede obtener del carbón y de los esquistos bituminosos. El nombre deriva de las palabras latinas *parum* ('apenas') y *affinis*, aquí utilizada con el significado de 'falta de afinidad' o 'falta de reactividad'. En efecto, la parafina es una sustancia bastante inerte, que apenas reacciona con nada.

Coloquialmente, estos crayones se llaman *ceras de parafina* para diferenciarlos de las ceras convencionales, que son crayones más cremosos, cubrientes, que permiten la mezcla y el sobrepintado. La pintura *encáustica* es una de las técnicas pictóricas más antiguas. Hoy se siguen usando ceras tanto para fabricar pinturas como para fabricar cosméticos (entre ellos, los pintalabios).

Las bases de maquillaje se fabrican con la misma mezcla de pigmentos que el Plastidecor de color carne y el Plastidecor de color marrón. La formulación del color del maquillaje se fundamenta en las mismas teorías del color que emplean los artistas.

Para identificar los pigmentos en un maquillaje, hay que fijarse en la lista de ingredientes. En todos ellos hay un grupo de compuestos que figuran con las letras CI seguidas de unos números. Esos números se corresponden con el índice internacional del color (o *colour index*, de ahí la sigla CI), que es el sistema de referencia que se usa en la industria química para identificar cuál es la composición de cada colorante o pigmento.

Este sistema se usa tanto en cosmética como en la industria textil. Los dos primeros números indican qué categoría de compuesto químico es. Así, los que empiezan por setenta y siete son pigmentos minerales, los que empiezan por setenta y cuatro son ftalocianinas, por cuarenta y siete son quinolinas, por cuarenta y seis son acridinas, etc. Sobra decir que todos los pigmentos empleados para formular cosméticos cumplen con los más estrictos requisitos de seguridad, así que nadie debe asustarse por que los químicos demos un nombre preciso a cada una de las sustancias que componen el mundo.

Los diferentes tonos del maquillaje se obtienen mezclando varios pigmentos en distinta proporción. Los más comunes son estos cinco: blanco CI 77891, un pigmento mineral de dióxido de titanio; rojo CI 77491, óxido de hierro (III); amarillo CI 77492, óxido de hierro (II); negro CI 77499, óxido ferroso-férrico (óxido de hierro II, III), y azul CI 77007, un aluminosilicato conocido como *azul ultramar*, uno de los pigmentos más codiciados de la historia del arte. Al ser el azul el color complementario del naranja, sirve para contrarrestar las rojeces de la piel.

Los formuladores de bases de maquillaje aplican el modelo de síntesis sustractiva del color tal y como hacen los artistas. Así, al mezclar rojo con amarillo se obtiene naranja, o amarillo con azul da verde. Y, al añadir negro o blanco a la mezcla, se obtienen los diferentes valores de la tonalidad. Gracias a la sofisticación del manejo del color, podemos pintar y maquillar la piel con todos los auténticos colores carne.

71

Esta semana salpicada de festivos es la que dedico a decorar la casa. Uno de los primeros adornos es la corona de Adviento, con cuatro velas que simbolizan las cuatro semanas que preceden al día de Navidad. El pasado domingo fue el primer domingo de Adviento, que es cuando se debe encender la primera vela como símbolo de esperanza. En algunas familias se coloca una quinta vela central, de color blanco, que se encenderá el día de Navidad. Las velas tradicionales están hechas de cera de abeja, aunque ahora se suelen sustituir por velas de parafina, que son más baratas. Sin embargo, la cera emana menos hollines y residuos volátiles al quemarse, por eso también en las iglesias es preferible usar velas de cera, para preservar los retablos y las pinturas. Además, las velas de cera duran hasta cuatro veces más que las de parafina y, si no llevan perfumes, desprenden un olor más cálido y reconfortante.

La diferencia entre la cera y la parafina es difícil de notar de un vistazo; sin embargo, desde un punto de vista químico son materiales muy distintos. La cera de abeja está constituida por más de trescientos componentes (mezclas complejas de hidrocarburos alcanos de entre 24 y 33 carbonos, ácidos grasos, alcoholes grasos y sus ésteres), mientras que la parafina está compuesta solo por hidrocarburos alcanos (más pesados que los que contienen las ceras, hasta de 40 carbonos).

La cera de abeja la producen las abejas melíferas (*Apis mellifera*); en concreto, las obreras. En la zona del abdomen tienen cuatro pares de glándulas ceríferas que secretan la cera en forma de escamas. Con la ayuda de las patas, llevan la cera hasta la boca, donde la amasan y la moldean utilizando la secreción de las glándulas mandibulares. Durante las dos primeras semanas en la vida de una abeja adulta, pueden producir una cantidad de cera equivalente a la mitad del peso de su cuerpo. Las abejas producen cera a partir de la miel y el néctar que consumen, y pueden producir un kilo de cera por cada ocho kilos de miel. Las abejas obtienen azúcares del néctar y la miel, que su metabolismo transforma en grasas. Acumulan parte de esas grasas en sus propias células, los adipocitos, y otra parte la transforman en cera gracias a cofactores metabólicos presentes en el polen.

La parafina, en cambio, generalmente se obtiene del petróleo, de los esquistos bituminosos o del carbón. A veces se usa para adulterar y abaratar la cera. Esto es un problema grave para los apicultores, ya que se considera una práctica fraudulenta.

En apicultura se suele usar cera estampada para guiar a las abejas en la construcción de panales. La cera estampada es una lámina de cera con formas hexagonales impresas que sirven para facilitar el trabajo y ahorrar tiempo a las abejas. Sin embargo, en ocasiones se observa que las abejas rechazan la cera estampada, se estresan, se comportan de forma extraña y no construyen las celdillas del panal de forma coherente. Este tipo de conductas anómalas se

dan cuando la cera ha sido adulterada con parafina o con otras ceras
vegetales. Las abejas detectan cualquier irregularidad de la cera y,
mediante su comportamiento, dan señales al apicultor de que algo
no está funcionando bien. Esto implica una importante pérdida
económica para el apicultor, puesto que disminuye el rendimiento
de la colmena en lo que respecta a la producción de miel y al desarrollo de las crías. Por eso se han desarrollado técnicas analíticas
de separación y detección que permiten diferenciar la cera de la
parafina, como la cromatografía de gases GC-FID, mediante la que
se identifican los tipos de hidrocarburos que componen cada material.

Además de las técnicas analíticas, hay métodos de andar por casa
que también resultan muy eficaces para diferenciar la cera de la parafina. La cera y la parafina huelen diferente. La cera huele a compuestos aromáticos complejos que recuerdan al sabor de la miel,
mientras que la parafina no huele a nada. El problema de este método
es que hay velas que incorporan perfumes artificiales que enmas-
caran el olor del material principal. Lo mismo sucede con el color,
que suele alterarse con pigmentos. La parafina pura es un material
blanco translúcido, mientras que la cera suele tener un color blanco
más amarillento causado por los carotenos que provienen del polen. Las abejas alivianan la cera de los panales incorporando el polen
cuando entra en contacto con sus secreciones bucales; por eso, el
color de la cera varía a lo largo del año a medida que cambia la floración. Otro fenómeno característico de la cera que se puede observar
a simple vista son los afloramientos grasos, unos puntos blancos que
emanan de la superficie como sudor. Son similares a los que le salen
al chocolate. Están formados por grasa no esterificada que se crista-
liza. Al cristalizar, se expande, ocupa más volumen y aflora hacia la
superficie.

Otras formas de diferenciar la cera de la parafina requieren pequeños experimentos que se pueden hacer en casa. Como la cera
contiene grasas y alcanos más cortos, es un material más flexible

que la parafina. La cera se puede doblar sin romperla si se hace con cuidado, mientras que la parafina se rompe y desprende pequeños trozos. De ahí que se use la cera para hacer moldes y modelos para fundición, porque puede ser tallada en frío sin que se rompa. El sonido de rotura también es diferente. Como la parafina es más dura, emite un sonido grave y opaco cuando se quiebra. Al frotar con un dedo también se produce un sonido diferente. La cera desprende un sonido agudo, de resistencia, y la parafina apenas suena o tiene un sonido apagado como el de frotar madera.

La diferencia entre la parafina y la cera se ve asimismo al derretir y solidificar el material. La parafina sufre una mayor contracción al enfriar, por eso se suelen apreciar hundimientos en la superficie. La densidad de la parafina es similar a la de la cera cuando están en estado sólido. Sin embargo, en estado líquido la densidad de la parafina es menor, de ahí el efecto de contracción. Esto significa que la misma cantidad de cera de abeja y de parafina derretidas ocupan el mismo volumen, pero, cuando se enfrían, la parafina ocupará menos volumen que la cera, lo que permite diferenciarlas.

La cera y la parafina también se diferencian por su punto de fusión y capacidad calorífica. La parafina se funde en torno a los 50 °C, mientras que la cera lo hace a los 60-65 °C, así que se pueden distinguir con un termómetro. Además, la cera tiene una capacidad calorífica bastante superior, se mantiene caliente más tiempo durante el proceso de solidificación. Es algo que se nota con solo tocar el material fundido con el dedo: la parafina se enfría rápidamente, mientras que la cera, incluso sólida, mantiene el calor.

Otra diferencia importante entre una vela de cera y una de parafina es que las velas de cera duran más. Esto tiene que ver con el proceso de combustión. La cera (o la parafina) es el combustible de la vela que, al combinarse con el oxígeno, produce una reacción química exotérmica que desencadena una llama. Si se tapa la vela con un vaso, o se sopla, la vela se apaga por falta de oxígeno. Pero, si se dejan dos velas del mismo tamaño encendidas hasta que se consuman por completo, se verá que la vela de cera aguanta encendida hasta cuatro veces más tiempo que la de parafina.

En casa he puesto las cuatro velas de cera. Tienen un color algo amarillo que acompasa con el olor que desprenden, dulce y melífero. Son el olor y la luz cálida y titilante de la Navidad. Para mí las velas tienen algo sacral, que va más allá de lo puramente festivo. Es porque las iglesias de mi niñez olían y se iluminaban así, con velas de cera. Dentro de esas iglesias románicas gallegas construidas con piedra granítica, que exudaban un frío húmedo y verde, existía un calor que parecía emanar tanto de la gente como de las velas. La sensación de calor es debida a la temperatura de color de la luz, que en una vela de cera está en torno a los 1.500 kelvin (K). Es una luz muy cálida, anaranjada, casi roja. Una bombilla incandescente tiene una temperatura de color de 2.700 K, y una luz blanca, como la de las oficinas o de las cocinas en las que se dan las malas noticias, tienen una temperatura de color de unos 4.000 K. La temperatura de color, aunque se mida en kelvin (una unidad de temperatura), no indica el calor de la llama, ni el calor que emana de la bombilla, ni la temperatura que alcanza, sino el color que produce en el espectro visible.

La temperatura de color tiene que ver con una temperatura real, pero no se refiere a la temperatura física del objeto que emite luz (como una vela o una bombilla), sino a la temperatura que tendría un cuerpo negro ideal para emitir una luz del mismo color. Un cuerpo negro es un objeto ideal en física que absorbería toda la radiación que recibe y que, al calentarse, emitiría luz en función únicamente de su temperatura. Esta luz cambia de color a medida que se eleva la temperatura: comienza en un rojo oscuro, pasa por el naranja, el amarillo, el blanco y, por último, adquiere un tono azul blanquecino a temperaturas más altas. Este fenómeno está descrito por la «ley de radiación de cuerpo negro» formulada por Max Planck.

Cuando hablamos de temperatura de color, nos referimos, por tanto, a la temperatura que tendría que alcanzar un cuerpo negro para emitir una luz del mismo color que la fuente que estamos observando. Por ejemplo, una vela tiene una temperatura de color de unos 1.500 K porque emite una luz anaranjada similar a la que emitiría un cuerpo negro calentado a esa temperatura. La luz del sol al mediodía se sitúa cerca de los 5.500 K y un cielo nublado puede alcanzar los 6.500 K, lo que da lugar a una luz más fría y azulada.

Las bombillas incandescentes tienen en su interior un filamento de tungsteno que puede alcanzar los 3.000 K de temperatura, sin embargo su temperatura de color no llega a ese valor. Ahí hay un límite del material. Para que el tungsteno emitiese luz más blanca, habría que llevarlo al límite de sus propiedades, calentarlo por encima de su temperatura de fusión, por lo que el material del filamento se quebraría o, lo que es lo mismo, la bombilla se fundiría rápidamente.

Las fuentes modernas de luz, como las bombillas led, operan de una forma diferente a las de filamento de tungsteno. No funcionan mediante resistencias que se calientan y emiten luz, sino por semiconductividad, por eso no se calientan en absoluto y permiten seleccionar qué parte del espectro emitido domina, más desplazada hacia el rojo o hacia el azul. De ahí que sea común encontrarse con lámparas led etiquetadas como «luz cálida 2.700 K» o como «luz fría 6.000 K». A los led también se les asigna una temperatura de color correlacionada. Esto significa que se busca cuál sería la temperatura del cuerpo negro cuya luz más se parece, visualmente, a la luz de esa fuente. La temperatura de color es una forma rigurosa y útil de describir el color de la luz en términos físicos, lo que permite estandarizar la percepción cromática en iluminación, fotografía, diseño y muchas otras disciplinas.

La Navidad tiene una temperatura de color de 1.500 K, igual que las iglesias. Sin embargo, recuerdo la Navidad de mi niñez iluminada con guirnaldas de farolillos redondos de colores pastel, recubiertos por un polímero en polvo que, más que nieve, parecía azúcar glas. Eran lucecitas como gominolas. Pero es cierto que, en conjunto, aquellas luces brillan en mi memoria igual de acogedoras que han lucido siempre las Navidades, como si los días fueran noches desorbitadas, al calor de mil puntos infinitesimales de luz cálida y titilante, como mil velas de cera.

72

Bajo la puerta del dormitorio se cuela una línea de luz, un fulgor que trasluce el ajetreo de la mañana. Las sábanas guardan la esponjosidad de una noche agitada y comienzan a refrescarse con la llegada de la luz diurna. Por la mañana no siento la fiebre de la noche. Cuando estoy enferma, levísimamente enferma, con apenas unas décimas y un dolor tolerable de garganta, cabeza o barriga, ese fulgor matutino termina de repararme, me envuelve en la custodia de la niñez. Presiento a la abuela curándome con té con galletas, con refriegas en la tripa, con vahos de hojas de eucalipto hervidas. Presiento la mano huesuda de mi madre en la frente, la veo dándome la medicina exacta, la dosis exacta a la hora exacta. Me lleva al médico a mediodía, aprovechando el respiro de su jornada partida. Hace un sol de justicia. Cuando era niña y me ponía enferma, siempre hacía sol, un sol reanimador.

Las mañanas en casa eran eternas y felices. Veía la televisión, una serie de comedia tras otra que alternaba con siestecitas. Descubría la vida secreta que acontecía en mi ausencia, lo que pasaba mientras estaba en el colegio, lo que me perdía. Las idas y venidas de la abuela, que iba a por el pan, la leche, el jamón, la fruta, recorriendo el barrio y volviendo a casa varias veces. Comprobaba tras cada regreso que yo seguía bien, que la enfermedad menguaba en mí despreocupadamente. Yo descubría sonidos nuevos: los cacharros de la cocina chocando entre sí, el golpeteo del agua cayendo a chorro en el fregadero, muy caliente para limpiar bien, el resuello de los guantes de goma, la mopa deslizándose por el pasillo. Oía el camión de reparto del butano y el de Estrella Galicia, que pasaban por la plaza casi a la vez y emitían sonidos similares, de metal contra metal, casi con la misma frecuencia que emite el choque entre botellas de vidrio. Todo sucedía con una alegre lentitud por la mañana. El tiempo pasaba más despacio, con calma y gratitud. La duración de un segundo se desparramaba en el espacio. Cada segundo que transcurría ajeno a la rutina que le tocaba duraba un poquito más.

¿Cuánto dura un segundo? La percepción del tiempo es subjetiva: hay segundos interminables, segundos frenéticos y segundos que transcurren en una deliciosa parsimonia, la del fulgor que se cuela por la rendija de la puerta. Sin embargo, la duración de un segundo mide siempre exactamente lo mismo. Todo el mundo ha alcanzado el consenso de determinar la duración de un segundo según el baile interno de electrones de un elemento químico: el cesio.

La duración de un segundo, la longitud de un metro o la masa de un kilogramo son convenciones, acuerdos a los que hemos llegado para entendernos unos a otros. Un segundo dura lo mismo aquí que en cualquier parte del mundo; es igual para un español, para un francés o para un estadounidense. Esto es así gracias a que la medida de las cosas se ha acordado internacionalmente. En eso consiste el Sistema Internacional de Unidades, que está constituido por siete unidades básicas a partir de las cuales se derivan todas las demás. Así, tenemos el segundo (s) para medir el tiempo, el metro (m) para la longitud, el kilogramo (kg) para la masa, el amperio (A) para la corriente eléctrica, el kelvin (K) para la temperatura, el mol (mol) para la cantidad de materia y la candela (cd) para la intensidad luminosa.

En tiempos pasados, había objetos que eran tomados como referencia: un objeto que pesaba un kilogramo o una vara que medía un metro, y de ellos derivaba todo lo demás. Pero, desde hace más de un siglo, nos podemos permitir ser más exquisitos y fijar el valor de cada una de estas unidades a partir de constantes universales. De esa manera, aseguramos que las unidades sean exactamente iguales para todos. Por ejemplo, el metro se define con respecto a la velocidad de la luz en el vacío, que es una constante universal; el amperio, a partir de la carga elemental del electrón; el kilogramo, a partir de la constante de Planck; el kelvin, de la constante de Boltzmann; el mol, del número de Avogadro, y el segundo se define desde los años sesenta a partir del cesio. El cesio es un elemento químico que esconde un péndulo diminuto que oscila a una velocidad constante, por eso sirve como reloj.

Los relojes convencionales funcionan midiendo la cantidad de oscilaciones o golpes que da un objeto que vibra. Por ejemplo, un reloj con péndulo hace que sus engranajes se muevan con cada ir y venir del péndulo. Un reloj digital utiliza la energía eléctrica para hacer vibrar un cristal de cuarzo, y un contador electrónico mide sus oscilaciones. Los relojes atómicos funcionan con cesio, al que también se le hace vibrar por dentro. Lo que vibra del cesio son sus electrones, un vaivén constante que se llama *frecuencia de resonancia*.

Los relojes atómicos de cesio son los más precisos que conocemos, por eso se utilizan para sincronizar los relojes oficiales y establecer el Tiempo Universal Coordinado (UTC) del que dependen los husos horarios, para el posicionamiento exacto por GPS y para algunas investigaciones científicas.

El cesio (Cs) es el elemento químico de número atómico 55. El que se usa en los relojes atómicos es el isótopo de cesio 133. Esto quiere decir que el cesio es un elemento que en su núcleo tiene 55 protones; sin embargo, el que se usa en los relojes atómicos tiene 55 protones (esto es inamovible; de lo contrario, no sería cesio) y 78 neutrones (78 y 55 suman 133). Y alrededor de su núcleo orbitan 55 electrones. Los electrones son los que bailan con ese vaivén por el que definimos el segundo.

A los electrones del cesio los hacemos bailar de la siguiente manera. Primero, se calienta el cesio hasta convertirlo en un vapor de cesio. Los átomos de cesio se dividen en dos clases, dependiendo de sus electrones más externos. Hay una cualidad de los electrones que se llama *espín*, que vendría a ser el sentido del giro con el que bailan. Unos bailan con más energía que otros. Gracias a un imán, se pueden separar los átomos de cesio menos energéticos y llevarlos a una cámara. En esa cámara, los átomos de cesio se excitan mediante microondas hasta hacerlos girar con alta energía. Sin embargo, estos átomos de cesio estimulados con microondas tienden a volver a su estado natural. Para hacerlo, se desprenden de la energía extra, y esto lo hacen emitiendo luz. Podemos captar la luz con un sensor que es como una cámara de fotos. Esto sucede en el cesio a una velocidad enorme: se carga de energía y la devuelve una y otra vez. Cada subida y bajada de energía es un vaivén, una oscilación. Por eso, el cesio es como un péndulo a escala atómica.

El cesio 133 produce 9.192.631.770 oscilaciones cada segundo. Nunca produce ni una oscilación más ni una menos, es extremadamente preciso. Entonces, el segundo se ha definido en el Sistema Internacional de Unidades como las 9.192.631.770 oscilaciones del isótopo de cesio 133. La elevada cifra de oscilaciones que se detectan en un segundo da una idea de la extraordinaria precisión de la medida y explica que los relojes atómicos sean imprescindibles para tecnologías que requieren la máxima exactitud. La precisión alcanzada con el reloj atómico de cesio es tan elevada que solo admite un error de un segundo en treinta millones de años.

Observo el segundero del reloj del dormitorio. Son más de las nueve de la mañana, por eso las persianas se atraviesan con alfileres de luz capaces de iluminar la habitación entera. Bajo la puerta se cuela el fulgor, un destello luminoso que revela que ahí afuera los segundos transcurren a más velocidad que aquí dentro, entre las sábanas esponjosas que envuelven esta levísima enfermedad.

73

¿Qué es la verdad?

La etimología latina de *veritas* alude a la exactitud, a la correspondencia entre lo que se dice y lo que es. Pero el término *verdad* suele generar suspicacias entre los científicos por lo que sugiere: una aspiración absoluta que contradice la naturaleza provisional, falible y perfectible del conocimiento científico. La función de la ciencia no es explicar la realidad, sino describirla. Este es un matiz importantísimo. La ciencia no trata de explicar por qué las cosas son como son y no son de otra manera, no pretende demostrar por qué hay algo en lugar de nada, no trata de justificar por qué las leyes naturales o las constantes universales son estas y no otras. La ciencia tiene una pretensión más humilde y más honesta: la de describir la realidad con la mayor precisión posible.

La ciencia describe cómo son las cosas, no por qué son como son. Y en ese *ser* de las cosas está la definición de verdad. Por tanto, la ciencia es un modo de aproximación a la verdad.

Desde la filosofía se han propuesto distintas teorías de la verdad: la correspondencia (un enunciado es verdadero si refleja la realidad), la coherencia (si se ajusta a un sistema lógico), la pragmática (si resulta útil), la consensual (si es aceptada tras deliberación) o incluso la estética (si es elegante). Todas tienen algo que decir sobre la práctica científica.

Desde el punto de vista filosófico, la reflexión sobre la verdad tiene una larga historia. Para Aristóteles, decir «de lo que es que es, y de lo que no es que no es», eso es decir la verdad. Esta definición, aparentemente simple, ha generado siglos de discusión. En el siglo XVII, Descartes propuso que la verdad debía estar garantizada por la claridad y la distinción de las ideas, apoyándose en la razón como fuente última de certeza. Kant, en cambio, problematizó la idea misma de acceder a la «cosa en sí» y defendió que solo podemos conocer el fenómeno, lo que aparece ante nuestros sentidos filtrado por nuestras estructuras cognitivas.

En el siglo XX, la filosofía de la ciencia desarrolló distintas posturas sobre la verdad científica. El positivismo lógico intentó definirla mediante la verificación empírica: una afirmación es verdadera si puede ser verificada por la observación. Sin embargo,

Karl Popper se rebeló contra esta idea proponiendo que lo que caracteriza a una teoría científica no es que pueda verificarse, sino que pueda falsarse: una teoría es científica si hace predicciones que, de ser falsas, podrían demostrarse como tales mediante la observación.

Thomas Kuhn introdujo el concepto de *paradigmas científicos* mostrando que lo que se considera verdadero en una época depende también de un consenso dentro de la comunidad científica. Esto no solo incluye datos, sino también creencias compartidas sobre qué problemas son relevantes o qué métodos son válidos. Paul Feyerabend fue más radical y argumentó que no existe un método científico universal, lo que ha sido interpretado por algunos como una defensa del relativismo.

En el ámbito específico de la ciencia moderna, el enfoque más coherente es el racionalismo crítico de Karl Popper, para quien la ciencia no progresa acumulando verdades, sino eliminando errores. Todo conocimiento científico es provisional. Puede ser refutado. Por eso debe estar formulado de tal forma que se pueda poner a prueba y, si es necesario, falsar. Esta visión encaja con lo que hoy entendemos como una *epistemología de la humildad*. La epistemología es la disciplina que estudia cómo se genera, justifica y valida el conocimiento. La ciencia es, por tanto, una estrategia de honestidad intelectual.

Cuando se afirma que «es verdad que el agua está compuesta por dos átomos de hidrógeno y uno de oxígeno», lo que se quiere decir es que hay un consenso. En este contexto, la verdad científica es una construcción colectiva, basada en pruebas y refrendada por la comunidad científica tras procesos de revisión, contrastación y debate. Este es el criterio de verdad más operativo: la verdad por consenso, como la definió Jürgen Habermas. La verdad es un acuerdo que se alcanza tras aplicar los métodos científicos con transparencia y rigor. Es la forma que tiene la ciencia de aproximarse a la verdad mediante el acuerdo de quienes están formados, capacitados y comprometidos con la revisión crítica de los datos.

La verdad por consenso propuesta por Habermas es la definición de verdad que mejor se ajusta a como funciona la ciencia moderna. Cualquier científico puede presentar a la comunidad científica una tesis correctamente argumentada. Otro científico puede contraargumentar mostrando pruebas mejores. Tras el debate y el análisis de las pruebas, la comunidad científica llegará a un acuerdo. Ese acuerdo es la verdad, la «verdad por consenso». Cuantas más y mejores sean las pruebas, más nuevas «verdades por consenso» se establecerán. Esto implica que la ciencia es una acumulación de «verdades por consenso» que se van adecuando a las pruebas; por eso, la ciencia se autocorrige. Y esa es su gran virtud.

Sin embargo, esta idea de consenso requiere aclaraciones importantes. El consenso no debe ser confundido con unanimidad ni con democracia. La verdad científica no se vota. No es válida por mayoría, sino por mérito: las mejores pruebas, los argumentos más sólidos, los experimentos más reproducibles. Todo lo que se asume como verdad está sujeto al examen constante de la comunidad científica.

Hay que tener en cuenta que el consenso puede volverse tiránico si se convierte en un fin en sí mismo. Una sociedad no se mantiene unida solo por la suma de opiniones, sino por la existencia de principios que están por encima de las mayorías: la dignidad humana, la vida, la familia, el bien, la verdad. En ciencia ocurre exactamente lo mismo: el consenso científico no es una cuestión democrática, sino un compromiso sin fisuras con la verdad.

Tampoco se debe confundir que una verdad por consenso esté obsoleta con que no hubiese sido ciencia. La combustión, por ejemplo, que hoy definimos como una reacción química de oxidación, en su día se definía por medio de la teoría del flogisto. El flogisto era una sustancia hipotética que, según se creía en el siglo XVII, estaba presente en todos los cuerpos combustibles y se liberaba durante la combustión. Aunque la teoría del flogisto era errónea, resultó útil durante un tiempo y permitió avanzar en la descripción de los procesos químicos hasta que la evidencia experimental la reemplazó. Es una teoría obsoleta, pero no por ello deja de ser ciencia. Lo mismo podría decirse de la hipótesis del éter, una sustancia incorpórea que servía para describir la propagación de la luz en el vacío. Son teorías descartadas ahora, aunque en su día representaron el consenso científico. Esto no significa que todo sea revisable o todo esté en duda (tal y como algunos malinterpretan con el afán de relativizarlo todo), sino que la ciencia está en una constante aproximación hacia lo verdadero.

La química es especialmente rica en ejemplos que ilustran cómo funciona la aproximación a la verdad. La tabla periódica de los elementos, por ejemplo, es una de las creaciones más bellas de la ciencia porque ordena lo que parece inabarcable: los elementos conocidos y por conocer, sus relaciones y sus propiedades. Es una verdad consensuada, coherente, elegante, útil y en constante evolución. Desde su formulación por Mendeléiev hasta la actualidad, se han añadido elementos, se han reajustado grupos, se ha perfeccionado su interpretación. Pero el núcleo de su verdad (la periodicidad de las propiedades químicas) permanece. Lo mismo ocurre con el modelo atómico. El modelo de Bohr, el de Schrödinger, la teoría de orbitales atómicos, la teoría de bandas...: cada uno aportó una descripción con diferentes grados de precisión y de utilidad.

Un ejemplo más concreto es el enlace químico. En una primera aproximación, se habla de enlaces covalentes, iónicos y metálicos. Pero, a medida que se profundiza, surgen modelos híbridos, orbitales moleculares, teorías como la de la repulsión de pares electrónicos, enlaces débiles, fuerzas de Van der Waals... La química avanza, profundiza, a medida que surgen nuevos datos y se perfecciona nuestra capacidad de observación.

A menudo se olvida la importancia del consenso científico y se presta demasiada atención a las voces discordantes. Con frecuencia, se incurre en el estereotipo de la ciencia como fruto de señores geniales que trabajan aisladamente: el típico genio rebelde que mostró la verdad y cambió el curso de la ciencia. Como el relato heroico de Galileo ante la Inquisición defendiendo que la Tierra gira alrededor del Sol y no al revés. Los relatos heroicos encandilan; sin embargo, en ciencia son casos excepcionales. La historia de la ciencia es colaborativa. Lo normal ahora es trabajar en equipos multidisciplinares (químicos, biólogos, físicos…) que comparten sus resultados y entre todos establecen las «verdades por consenso». Los héroes y los rebeldes quedan bien en los libros de texto y en los museos, pero dan una imagen elitista e individualista de la ciencia que no se corresponde con la realidad del trabajo científico.

Ahora más que nunca es importante reivindicar el valor del consenso científico. Porque las voces discordantes a menudo son ruido y desinformación, individuos que sin pudor se declaran únicos poseedores de la verdad. Si alguna de estas voces discordantes tiene pruebas, las mostrará a la comunidad científica para tratar de establecer un acuerdo, una «verdad por consenso». Estos debates no son riñas públicas. El debate científico no sucede en tertulias de televisión ni en redes sociales. El sistema de la ciencia tiene sus cauces de confrontación y estos son más sofisticados que un intercambio público de afrentas.

Entender esto es crucial a la hora de comunicar la ciencia y de enseñarla. La ciencia proporciona verdades provisionales a una sociedad que espera certezas inmutables. Esta tensión es uno de los motivos por los que la verdad científica se malinterpreta, se cuestiona o se confunde con opiniones.

El método científico no es otra cosa que la aplicación rigurosa de la verdad por consenso. Es un procedimiento diseñado, precisamente, para detectar errores, para poner a prueba cada afirmación y para garantizar que toda conclusión esté sustentada por pruebas replicables y debatidas en comunidad. Lejos de ser un mero protocolo técnico, el método científico es una expresión práctica de un compromiso inquebrantable con la verdad. Por eso, quien trata de socavar la credibilidad de la ciencia, de minar su prestigio social, está atentando contra la forma más valiosa y garante de aproximarse a la verdad.

El primer paso del método científico es la observación. El último es la descripción de aquello que se observa. En ese proceso intermedio de dilucidación, hay una inclinación estética hacia lo verdadero. En ciencia, la belleza es un criterio de verdad. Muchas hipótesis se han defendido (incluso antes de poder demostrarse y convertirse en teorías) por su elegancia matemática o su simetría formal. La teoría atómica, la termodinámica, la mecánica cuántica...: todas ellas surgieron de un intento de organizar el mundo con el mínimo número de reglas, de la forma más armoniosa posible. Partieron de una intuición de belleza. Einstein llegó a decir: «Lo que realmente me interesa es si Dios tuvo alguna opción al crear el mundo». La pronunció en el contexto de su trabajo sobre la teoría de la relatividad general y refleja una de sus preocupaciones filosóficas más profundas: la estructura del universo y la inevitabilidad de sus leyes. Einstein se refería a Dios como una metáfora del orden y la racionalidad del universo. Para él, la pregunta implicaba algo así como: ¿son las leyes del universo necesarias tal como son o podrían haber sido distintas? En otras palabras, se preguntaba si las leyes físicas que gobiernan el cosmos son las únicas posibles o si hubo margen para que fueran de otro modo. Einstein aspiraba a encontrar una teoría completa y determinista que explicase el universo sin necesidad de arbitrariedades o condiciones iniciales elegidas al azar. Deseaba que la ciencia revelase un universo necesario, no contingente. Su pensamiento conecta con una vieja pregunta metafísica: ¿por qué hay algo en vez de nada? ¿Y por qué es como es, y no de otra forma? Einstein creía que el universo tiene una estructura racional que el ser humano puede comprender. En este contexto, su cita sugiere un deseo de que esa racionalidad sea única e inevitable, no el resultado de una elección entre muchas opciones. Es una idea que conectaba a Einstein con Spinoza, quien sostenía que Dios es la sustancia única, la naturaleza misma, y que todo lo que existe es una expresión necesaria de esa sustancia. En ese caso, no habría opción: todo es como debe ser por necesidad lógica. Desde el punto de vista científico, la cuestión es insoluble, porque la ciencia no puede afirmar ni negar la existencia de Dios. Lo que puede hacer es describir las leyes que rigen el universo. Preguntarse si la constante de Planck, la velocidad de la luz o la carga del electrón podría haber tenido otro valor no es una cuestión científica en sentido estricto. Y, sin embargo, es precisamente gracias a la ciencia que podemos hacernos esa pregunta. Porque es la ciencia la que descubrió que existen constantes universales, que hay regularidades profundas y medibles en la naturaleza. No resuelve por qué el universo es como es y no de otro modo, pero nos pone en posición de formular esa pregunta. Por eso, la ciencia no solo amplía lo que sabemos, sino también lo que somos capaces de preguntarnos.

74

Vuelvo a madrugar para coger el autobús universitario. Esta vez me bajaré un par de paradas antes de la Facultad de Ciencias, para ir a un edificio que hace casi veinte años no estaba ni proyectado. Es el Centro Interdisciplinar de Química y Biología (CICA) de la Universidade da Coruña, diseñado en 2013 por los arquitectos Ángel Rico Painceiras y Manuel Vázquez Muíño. Igual que mi facultad, el edificio es un elogio al hormigón armado. Son dos volúmenes de piedra antropogénica que envuelven una plaza central de la que emerge un arce. Funciona como un lucernario de aire y clorofila que ilumina, ventila y conecta los espacios. Las fachadas están hechas con paneles prefabricados de hormigón, lisos como loza blanca, muro cortina de aluminio y madera de iroko. La madera de iroko es una excelente elección para exteriores porque es dura y densa, por lo que resiste al desgaste y a los golpes. Además, su composición incluye aceites que actúan como barreras naturales y la protegen de la descomposición causada por la humedad, los hongos y las termitas. Tiene una excelente estabilidad dimensional, por lo que mantiene su forma con los cambios de temperatura y humedad, lo que significa que no se hincha ni se contrae con facilidad.

Voy en el autobús repasando el recorrido desde la entrada hasta el laboratorio de sólidos. Un recorrido luminoso, en todos los sentidos. Y pienso que podría mantener esta rutina todos los días, que es la que una vez me imaginé como mi vida corriente y soñada: ir todos los días en autobús a mi centro de investigación.

Dirijo un proyecto de investigación que durará apenas unos meses. Esto es como un oasis dentro de mi trajín profesional. Es, además, y sobre todo, una prolongación real de mi tesis doctoral, en la que llevo trabajando más de una década, desde antes de que oficialmente fuese una tesis y hasta ahora. Como han de ser todas las tesis: trabajos inacabados o, más bien, comienzos de investigaciones que deberían tener continuidad. Vivo cada uno de estos días como la materialización de un sueño: artistas en el laboratorio.

Los científicos y los artistas tienen en común un *exceso de vida* que se encarna en su trabajo. Ambos comparten el asombro por la materia. Con esta premisa nació este proyecto de residencias artísticas, con la convicción de que la interacción entre saberes produce un efecto multiplicador del conocimiento. Durante varios meses, los artistas convivieron con grupos de investigación en nuestros laboratorios. Hay una ceramista en el laboratorio de química del estado sólido, una diseñadora textil en el laboratorio de química supramolecular y nanotecnología, un escultor en el laboratorio de biología costera, una fotógrafa en el laboratorio de ciencias del suelo y una artista visual en el laboratorio de biología molecular.

Mi trabajo consiste en coordinar las relaciones entre los artistas y los científicos durante la estancia. Al final, cada uno de ellos presentará al menos dos obras de arte. Mi cometido entonces será el de comisariar una exposición con todos los resultados.

Mi primer día consistió en dar una formación artística a los científicos. Les hablé de la Bauhaus, que se creó en Alemania en 1919 para reunir a arquitectos, diseñadores, artesanos y artistas. Su fundador, Walter Gropius, pretendía con ello librarse de la arrogancia que busca erigir una barrera infranqueable entre los artesanos y los artistas. «Debemos regresar al trabajo manual», decía. Y les hablé del Laboratorio de Formas, fundado por Luis Seoane e Isaac Díaz Pardo, que en 1963 reunió a profesionales de todos los campos del saber y que culminó con la recuperación de Sargadelos. Les hablé de semiótica, de qué significan los materiales en el arte. Les hablé de cómo algunos avances científicos y tecnológicos influyeron en la deriva del arte moderno y contemporáneo. Les hablé de óleos, acrílicos, aceros, bronces, hormigones y cerámicas. Les expliqué que los artistas no han venido a decorar ni a ilustrar conceptos científicos, que no han venido a divulgar la ciencia con cosas bonitas, sino a crear obras de arte.

Al día siguiente hice lo mismo con los artistas. Les expliqué qué es el método científico. Hablamos de conceptos fundamentales de la ciencia, desde el átomo hasta la célula. Y conceptos más abstractos (como qué es la verdad para la ciencia) y otros más rudimentarios (como que la ciencia no siempre es ciencia aplicada, sino que, igual que ellos, pretende ampliar conocimientos). Les enseñé qué es un diario de laboratorio, porque todos ellos tienen que hacer uno, igual que hacemos los científicos.

La finalidad de estos proyectos interdisciplinares es abrir unas vías de comunicación que han sido cerradas artificialmente. Es bonito ver cómo, en un par de semanas, los artistas aprenden a hacer un cultivo bacteriano, pipetear, manejar un rotavapor o realizar una extracción. Y que, a su vez, los científicos descubren qué es un bizcochado cerámico, un revelador fotográfico o un ligamento textil. Fue un intercambio atento entre disciplinas que, durante demasiado tiempo, habían aprendido a ignorarse.

El método científico no dista demasiado del método de un artista. Esta es la conclusión a la que están llegando todos. Se proponen unos objetivos, se plantea una hipótesis, se prueba, se falla, se vuelve a probar, se acierta y se llega a una conclusión. La conclusión puede ser un producto útil, como un material sólido refrigerante que sirve para sustituir los fluidos contaminantes que utilizan las neveras y los aires acondicionados, un tratamiento para restablecer la microbiota de las personas con obesidad, la repoblación de algas en peligro, las nanopartículas de oro para tratar el cáncer o el uso de biochares para enmendar suelos agrícolas. O la conclusión puede ser el conocimiento en sí mismo, que es lo que se pretende tanto en el arte como en la investigación en ciencia básica. Así, estos equipos interdisciplinares han conseguido crear un nuevo esmaltado cerámico, un revelador fotográfico extraído del suelo, una nueva técnica de tinte o una pintura sintetizada por bacterias. En menos de tres meses de convivencia entre científicos y artistas, la creación de conocimiento se ha acelerado, como si todos ellos hubiesen encontrado atajos que tenían más a mano de lo que pensaban.

Los artistas entraron en los laboratorios como quien abre la ventana para ventilar. Me refiero a una cualidad que se presupone compartida por científicos y artistas: la curiosidad. Uno de los científicos del proyecto reflexionaba hoy sobre ello; decía que la curiosidad estaba cada día más sepultada bajo plazos, objetivos y resolución de problemas concretos tan bien definidos que no había margen para adentrarse en lo inesperado. Cuando los artistas llegaron al laboratorio sin un plan definido, con la intención de dejarse seducir, de probar y quizá fallar, fue como recuperar una identidad curiosa que nunca se debió haber dado por sentada.

Donde un científico encuentra algo útil para resolver un problema, un artista puede ver un material con una nueva poética. Del mismo modo que una escultura no cuenta lo mismo si es de acero, de hormigón o de oro, un nuevo material aporta para el arte nuevas lecturas; incorporar un nuevo material en el arte es como añadir una palabra al diccionario. Lo mismo ocurre con los conceptos científicos. Comprender cómo funcionan los receptores visuales de los ojos permitió establecer nuevas teorías del color y redefinir los colores primarios de la pintura y del audiovisual. En este proyecto también surgieron conceptos científicos de interés artístico. Uno de ellos fue la quiralidad, que es la propiedad de un objeto de no ser superponible a su imagen especular. La palabra *quiralidad* viene del griego *kheir*, que significa 'mano'. La mano izquierda y la derecha son imágenes en espejo no superponibles. En química también existen moléculas quirales; son sustancias con una composición idéntica, pero con una disposición espacial en espejo, lo que provoca con frecuencia que sus propiedades sean muy diferentes. Es algo que sucede con las nanopartículas de oro. Este concepto tan corriente para la ciencia resultó ser crucial para los artistas que miran el mundo como un compendio de dualidades: la luz y la oscuridad, lo lujoso y lo austero, lo celestial y lo terrenal.

Uno de los choques más interesantes de la convivencia entre científicos y artistas fue el de las escalas. Los biólogos que trabajan en la escala de las células, los virus y las bacterias, o los químicos que trabajamos en la escala de los átomos y las moléculas, estamos acostumbrados a tratar con universos invisibles, en escalas que hoy en día podemos medir, aunque no verlas en el sentido habitual del término. Los artistas, que trabajan en la escala de lo macroscópico, encontraron un reto en esta diferencia de tamaños y formas de mirar. El encuentro entre ambos es fascinante. Por ejemplo, una ceramista tarda años en aprender a amasar la arcilla, una técnica que una química no podría reproducir, pero sí comprender a escala atómica al ver cómo las capas de silicatos se alinean de forma paralela para aliviar tensiones que de otro modo se liberarían en el horno y ocasionarían roturas. Hay mucha belleza en esa descripción tan minuciosa del mundo. Y es que la belleza no es un atributo exclusivo de las artes, sino que subyace a todas las formas de conocimiento. Solo alguien muy alejado de su propia sensibilidad no ve belleza en las descripciones del mundo que ofrece la ciencia.

75

Hay algo profundamente humano en recuperar la unión entre la ciencia y el arte, porque esa separación nunca fue natural. La construimos nosotros con un mero objetivo práctico, bajo la suposición de que uno solo puede ser especialista en una única cosa y que esa cosa se puede entender de forma separada del mundo que la rodea. Sin embargo, esa suposición implica resignarse a apreciar la belleza del mundo de forma incompleta.

Mi investigación tiene una intención reparadora, la de volver a conectar disciplinas, acercarlas un poco, lo suficiente como para que entre ellas aparezcan las inevitables «unidades de afinidad». Hay un apego salvaje entre ellas que surge cuando entran en contacto, cuando se miran de cerca, del mismo modo que surgen los enlaces químicos entre átomos. Uno de los condicionantes del enlace químico es que los átomos que participan en él deben situarse a una distancia específica —denominada *distancia de enlace*—, en la que el solapamiento de sus orbitales genera una configuración energéticamente más estable que la de los átomos separados. Los átomos deben estar lo bastante cerca como para que sus orbitales se solapen y las fuerzas atractivas (núcleo–electrones) superen a las repulsivas. Pero no demasiado cerca, porque la repulsión núcleo–núcleo y electrón–electrón se dispara. Lo mismo sucede cuando se ponen en contacto dos disciplinas: si están demasiado lejos no se miran entre sí, y si están demasiado cerca pueden dejar de mirarse a sí mismas. Si están a la distancia precisa a la que se reconocen, el conocimiento adquiere una configuración más estable, con un horizonte más amplio y denso. Cada disciplina mantiene su identidad, pero se vuelve expansiva gracias a la otra. Por eso, la confluencia entre diferentes formas de conocimiento es la manera más justa y grata de acercarse a una comprensión plena del mundo.

76

Reproduzco *Sailing* en el equipo del salón y tú te quedas, sentadito delante del altavoz central, escuchando, con tu pijama azul de Mickey Mouse, dando pequeños saltos, en un baile precario y absorto. Toda tu atención está en la música, en esa canción que te retiene. Y todas las piezas de esta vida corriente encajan como átomos en un cristal. Aquí está el paraíso. Solo había que esperar y mirar.

Notas

1. Véase Takahashi, K, Mizuno, K., Sasaki, A. T., Wada, Y., Tanaka, M., Ishii, A., Tajima, K., Tsuyuguchi, N., Watanabe, K., Zeki, S., y Watanabe, Y., «Imaging the passionate stage of romantic love by dopamine dynamics», *Front. Hum. Neurosci*, vol. 9, pág. 191, 9 de abril de 2015.

2. Véanse T. Baumgartner, M. Heinrichs, A. Vonlanthen, U. Fischbacher y E. Fehr, «Oxytocin shapes the neural circuitry of trust and trust adaptation in humans», *Neuron*, vol. 58, n.º 4, págs. 639-650, 22 de mayo de 2008; M. Kosfeld, M. Heinrichs, P. J. Zak, U. Fischbacher y E. Fehr, «Oxytocin increases trust in humans», *Nature*, vol. 435, n.º 7042, págs. 673-676, 2 de junio de 2005; M. Kosfeld, M. Heinrichs, P. J. Zak, U. Fischbacher y E. Fehr, «Oxytocin increases trust in humans», *Nature*, vol. 435, n.º 7042, págs. 673-676, 2 de junio de 2005; G. Leng y M. Ludwig, «Intranasal Oxytocin: Myths and Delusions», *Biological Psychiatry*, vol. 79, n.º 3, págs. 243-250, febrero de 2016.

3. Véase A. Campbell, «Oxytocin and Human Social Behavior», *Personality and social psychology review*, vol. 14, n.º 3, págs. 281-295, agosto de 2010.

4. Véase T. DeAngelis, «The two faces of oxytocin», *Monitor on Psychology*, vol. 39, n.º 2, febrero de 2008.

5. Véase C. K. W. De Dreu, L. L. Greer, G. A. Van Kleef, S. Shalvi y M. J. J. Handgraaf, «Oxytocin promotes human ethnocentrism», *Proc. Natl. Acad. Sci. U.S.A*, vol. 108, n.º 4, págs. 1262-1266, 10 de enero de 2011.

6. Véase L. Samuni, A. Preis, R. Mundry, T. Deschner, C. Crockford y R. M. Wittig, «Oxytocin reactivity during intergroup conflict in wild chimpanzees», *Proc. Natl. Acad. Sci. U.S.A*, vol. 114, n.º 2, págs. 268-273, 27 de diciembre de 2017.

7. Véase E. A. Hoge, M. H. Pollack, R. E. Kaufman, P. J. Zak y N. M. Simon, «Oxytocin levels in social anxiety disorder», *CNS Neurosci Ther*, vol. 14, n.º 3, págs. 165-170, 13 de agosto de 2008.

8. Véanse T. Singh, H. Khan, D. T. Gamble, C. Scally, D. E. Newby y D. Dawson, «Takotsubo Syndrome: Pathophysiology, Emerging Concepts, and Clinical Implications», *Circulation*, vol. 145, n.º 13, págs. 1002-1019, 29 de marzo de 2022 y J. Nayar, K. John, A. Philip, L. George, A. George, A. Lal y A. Mishra, «A Review of Nuclear Imaging in Takotsubo Cardiomyopathy», *Life (Basel)*, vol. 12, n.º 10, pág. 1476, 23 de septiembre de 2022.

9. Véase K. Koivunen, E. Sillanpää, M. Munukka, E. Portegijs y T. Rantanen, «Cohort Differences in Maximal Physical Performance: A Comparison of 75 and 80 Year-Old Men and Women Born 28 Years Apart», *The Journals of Gerontology*, vol. 76, n.º 7, págs. 1251-1259, 14 de junio de 2021 y M. Munukka, K. Koivunen, M. von Bonsdorff M, S. Sipilä, E. Portegijs, I. Ruoppila y T. Rantanen «Birth cohort differences in cognitive performance in 75 and 80 year olds: a comparison of two cohorts over 28 years», *Aging Clin Exp Res*, vol. 33, n.º 1, págs. 57-65, enero de 2021.

10. Véase L. M. Seymour, J. Maragh, P. Sabatini, M. di Tommasso, J. C. Weaver y A. Masic, «Hot mixing: Mechanistic insights into the durability of ancient Roman concrete», *Sci. Adv*, vol. 9, n.º 1, 6 de enero de 2023.

11. Véase UN-Water, «Summary progress update 2021: SDG 6, water and sanitation for all», Naciones Unidas, julio de 2021, <https://www.unwater.org/sites/default/files/app/uploads/2021/12/SDG-6-Summary-Progress-Update-2021_Version-July-2021a.pdf>.

12. Véase Fundación Española para la Ciencia y Tecnología (FECYT), «Encuesta de percepción social de la ciencia y la tecnología en España», 2024, <https://www.fecyt.es/publicaciones/percepcion-social-de-la-ciencia-y-la-tecnologia-en-espana-2024>.

13. Véanse X. Yang, B. Li, N. Li y X. Ma, «A study of the cooling effect of urban trees: Influencing factors, assessment methods, planning strategies, and impacts», *Theor Appl Climatol*, vol. 157, n.º 31, 2026; J. Schwaab, R. Meier, G. Mussetti, S. Seneviratne, C. Bürgi y E. L. Davin, «The role of urban trees in reducing land surface temperatures in European cities», *Nat Commun*, vol. 12, n.º 6763, 2021; y H. Li, Y. Zhao, C. Wang, D. Ürge-Vorsatz, J. Carmeliet y R. Bardhan, «Cooling efficacy of trees across cities is

determined by background climate, urban morphology, and tree trait», *Commun Earth Environ*, vol. 5, n.º 754, 2024.

14. Véase T. Das, S. Ghule y K. Vanka, «Insights Into the Origin of Life: Did It Begin from HCN and H2O?», *ACS Cent Sci*, vol. 5, n.º 9, págs. 1532-1540, 2019.

15. Véase M. Ferus, F. Pietrucci, A. M. Saitta, A. Knížek, P. Kubelík, O. Ivanek, V. Shestivska y Civiš, S, «Formation of nucleobases in a Miller–Urey reducing atmosphere», *Proc. Natl. Acad. Sci. U.S.A*, vol. 114, n.º 17, págs. 4306-4311, 2017.

16. Véanse N. Kitadai y S. Maruyama, «Origins of building blocks of life: A review», *Geoscience Frontiers*, vol. 9, n.º 4, págs. 1117-1153, julio de 2018; y C. Menor-Salván y M. R. Marín-Yaseli, «Prebiotic chemistry in eutectic solutions at the water-ice matrix», *Chem Soc Rev*, vol. 41, n.º 16, págs. 5404-5415, 2012.

17. Véase J. Criado-Reyes, B. M. Bizzarri, J. M. García-Ruiz, R. Saladino y E. Di Mauro, «The role of borosilicate glass in Miller–Urey experiment», *Sci Rep*, vol. 11, n.º 21009, 2021.

18. L. Bian, S.-J. Leslie y A. Cimpian, «Gender stereotypes about intellectual ability emerge early and influence children's interests», *Science*, vol. 355, n.º 6323, págs. 389-391, 2017.

19. G. Stoet y D. C. Geary, «The Gender-Equality Paradox in Science, Technology, Engineering, and Mathematics Education», *Psychological Science*, vol. 29, n.º 4, págs. 581-593, 2018.

20. E. P. Bettinger y B. T. Long, «Do Faculty Serve as Role Models? The Impact of Instructor Gender on Female Students», *American Economic Review*, vol. 95, n.º 2, págs. 152-157, 2005.

M. Olsson y S. E. Martiny, «Does Exposure to Counterstereotypical Role Models Influence Girls' and Women's Gender Stereotypes and Career Choices? A Meta-Analysis», *Frontiers in Psychology*, vol. 9, 2264, 2018.

T. Morgenroth, M. K. Ryan y K. Peters, The Motivational Theory of Role Modeling», *Review of General Psychology*, vol. 19, n.º 4, págs. 465-483, 2015.

R. Su, J. Rounds y P. I. Armstrong, «Men and things, women and people: A meta-analysis of sex differences in interests», *Psychological Bulletin*, vol. 135, n.º 6, págs. 859-884, 2009.

21. Véase I. J. Bear y R. G. Thomas, «Nature of Argillaceous Odour», *Nature*, vol. 201, págs. 993-995, 1964.

22. Véase Y. S. Joung y C. R. Buie, «Aerosol generation by raindrop impact on soil», *Nat Commun*, vol. 6, n.º 6083, 2015.

23. Véase M. B. Bodí, D. A. Martin, V. N. Balfour, C. Santín, S. H. Doerr, P. Pereira, A. Cerdà y J. Mataix-Solera, «Wildland fire ash: Production, composition and eco-hydro-geomorphic effects», *Earth-Science Reviews*, vol. 130, págs. 103-127, marzo de 2014.

24. Véase Fundación Española para la Ciencia y Tecnología (FECYT), «Encuesta de percepción social de la ciencia y la tecnología en España», 2024, <https://www.fecyt.es/publicaciones/percepcion-social-de-la-ciencia-y-la-tecnologia-en-espana-2024>.

25. Sanz-Menéndez, L., y Cruz-Castro, L., «The credibility of scientific communication sources regarding climate change: A population-based survey experiment», *Public Understanding of Science*, vol. 28, n.º 5, págs. 534-553, 2019.

26. Véase A. M. Frutos, S. Cleary, E. L. Reeves, H. M. Ahmad, A. M. Price, W. H. Self, Y. Zhu, B. Safdar *et al.*, «Interim Estimates of 2024-2025 Seasonal Influenza Vaccine Effectiveness – Four Vaccine Effectiveness Networks, United States, October 2024-February 2025», *MMWR Morb Mortal Wkly Rep*, vol. 74, n.º 6, págs. 83-90, 27 de febrero de 2025.

27. Véase «Informe de Prevención del cáncer», Sociedad Española de Oncología Médica, diciembre de 2018, publicado en <https://seom.org/>.

28. Véase S. G. Tempone Pérez, «El placebo en la práctica y en la investigación clínica», *Anales de Medicina Interna*, vol. 24, n.º 5, págs. 249-252, 2007.

29. Véanse A. N. Ruigrok, G. Salimi-Khorshidi, M.-C. Lai, S. Baron-Cohen, M. V. Lombardo, R. J. Tait y J. Suckling, «A meta-analysis of sex differences in human brain structure», *Neurosci Biobehav Rev*, vol. 39, n.º 100, págs. 34-50, febrero de 2014; M. M. McCarthy, L. A. Pickett, J. W. VanRyzin y K. E. Kight, «Surprising origins of sex differences in the brain», *Hormones and Behavior*, vol. 76, págs. 3-10, 2015; y M. Ingalhalikar, A. Smith, D. Parker, T. D. Satterthwaite, M. A. Elliott, K. Ruparel, H. Hakonarson, R. E. Gur, T. C. Gur y R. Verma, «Sex differences in the structural connectome of the human brain», *Proc. Natl. Acad. Sci. U.S.A*, vol. 111, n.º 2, págs. 823-828, 2014.